精通

HTML+CSS

100%网页设计与布局密码

龙马工作室 ◇ 编著

人民邮电出版社

北京

图书在版编目（CIP）数据

精通HTML+CSS：100%网页设计与布局密码 / 龙马工
作室编著. -- 北京 ：人民邮电出版社，2014.8
ISBN 978-7-115-35177-7

Ⅰ. ①精… Ⅱ. ①龙… Ⅲ. ①超文本标记语言－程序
设计 Ⅳ. ①TP312

中国版本图书馆CIP数据核字(2014)第062749号

内 容 提 要

本书深入浅出，结合实际案例系统地讲解了使用 HTML 和 CSS 进行网页设计与布局的知识和技巧。

全书分为 4 个部分。第 1 篇【HTML 篇】主要介绍了 HTML 的基础知识和辅助性元素，以及如何在网页上设计文本、列表、超链接、色彩、图片、表格、表单、框架和多媒体等。第 2 篇【CSS 篇】主要介绍了 CSS 的基础知识和网页样式代码的生成方法，以及如何通过 CSS 设置文本样式、网页图像特效、背景颜色与背景图像等，还对 CSS 的高级特性和网页标准化布局进行了讲解。第 3 篇【综合应用篇】主要介绍了如何综合应用 HTML 和 CSS 设计制作企业网站、游戏网站和电子商务网站的页面。第 4 篇【实战篇】选取了热门的企业门户网站和休闲旅游网站进行分析，并以此为基础指导读者完成自己的网站设计。

本书附赠一张 DVD 多媒体教学光盘，包含与图书内容同步的教学录像，以及本书所有案例的源代码和相关学习资料的电子书、教学录像等超值资源，便于读者扩展学习。

本书内容翔实，结构清晰，既适合 HTML 和 CSS 的初学者自学使用，也可以作为各类院校相关专业学生和电脑培训班的教材或辅导用书。

♦ 编　　著　龙马工作室
　　责任编辑　张　翼
　　责任印制　焦志炜

♦ 人民邮电出版社出版发行　　北京市丰台区成寿寺路 11 号
　　邮编　100164　电子邮件　315@ptpress.com.cn
　　网址　http://www.ptpress.com.cn
　　北京昌平百善印刷厂印刷

♦ 开本：787×1092　1/16
　　印张：26
　　字数：706 千字　　　　　　　　　2014 年 8 月第 1 版
　　印数：1 – 4 000 册　　　　　　　2014 年 8 月北京第 1 次印刷

定价：59.80 元（附光盘）
读者服务热线：(010)81055410　印装质量热线：(010)81055316
反盗版热线：(010)81055315
广告经营许可证：京崇工商广字第 0021 号

前 言

随着社会信息化的发展，与网站开发相关的各项技术越来越受到广大 IT 从业人员的重视，与此相关的各类学习资料也层出不穷。然而，现有的学习资料在注重知识全面性、系统性的同时，却经常忽视了内容的实用性，导致很多读者在学习完基础知识后，不能马上适应实际的开发工作。为了让广大读者能够真正掌握相关知识，具备解决实际问题的能力，我们总结了多位相关行业从业者和计算机教育专家的经验，精心编制了这套"精通 100%"丛书。

 ## 丛书内容

本套丛书涵盖读者在网站开发过程中可能涉及的各个领域，在介绍基础知识的同时，还兼顾了实际应用的需要。本套丛书主要包括以下品种。

精通 CSS+DIV——100% 网页样式与布局密码	精通 HTML+CSS——100% 网页设计与布局密码
精通 HTML 5+CSS 3——100% 网页设计与布局密码	精通网站建设——100% 全能建站密码
精通色彩搭配——100% 全能网页配色密码	精通 SEO——100% 网站流量提升密码
精通 JavaScript + jQuery ——100% 动态网页设计密码	

 ## HTML+CSS 的最佳学习途径

本书全面研究总结了多位计算机教育专家的实际教学经验，精心设计学习、实践结构，将读者的学习过程分为四个阶段，读者既可以根据章节安排，按部就班地完成学习，也可以直接进入所需部分，结合问题，参考提高。

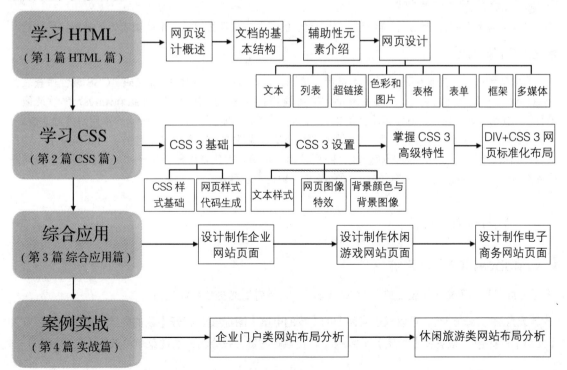

本书特色

▶ 内容讲解,系统全面

本书对知识点进行精心安排,既确保内容的系统性,又兼顾技术的实用性。无论读者是否接触过 HTML 和 CSS,都能从本书中找到合适的起点。

▶ 项目案例,专业实用

本书针对学习的不同阶段选择案例。在系统学习阶段,侧重对知识点的讲解,以便读者快速掌握;而在实战阶段,则面向实际,直接对热门网站进行剖析,帮助读者了解知识的实际应用方法。

▶ 应用指导,细致入微

除了知识点外,本书非常重视实际应用,对关键点都进行了细致的讲解。此外,在正文中还穿插了"注意"、"说明"、"技巧"等小栏目,帮助读者在学习过程中更深入地了解所学知识,掌握相关技巧。

▶ 书盘结合,迅速提高

本书配套的多媒体教学光盘中的内容与书中的知识点紧密结合并相互补充。教学录像可以加深读者对知识的理解程度,并系统掌握实际应用方法,达到学以致用的目的。

 ## 超值光盘

▶ 9 小时全程同步教学录像

录像涵盖本书所有知识点,详细讲解每个案例的开发过程及关键点,帮助读者轻松掌握实用技能。

▶ 王牌资源大放送

除教学录像外,光盘中还赠送了大量超值资源,包括本书所有案例的源代码、CSS 属性速查表、Dreamweaver 案例电子书、Dreamweaver 常用快捷键速查表、22 小时 Dreamweaver 教学录像、HTML 标签速查表、JavaScript 实用案例集锦、Photoshop 案例电子书、Photoshop 常用快捷键速查表、8 小时 Photoshop 教学录像、大型 ASP 网站源码及运行说明书、精彩网站配色方案赏析电子书、精彩 JavaScript 实例、网页配色方案速查表、网页设计、布局与美化疑难解答电子书、网页制作常见问题及解答电子书、网站建设技巧电子书、颜色英文名称查询表等。

 ## 光盘使用说明

▶ Windows XP 操作系统

01 将光盘印有文字的一面朝上放入 DVD 光驱中,几秒钟后光盘会自动运行。

02 若光盘没有自动运行,可以双击桌面上的【我的电脑】图标,打开【我的电脑】窗口,然后双击【光盘】图标,或者在【光盘】图标上单击鼠标右键,在弹出的快捷菜单中选择【自动播放】选项，光盘就会运行。

▶ Windows 7、Windows 8 操作系统

01 将光盘印有文字的一面朝上放入 DVD 光驱中，几秒钟后光盘会自动运行。

02 在 Windows 7 操作系统中，系统会弹出【自动播放】对话框，单击【运行 MyBook.exe】选项即可运行光盘系统。或者单击【打开文件夹以查看文件】选项打开光盘文件夹，双击光盘文件夹中的 MyBook.exe 文件，也可以运行光盘系统。

在 Windows 8 操作系统中，桌面右上角会显示快捷操作界面，单击该界面后，在其列表中选择【运行 MyBook.exe】选项即可运行光盘系统。或者单击【打开文件夹以查看文件】选项打开光盘文件夹，双击光盘文件夹中的 MyBook.exe 文件，也可以运行光盘系统。

03 光盘运行后，经过片头动画后便可进入光盘的主界面。

04 教学录像按照章节排列在各自的篇中，在顶部的菜单中依次选择相应的篇、章、节名称，即可播放本节录像。

05 单击菜单栏中的【赠送资源】，在弹出的菜单中选择赠送资源的名称，即可打开相应的文件夹。
06 详细的光盘使用说明请参阅"其他内容"文件夹下的"光盘使用说明 .pdf"文档。

 ## 创作团队

　　本书由龙马工作室策划，刘刚任主编，张闻强、史卫亚任副主编，其中第 1 章、第 8 章～第 11 章、第 19 章～第 23 章和附录由河南工业大学刘刚老师编著，第 2 章、第 3 章由河南工业大学梁义涛老师编著，第 4 章～第 7 章由河南工业大学张闻强老师编著，第 12、13 章由河南工业大学王云侠老师编著，第 14 章、第 15 章由河南工业大学王锋老师编著，第 16 章、第 17 章、第 18 章由河南工业大学史卫亚老师编著。参与本书编写、资料整理、多媒体开发及程序调试的人员还有韩猛、孔万里、李震、赵源源、乔娜、周奎奎、祖兵新、董晶晶、王果、陈小杰、左琨、邓艳丽、崔姝怡、侯蕾、左花苹、刘锦源、普宁、王常吉、师鸣若、钟宏伟、陈川、刘子威、徐永俊、朱涛、张允等。

　　在编写过程中，我们竭尽所能地将最好的讲解呈现给读者，但也难免有疏漏和不妥之处，敬请广大读者不吝指正。若读者在学习中遇到困难或疑问，或有任何建议，可发送邮件至 zhangyi@ptpress.com.cn。

编者

目　录

第 1 篇 HTML 篇

第 3 章 辅助性元素 27

本章教学录像：25 分钟

第 4 章 网页文本设计 43

本章教学录像：20 分钟

第 7 章 网页色彩和图片设计 87

本章教学录像：32 分钟

第 10 章 网页框架设计 141

本章教学录像：30 分钟

第 2 篇 CSS 篇

第15章 用CSS 3设置网页图像特效 225

本章教学录像：25分钟

第16章 用CSS 3设置网页背景颜色与背景图像 245

本章教学录像：14分钟

第 17 章 CSS 3 的高级特性 259

本章教学录像：12 分钟

第 18 章 DIV+CSS 3 网页标准化布局 269

本章教学录像：40 分钟

第 3 篇 综合应用篇

第 19 章 用 HTML+CSS 3 设计制作企业网站页面 302

本章教学录像：8 分钟

第 20 章 用 HTML+CSS 3 设计制作休闲游戏网站页面 317

本章教学录像：7 分钟

第 21 章 用 HTML+CSS 3 设计制作电子商务网站页面 339

本章教学录像：7 分钟

第4篇 实战篇

赠送资源（光盘中）

第 1 篇

HTML 篇

本篇介绍了 HTML 的相关内容，包括 HTML 与 CSS 网页设计概述、HTML 文档的基本结构、辅助性元素、网页文本设计、网页列表设计、网页超链接设计、网页色彩和图片设计、网页表格设计、网页表单设计、网页框架设计及网页多媒体设计等相关知识，为后面深入学习奠定根基。

- ▶第 1 章　HTML 与 CSS 网页设计概述

- ▶第 2 章　HTML 文档的基本结构

- ▶第 3 章　辅助性元素

- ▶第 4 章　网页文本设计

- ▶第 5 章　网页列表设计

- ▶第 6 章　网页超链接设计

- ▶第 7 章　网页色彩和图片设计

- ▶第 8 章　网页表格设计

- ▶第 9 章　网页表单设计

- ▶第 10 章　网页框架设计

- ▶第 11 章　网页多媒体设计

第 1 章

 本章教学录像：18 分钟

HTML 与 CSS 网页设计概述

网页是 Internet 上最基本的文档，主要作为网站的一部分，但是也可以独立存在。对于网页制作来说，HTML 和 CSS 是所有网页制作技术的核心与基础。HTML 是 Web 页面的描述性语言，而 CSS 则是为 HTML 制定样式的机制，能控制浏览器如何显示 HTML 文档中的每个元素及其内容，从而弥补了 HTML 对网页格式化功能的不足。本章将带领大家了解 HTML 与 CSS 的概念性知识，同时介绍网页与网站的关系。

本章要点（已掌握的在方框中打勾）

☐ HTML 的基本概念

☐ CSS 的基本概念

☐ CSS 在网页设计中的作用

☐ 网页与网站

☐ 网页与网站的关系

☐ HTML 与 CSS 的常用编辑工具

▌1.1 HTML 的基本概念

 本节视频教学录像：6 分钟

在使用 HTML 创建网页之前，我们当然需要了解一下创建网页的利器——HTML 语言，以及 HTML 语言的诞生时间及发展过程。同时，我们还需要了解 HTML 与 XHTML 之间的区别。

 注　意　本书的所有示例均使用 Firefox 浏览器作为测试工具。另外，在使用 Firefox 浏览器查看网页源代码时，可以在网页空白处单击鼠标右键，在弹出的菜单选项中选择【查看页面源代码】选项。

1.1.1　什么是 HTML

HTML（HyperText Markup Language，HTML），即超文本标记语言，它是 W3C（World Wide Web Consortium，W3C）组织推荐使用的一个国际标准，是一种用来制作超文本文档的简单标记语言。我们在浏览网页时看到的一些丰富的视频、文字、图片等内容都是通过浏览器解析 HTML 语言表现出来的。用 HTML 编写的超文本文档称为 HTML 文档，它能独立于各种操作系统平台，一直被用做 WWW（万维网）的信息表示语言。

通过介绍，我们知道了超文本标记语言的英文缩写为 HTML，理解超文本标记语言的关键是理解"超文本"和"标记语言"。

所谓超文本，是因为它不仅可以加入文字的文本文件，还可以加入链接、图片、声音、动画、影视等内容的文本文件。使用 HTML 语言描述的文件需要通过 Web 浏览器才能显示出效果。

所谓标记语言，是在纯文本文件里包含了 HTML 指令代码。这些指令代码并不是一款程序语言，它只是一款排版网页中资料显示位置的标记结构语言，易学易懂，非常简单。在 HTML 中，每个用来作为标签的符号都是一条指令，它告诉浏览器如何显示文本。这些标签均由"<"和">"符号，以及一个字符串组成。而浏览器的功能是对这些标记进行解释后，显示出文字、图像、动画，播放声音等。

【范例 1.1】简单的 HTML 实例制作（范例文件：ch01\1-1-1-1.html）

因为网页文件是纯文本文件，在设计网页时甚至可以使用任何文本编辑软件（例如 Windows XP 下的记事本软件），而浏览制作好的网页只需要任何一款浏览器软件即可。下面我们使用 Windows XP 下的记事本来完成一个简单的 HTML 实例制作。

❶ 在本地 Windows XP 操作系统中，选择【开始】▶【附件】▶【记事本】命令打开记事本软件。

❷ 输入页面的主题标记，每个 HTML 页面都要包含这些主题标记，例如范例文件 1-1-1-1。

```
01   <html>                                        <!--HTML 开始标记 -->
02   <head>                                         <!-- HTML 头信息开始标记 -->
03   <title> 简单的 HTML 示例制作 </title>          <!-- 网页标题标记 -->
04   </head>                                        <!--HTML 头信息的结束标记 -->
05   <body bgcolor="black" text="#ffffff">          <!-- 网页主体标记 -->
06   <center>                                       <!--HTML 居中格式的开始标记 -->
07   <h1> 我的第一个 HTML 实例 </h1>                <!--HTML 内容 1 号标题标记 -->
08   </center>                                      <!--HTML 居中格式的结束标记 -->
09   <hr width="80%">                               <!--HTML 中输出分割线标记 -->
10   <p> 本页显示黑色背景，白色文本 </p>            <!--HTML 段落的标记对 -->
11   </body>                                        <!-- 页面体中内容结束标记 -->
12   </html>                                        <!--HTML 结束标记 -->
```

注 意 "<!--"与"-->"为 HTML 文档的注释符号，主要用来对 HTML 代码进行解释说明等。本书第 2 章 2.6 节将对 HTML 文档的注释进行详细介绍，读者在做练习时并不需要编写这些注释。

❸ 从记事本软件主菜单上选择【文件】▶【另存为】命令，打开"另存为"对话框，如下图所示。

❹ 首先从底部"保存类型"对应的下拉列表框中选择"所有文件"，"编码"对应的下拉列表框采用默认即可，然后在"文件名"对应的文本框中键入"mypage.html"。

注 意 "另存为"对话框中"编码"下拉列表框里的编码简单地说是让软件使用者选择文件储存数据的格式。

❺ 单击【保存】按钮就会将 mypage.html 文档保存到相应的位置，例如，本示例中的 mypage. html 将会保存到 F:\webpages\ch01 中。在 F:\webpages\ch01 中，可以看到 mypage.html 文档的图标已经是网页文件的图标了，如下图所示。

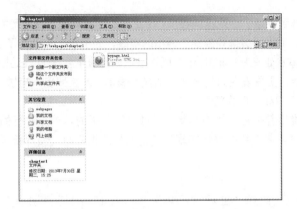

❻ 这时双击该 HTML 文档，就会自动打开浏览器，并显示该 HTML 文档的内容，效果如下图所示。

 HTML 文件既可以保存为 *.html 文件，也可以保存为 *.htm 文件。HTML 网页文件可以使用这两种扩展名，并且这两种扩展名没有本质的区别。使用 *.htm 格式的文件，**注 意** 主要是因为某些较旧的系统不能识别 4 位的文件扩展名。

1.1.2 HTML 的发展

　　HTML 最初由欧洲原子核研究委员会的伯纳斯·李（Barners-Lee）发明，后来被 Mosaic（世界上第一个获普遍使用的网页浏览器）作为网页解释语言，并随着 Mosaic 的流行而逐渐成了网页语言的事实标准。

　　在整个 20 世纪 90 年代，网络呈爆炸式增长，越来越多的网页设计者和浏览器开发者参与到网络中来，每一个人都会有不同的想法和目标。网页设计者都会按照自己的想法和目标编写网页，而浏览器的开发者则可能和网页设计者的想法不同，他们会按照自己的方式去呈现网页。

　　当网页的设计者和浏览器的开发者发生分歧时，必然带来不同的呈现。这时候，设计者要面向所有用户，就必须为每种浏览器创作不同的网页而实现相同的呈现，这就势必增加创作的成本。因此，只有网页的设计者和浏览器的开发者都按照同一个规范编写和呈现网页时才不会导致互联网的分裂，正是这个原因促使各浏览器开发厂商协调起来共同实现同一个 HTML 规范。

　　Internet 工程任务组（Internet Engineering Task Force，IETF）根据过去的通用实践，于 1995 年整理和发布了 HTML 2.0。后来的 HTML+ 和 HTML 3.0 也提出了很好的建议，并添加了丰富的内容，但是这些版本还未能上升到创建一个规范的程度。因此许多厂商实际上并未严格遵守这些版本的格式。1996 年，W3C 的 HTML 工作组编撰和整理了通用的实践，并于第二年公布了 HTML 3.2 规范。

1998 年，W3C 将版本稳定在 HTML 4，这个版本被证明是非常合理的，它引入了样式表、脚本、框架、嵌入对象、双向文本显示、更具表现力的表格、增强的表单，及为残疾人提供了可访问性。而 1999 年公布的 HTML 4.01 是对 HTML 4.0 的精修。

HTML 每个版本的推出都是在对用户体验的反馈进行分析的基础上进行的，而且新版本的推出使得网页设计者和浏览器开发者都能很好地实现他们的目标。相应地，使用新版本设置的网页使网页浏览者的体验更丰富。

注 意

在 HTML 4.01 之后，业界普遍认为 HTML 已经到了穷途末路，Web 标准的焦点也开始转移到 XML 和 XHTML 上，HTML 被放在了次要的位置。然而在此期间，HTML 表现出了顽强的生命力，主要的网站内容还是基于 HTML 的。而且，最新版本的 HTML 5.0 正在开发并日趋成熟，势必成为互联网的又一次革命，不过现在使用最多的还是 HTML 4.01。所以本书的 HTML 部分也将围绕 HTML 4.01 展开介绍。

1.1.3 HTML 与 XHTML

HTML 与 XHTML 定义了两种不同的网页设计语言，浏览器不会显示这些语言的代码，但是这些语言代码却可以告诉浏览器该如何显示网页的内容，如文本、图像、视频等。这些语言还将告诉我们如何通过特殊的超文本链接来制作交互式的网页，这些网页可以把我们的网页（在本地计算机上或因特网上其他人的计算机上）与其他因特网资源连接起来。

前面已经介绍过 HTML，但是读者可能还听说过 XHTML，它们只是众多标记语言中的两种，它们之间也有很多不同之处。实际上，HTML 是网页标记语言家族中的一匹黑马。HTML 是基于 SGML(Standard Generalized Markup Language，标准通用标记语言)。当初创建 SGML 时，创造者的目的是让它成为一种也是唯一一种标记元语言（metalanguage），这样其他所有文档中的标记元素都可用它来实现。从象形文字到 HTML 都可以由 SGML 来定义，而不需要使用其他标记语言。

但是 SGML 的问题在于它太广泛、太全面了，以至于依靠我们人类似乎没有办法使用它。要想高效地使用 SGML，需要用极其昂贵和复杂的工具，而这些工具的使用远远超出了那些非专业的 HTML 爱好者编写一些 HTML 文档所能及的范围。所以，HTML 采用了部分 SGML 标准，而不是全部，这样就消除了很多深奥难懂的东西，HTML 才得以容易地使用。

W3C 认识到 SGML 太过庞大，不适合用来描述非常流行的 HTML，而对用来处理不同网络文档的类似 HTML 的其他标记语言的需求正在急速增长。因此，W3C 定义了可扩展标记语言，也就是 XML(Extensible Markup Language)。和 SGML 一样，XML 也是独立而正式的标记元语言，它使用了 SGML 中的部分特性来定义标记语言，摒弃了很多不适合 HTML 这类语言的 SGML 特性，并简化了 SGML 的其他元素，以使它们更容易被使用和理解。

但是，由于 HTML 4.01 不与 XML 兼容，因此 W3C 又提供了 XHTML——一个 HTML 的重写版本，以使其能够与 XML 相兼容。XHTML 试图用 XML 更加严格的规则来支持 HTML 4.01 所有最新的特性。总的来说这种努力十分有效，但它确实产生了非常多的差别，比如，在 HTML 中标签名不区分大小写（但是许多 Web 作者把它们写为大写，以便让标记代码更容易读），但是在 XHTML 中，标签名必须小写（这也是 XHTML 区别于 HTML 的那些更严格的规则之一）。

1.2 CSS 的基本概念

 本节视频教学录像：4 分钟

如果说 HTML 语言是网页的骨肉，那么我们就可以认为 CSS 让一个网页拥有了灵魂，通过 CSS 控制网页的显示效果，可以让我们创建的网页更加绚丽多彩。本节先来介绍 CSS 的基本概念，了解什么是 CSS 以及 CSS 在网页设计中的重要作用。

1.2.1 什么是 CSS

CSS 是英语 Cascading Style Sheets（层叠样式表单）的缩写，它是一种用来表现 HTML 或 XML 等文件样式的计算机语言。

所谓的层叠，就是将一组样式在一起层叠使用，控制某一个或者多个 HTML 标记，按样式表中的属性依次显示。

所谓的样式表，是样式化 HTML 的一种方法。HTML 是文档的内容，而样式表是文档的表现或者外观。

1.2.2 CSS 在网页设计中的作用

CSS 是用于控制网页样式并允许将样式信息与网页内容分离的一种标记性语言。简单地说，就是在设计网页内容时只需要在 HTML 文档中编辑，而编辑控制网页的显示外观代码时可以在一个 CSS 文件中，最后在 HTML 文档中链接该 CSS 文件即可。

将内容和样式分开在现实中有很多好处，通过将文档中的这两层分开，我们可以轻松地增加、移除或更新 HTML 文档内容，而不影响网页布局。我们也可以很简单地改变整个站点的字体，而不用在制作的 HTML 中辛苦地找寻每一个 <font> 标签。将这两层分开还可以让一个网络团队工作得更有效率，视觉效果设计师能专注于设计，而内容编辑也可以专注于内容——两者可以互不干扰。如果开发者是一个人，会发现内容与表现形式的分开也可以让自己保持"思维框"的独立。

另外，一个 CSS 样式可以用于多个页面，甚至整个站点，因此 CSS 具有良好的易用性和扩展性。从总体来说，使用 CSS 不仅能够弥补 HTML 对网页格式化功能的不足，如段落间距、行距、字体变化和大小等，还可以使用 CSS 动态地更新页面格式，排版定位等。

【范例 1.2】 简单 HTML+CSS 实例制作（范例文件：ch01\1-2-2-1.html）

我们可以将 CSS 定义在 HTML 文档的每个标记里，或者是以 <style> 标记嵌入 HTML 文档中，也可以在外部附加文档作为外加文档。例如，范例文件 1-2-2-1 使用了嵌入样式表，改变同一个 HTML 文档中 4 个 <p> 标记的输出效果。使用文本编辑器打开一个后缀名为"html"的网页文件，将 4 个字符串分别编写成 4 个 HTML 的 <p> 标记，并在该文档中使用 <style> 标记嵌入 CSS 代码，控制 4 个 <p> 标记的显示效果。

```
01   <html>                              <!--HTML 开始标记 -->
02   <head>                              <!-- HTML 头信息开始标记 -->
03   <title> 一个使用 CSS 的简单示例 </title>    <!-- 网页标题标记 -->
04   <style type="text/css">             <!-- 使用该标记将 CSS 嵌入到 HTML 中 -->
05   P{                                  /* 为段落 P 定义样式，使用多个样式层叠 */
```

```
06    font-size:30px;              /* 设置段落中的字体号为 30 个像素 */
07    color:yellow;                /* 设置段落中的字体颜色为黄色 */
08    border: 2px solid blue;      /* 设置段落边框为蓝色、2 像素宽 */
09    text-align:center;           /* 设置段落中的字体居中 */
10    background:green;            /* 设置段落的背景颜色为绿色 */
11    }                            /* 样式选择器的结束大括号 */
12    </style>                     <!--HTML 中嵌入标记的结束标记 -->
13    </head>                      <!--HTML 头信息的结束标记 -->
14    <body>                       <!-- 网页主体标记 -->
15    <p>HTML</p>                  <!-- 使用段落标记显示一个字符串 HTML-->
16    <p>XHTML</p>                 <!-- 使用段落标记显示一个字符串 XHTML-->
17    <p>DIV</p>                   <!-- 使用段落标记显示一个字符串 DIV-->
18    <p>CSS</p>                   <!-- 使用段落标记显示一个字符串 CSS-->
19    </body>                      <!-- 页面体中内容结束标记 -->
20    </html>                      <!--HTML 结束标记 -->
```

在网页浏览器中打开 HTML 文档，就可以看到如下图所示的显示效果。

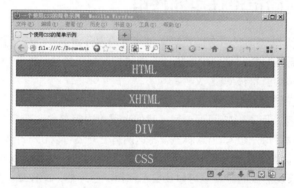

在本节示例中，HTML 定义的网页结构使用 CSS 设置输出格式，可以将格式和结构分离。只要在 CSS 中改变某些属性，则使用这个样式的所有 HTML 标记都会更新。

1.3 网页与网站

 本节视频教学录像：8 分钟

网页是网站的必要组成部分，而一个功能丰富的网站不仅仅包括网页，它还可能由一些资源组成，例如视频文件、声音文件等。另外，网站还可能需要一些软件支持，例如 MySQL 数据库等。当我们开发自己的网站时需要明白 URL 的概念，及了解一些开发工具的使用方法。本节我们来介绍这些基本的概念。

1.3.1 网页与网站的关系

在介绍网页和网站的关系之前，我们先来了解网页与网站的定义。网页又叫 Web 页，实际上是一个文件，它存放在和 Internet 相连的某个服务器上。网页又分为静态网页和动态网页两种。静态网页是事先编写好放在站点上的，所有访问同一个页面的用户看到的都是相同的内容。例如，下图展示的就是清华大学院系设置栏目的网页。

动态网页是能够与访问者进行交互的网页。它能够针对不同访问者的不同需要，将不同的信息反馈给访问者，从而实现与访问者之间的交互。例如，当用户访问淘宝网并登录到账户时，网页会显示关于用户添加到购物车中的商品信息以及购买过商品的信息等，下图所示为查看购物车时显示的网页。

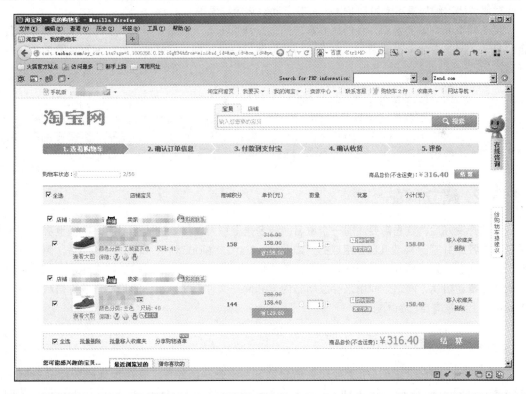

那什么是网站呢？我们可以简单地认为网站就是由许多网页文件集合而成的，这些网页通过超链接连接在一起，至于多少网页集合在一起才能称作网站并没有明确的规定，即使只有一个网页也能称为网站。在一般情况下，每个网站都有一个被称为主页（HomePage）或者首页的特殊页面。当访问者访问该服务器时，网站服务器首先将主页传递给访问者。主页就是网站的"大门"，起着引导访问者浏览网站的作用。作为网站的起始点和汇总点，网站有些什么内容，更新了什么内容，全通过主页告诉访问者。例如，下图展示的是清华大学网站的主页。

但是，网站又不止这么简单，因为网站也是基于 B/S 结构的软件，还需要使用到多种软件和技术。比如，大部分网站需要使用数据库管理系统（如 MySQL、Oracle 等），存储和管理网站中的数据，以及通过服务器端编程语言（如 PHP、JSP 等）动态响应结果等。

关于网页和网站的区别，我们需要牢记的是，网页不等于网站，网页只是网站的一部分，负责前台的显示；网站要比网页复杂，一个好的网站需要好好地规划，好好地设计。网页就要简单得多，但是网页的设计是网站设计的基础，只有学好了网页设计才能组织好网站设计。

注 意　网页后缀名通常为 ".html" 或 ".htm"。另外还有以 ".asp"、".jsp"、".php" 等为后缀名的动态网页文件，这三种格式的动态网页文件是指在 HTML 文档中嵌入了 .NET、JAVA、PHP 编程语言，需要注意这些动态网页是不能直接在用户浏览器上解析的。总之，这些不同类型的后缀名代表不同类型的网页文件。

1.3.2　建立网站

网站开发好后，首先需要注册一个域名，域名是互联网网络上的一个名字，在全世界没有重复的域名。域名是由 "." 分隔成几部分组成的，如 china.com、baidu.com、cnki.net 等格式。域名一旦被注册，除非注册人到期后取消，否则其他人将不能再使用这个名称。然后需要购买网站空间或者自己购买服务器搭建机房，网站空间用来存放网站内容和网站文件，如网页、图片、音乐等资料。最后设计者就可以上线推广自己的网站了。

1.3.3　URL

可在 Web 上访问的每一个文件或文档都具有一个唯一的地址，这种地址称为统一资源定位符（Uniform Resource Locator，URL）。术语统一资源标识符（Uniform Resource Identifier，URI）一词有时可与 URL 互换使用，但它是一个更为一般性的术语，URL 只是 URI 中的一种。Web 连接设备使用这种 URL 地址在一台特定的服务器上找到一个特定的文件，以便下载它并将其显示给用户（或者把它用于别的用途。Web 上的文件并非全部用于显示）。

Web URL 遵守一种标准的语法，它可以被分解为几个主要部分，每一个部分都向客户端和服务器传达着特定的信息，例如，URL 为 http://www.example.com/examples/example.html 的含义如下表所示。

URL 组成部分	代表的含义
http://	代表超文本传输协议，通知 example.com 服务器显示 Web 页
www	代表一个 Web 服务器
example.com/	这是装有网页的服务器域名，或站点服务器的名称
examples/	为该服务器上的子目录，类似于文件夹
example.html	是服务器文件夹中的一个 HTML 文件（网页）

1.3.4　HTML 与 CSS 的常用编辑工具

俗话说："工欲善其事，必先利其器"。在真正编写 HTML 代码之前，有必要搭建自己的开发环境。本小节将向读者介绍几款编辑代码的常用工具，读者可以选择使用。

除了本节即将介绍的 Notepad++ 以及 Dreamweaver 之外，还有很多其他优秀的代码编辑软件，如 Aptana、SciTE、gVIM、UltraEdit 等，这里限于篇幅不再一一列举介绍。

1. Notepad++

Notepad++ 是一款免费的开源跨平台代码编辑器，功能十分强大，例如具备语法高亮显示及语法折叠功能，而且支持 HTML、XML、CSS、JavaScript、C、C++、Java、PHP 等程序语言；用户可以自定程序语言，自定的程序语言不仅有语法高亮度显示功能，而且有语法折叠功能。

注解关键字及运算符号也可以由用户自己设定；可以实现字词的自动完成功能，用户可以制作自己的 API 列表，键入 Ctrl+Space 启动字词自动完成功能；支持多窗口同步编辑，即用户可同时有两个视窗对比排列。用户不但能在两个不同的窗口内开启两个不同文件，并且能在两个不同的窗口内开启一个单独文件进行同步编辑等。

用户可以在 Notepad++ 官方网站（http://notepad-plus-plus.org/）免费获得最新版本的 Notepad++ 安装程序（编写本书时，Notepad++ 的最新版本是 v6.2.2）。安装完成后，新建一个 HTML 文档，就可以编写 HTML 代码了，其工作界面如下图所示。

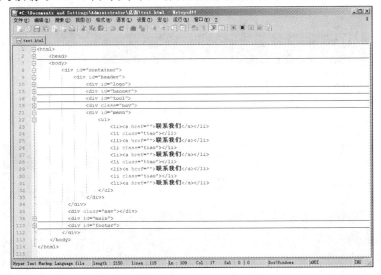

2. Dreamweaver

提到网页设计就不能不提 Dreamweaver，它是目前最流行的网页设计中所见即所得的工具之一。Dreamweaver 官网下载地址为 http://www.adobe.com/cn/downloads.html，读者可以在该网页内找到 Dreamweaver，并根据自己的情况选择试用下载或者购买该软件。

Dreamweaver CS6 是由 Adobe 公司收购 Macromedia 后推出的最新版本。它是一款专业的 Web 设计及开发工具，可用于网站应用程序的设计、编码以及开发等工作。在业界通常会将 Dreamweaver、Flash 和 Fireworks 一起称为"网页三剑客"，可见其地位的重要性。Dreamweaver CS6 的一个显著特点就是可以将各种网页制作的相关工具紧密联系起来，同时又有很好的插件体系，这些使 Dreamweaver CS6 可以通过第三方插件进行补充，变得更加强大和易于使用。

3. 用 Dreamweaver 创建一个 HTML 文档

在操作系统桌面双击 Adobe Dreamweaver CS6 图标，打开 Dreamweaver CS6 工作界面，如下图所示。在菜单栏中选择【文件】▶【新建】，在出现的对话框的【页面类型】一栏中选择【HTML】，并在文档类型选项中选择【HTML 4.01 Transitional】，如下图（中）所示，随后单击右下角【创建】按钮，即可创建一个新的 HTML 文档，如下图（下）所示。

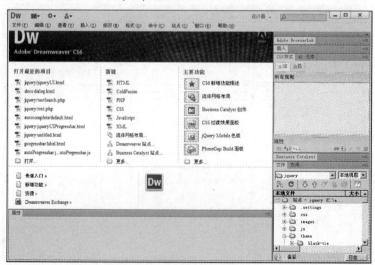

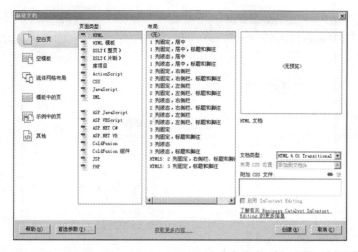

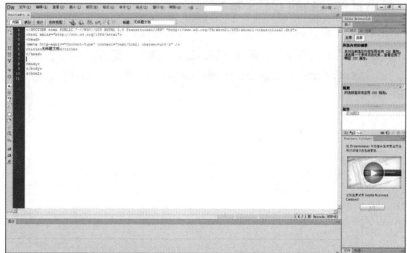

　　创建好文档后便可以开始编辑自己的 HTML 代码了，编辑好代码后需要保存文件，具体步骤为：选择菜单栏【文件】▶【保存】，然后选择自己想要保存的路径，以及为文件重新命名，如下图所示。例如本例保存到 "F:\webpages/ch1/" 文件夹下，刚创建的文件名称改为 "mypage.html"，最后单击【保存】按钮即可。

 高手私房菜

>>>

技巧 1：如何查看网页的 HTML 代码

　　要查看网页的 HTML 代码，在 Firefox 浏览器打开的网页中单击鼠标右键，在弹出菜单中选择 "查看页面源代码"，如下图所示。这是了解 HTML 工作原理和学习他人事例的好方法，需要牢记的是，很多商业网站使用复杂的 HTML 代码，它们可能难以阅读和理解，但是希望读者不要气馁。

技巧 2: 查看其他网站的 CSS 样式表文件

查看其他网站某个网页的 CSS 样式表时，只需要在查看该网页源代码时，单击链接 CSS 文件的 URL。例如，当我们打开某网页源代码时，显示结果如下图所示。

然后单击 <link> 标签的 href 属性值，显示结果如下图所示。

```
html {
    overflow-y: scroll;
    margin: 0;
    padding: 0;
}
body {
    background-color: #ffffff;
    color: #000000;
    font-family: Arial, Helvetica, sans-serif;
    margin: 0px;
    padding: 0px;
}
body, td, th, input, textarea, select, a {
    font-size: 12px;
}
h1, .welcome {
    color: #636E75;
```

第2章

HTML 文档的基本结构

　　和其他任何一门语言相比，HTML 语言的语法都是最简单的。但在编写 HTML 文档的时候，必须遵循 HTML 的语法规则。一个完整的 HTML 文档由标题、段落、列表、表格、文本及嵌入的各种对象所组成，这些逻辑上统一的对象称为元素，HTML 使用标签来描述这些元素。实际上，整个 HTML 文档就是由元素与标签组成的文本文件，由浏览器去解析它们并显示出美妙的网页。也可以在浏览器打开的网页中，通过"查看源文件"的相应命令查看网页中的 HTML 代码。

本章要点（已掌握的在方框中打勾）

☐ 基本的 HTML 文档

☐ HTML 文档的基本结构

☐ HTML 标签、元素及属性

☐ 标准属性

☐ HTML 字符实体

☐ 为文档添加注释

☐ 空白和空白字符

2.1 基本的 HTML 文档

 本节视频教学录像：2 分钟

一个 HTML 文档由 4 个基本部分组成，如范例文件 2-1-1 所示。

(1) 一个文档类型声明，这表明该文档是 HTML 文档。

(2) html 标签对，用于标示 HTML 文档的开始和结束

(3) head 标签对，其间的内容构成 HTML 文档的开头部分，包含一些辅助性元素，这些辅助性元素也将会在本章中进行详细的介绍。

(4) body 标签对，其间的内容构成 HTML 文档的主体部分。

【范例 2.1】 基本的 HTML 文档（范例文件：ch02\2-1-1.html）

```
01   <!DOCTYPE HTML PUBLIC "-//W3C//DTD HTML 4.01 Transitional//EN"
"http://www.w3.org/TR/ html4/loose.dtd" >        <-- 文档类型声明标签位置 -->
02   <html>              <-- html 标签开始位置 -->
03   <head>              <-- head 标签开始位置 -->
04   <meta http-equiv="Content-Type" content="text/html; charset=utf-8">
<-- meta 标签 -->
05   <title> 一个基本的 HTML 文档 </title>        <-- 文档标题标签对位置 -->
06   </head>        <-- head 标签结束位置 -->
07   <body>        <-- body 标签开始位置 -->
08   <p> 这里放主题内容 </p>            <-- p 段落标签位置 -->
09   </body>        <-- body 标签结束位置 -->
10   </html>        <-- html 标签结束位置 -->
```

尽管看上去很简单，但这确实是个完整、有效、合格的文档。我们创建的每个网页都将从与其类似的框架开始。下面，我们将更详细地讨论这些组成部分。

2.2 HTML 文档的基本结构

 本节视频教学录像：4 分钟

在上一节，我们介绍了 HTML 文档的构成部分，其中包括文档类型声明、<html> 标签对、<head> 标签对。本节我们将对这些组成部分进行详细的介绍。

2.2.1 文档类型的声明

在范例文件 2-1-1 中有如下代码：

```
<!DOCTYPE HTML PUBLIC "-//W3C//DTD HTML 4.01 Transitional//EN" "http://
www.w3.org/TR/ html4/loose.dtd" >
```

这是 HTML 文档的文档类型声明部分，要记住，所有的 HTML 文档都以一个文档类型声明（Document Type Declaration，DTD）开头，这是一种必须的组成部分，正如其名称所示，它声明了

文档的类型及其所遵守的标准规则集。当声明一种 DTD 时，实际上是在告诉浏览器："作为这个网站开发者，我会用以下规范来编写我的代码，你应该用我所遵守的规范来显示网页。"大多数现代浏览器在实际显示网页时会根据声明的 DTD 的不同而有所差异。

HTML 的每种风格都由相应的文档类型声明。本书所介绍的 HTML 4.01 有 3 个版本，可以用 3 个 DTD 来定义。

1. HTML 4.01 Strict DTD

这种文档类型比较严格，其定义中不包含那些已经不推荐使用的元素和属性，也不包含出现在框架集中的元素和属性。

这种文档类型使用下面的文档类型声明。

```
<!DOCTYPE HTML PUBLIC "-//W3C//DTD HTML 4.01//EN" "http://www.w3.org/TR/html4/strict.dtd">
```

2. HTML 4.01 Transitional DTD

这种文档类型比较广泛，使用得比较多。这种文档类型不排除 Strict DTD 中不推荐使用的元素和属性，因此包含的元素比 Strict DTD 要多。

这种文档类型使用下面的文档类型声明。

```
<!DOCTYPE HTML PUBLIC "-//W3C//DTD HTML 4.01 Transitional//EN" "http://www.w3.org/TR/ html4/loose.dtd" >
```

3. HTML 4.01 Frameset DTD

这种文档类型更宽泛，它不但包含了 Transitional DTD 所包含的元素和属性，还包含框架集中的元素和属性。

这种文档类型使用下面的文档类型声明。

```
<!DOCTYPE HTML PUBLIC "-//W3C//DTD HTML 4.01 Frameset//EN" "http://www.w3.org/TR/ html4/frameset.dtd">
```

说 明 在 HTML 文档中选择使用文档类型很重要，本书中采用的是 HTML 4.01 Transitional 文档类型。需要注意，如果在 HTML 文档中手工编写文档类型，则必须严格按本节所展示的示例那样书写。另外，专业的 HTML 网页编辑器（例如 Dreamweaver 等）会按照操作自动地在 HTML 文档头部生成相应的文档类型声明。

在打开的 Dreamweaver CS6 中，在菜单栏选择【文件】▶【新建】，打开新建文档对话框（下图）。选中左栏空白页选项，然后在页面类型一栏中选中 HTML，最后在对话框右下方文档类型下拉列表中选择"HTML 4.01 Transitional"，单击【创建】按钮，这样就新建了一个用 HTML 4.01 的 Transitional 类型声明的 HTML 文档，如范例文件 2-2-1-1 所示。

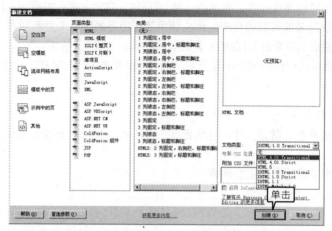

【范例 2.2】 文档类型的声明（范例文件：ch02\2-2-1-1.html）

```
01  <!DOCTYPE HTML PUBLIC "-//W3C//DTD HTML 4.01 Transitional//EN"
"http://www.w3.org/TR/ html4/loose.dtd" >      <-- 文档类型声明标签位置 -->
02  <html>          <-- html 标签开始位置 -->
03  <head>
04  <meta http-equiv="Content-Type" content="text/html; charset=utf-8">
05  <title> 无标题文档 </title>
06  </head>
07  <body>
08  </body>
09  </html>          <-- html 标签结束位置 -->
```

2.2.2 <html> 标签对和属性

<html> 标签用于 HTML 文档的最前面，用来标识 HTML 文档的开始。而 </html> 标签恰恰相反，它放在 HTML 文档的最后面，用来标识 HTML 文档的结束，这两个标签必须一块使用。在 <html></html> 标签之间是文档的头部和主体，文档的头部由标签 <head> 定义，而主体由 <body> 标签定义。下面的代码将有助于弄清 <html></html> 标签对的位置。

```
01  <!DOCTYPE HTML PUBLIC "-//W3C//DTD HTML 4.01 Transitional//EN"
"http://www.w3.org/TR/ html4/loose.dtd" >       <-- 文档类型声明标签位置 -->
02  <html>          <-- html 标签开始位置 -->
03  <head>
04    <-- 这里是头部标签放置位置 -->
05  </head>
06  <body>
07    <-- 这里是主体内容放置位置 -->
08  </body>
09  </html>          <-- html 标签结束位置 -->
```

该标签有两个基本属性——dir 属性和 lang 属性，其中，dir 属性指定了浏览器该用什么方向来显示包含在元素中的文本。将 dir 属性用于 <html> 标签中时，决定了文本在整个文档中将以什么方向显示；当它用在其他标签中时，则只决定那个标签中内容的显示方向。dir 属性有 ltr 和 rtl 两个属性值，分别意味着文本从左到右显示给用户看和从右到左显示给用户看，然而，显示的结果还要看文档的内容和浏览器对 HTML 4.01 的支持程度。例如，范例文件 2-2-2-1 的作用是定义文本从右向左读。

【范例 2.3】 <html> 标签对和属性（范例文件：ch02\2-2-2-1.html）

```
01  <!DOCTYPE HTML PUBLIC "-//W3C//DTD HTML 4.01 Transitional//EN"
"http://www.w3.org/TR/ html4/loose.dtd" >
02  <html dir="RTL">
03  <head>
04  <meta http-equiv="Content-Type" content="text/html; charset=utf-8">
05  <title>html 标签中的 dir 属性 </title>
06  </head>
07  <body>
08  读左向右从惯习，言语的家国些一于对
09  </body>
10  </html>
```

【运行结果】

在网页中浏览，显示效果如下图所示。

lang 属性用来指明文档内容或者某个元素内容使用的语言。如果包含在 <html> 标签中，那么 lang 属性可以指定整个文档所使用的语言。如果用在其他标签中，则此属性将指出那个标签中内容所使用的语言。理想情况下，浏览器会使用 lang 属性将文本更好地显示给用户。

说明

除非特别需要，一般不为 <html> 标签指定 dir 属性，省略即可。

2.2.3 <head> 标签对和属性

<head> 标签包含有关 HTML 文档的信息，可以包含一些辅助性标签，如 <title>、<base>、<link>、<meta>、<style>、<script> 等，这些辅助性标签将会在第 3 章中进行详细的讲解。这里需要注意，除了会在标题栏显示 <title> 元素的内容外，浏览器不会向用户显示 head 元素内的其他任何内容。

head 元素有个 profile 属性，该属性提供了与当前文档相关联的配置文件的 URL。需要知道的是，文档的头部经常会包含一些 <meta> 标签，用来告诉浏览器关于文档的附加信息，将来创作者们可能会利用预先定义好的标准文档的元数据 (metadata) 配置文件 (profile)，以便更好地描述他们的文档。但是到目前为止，配置文件的格式及浏览器使用它的方式都还没有进行定义，这个属性主要是为将来的开发而保留的占位符，读者在这里了解即可。

2.2.4 <body> 标签对和属性

<body> 标签是 HTML 文档的主体部分，此标签中可包含 <p>、<h1>、
 等众多标签。<body> 标签出现在 </head> 标签之后，且必须在闭标签 </html> 之前闭合，如范例文件 2-2-4-1 所示。

【范例 2.4】 <body> 标签对和属性（范例文件：ch02\2-2-4-1.html）

```
01  <!DOCTYPE HTML PUBLIC "-//W3C//DTD HTML 4.01 Transitional//EN"
"http://www.w3.org/TR/ html4/loose.dtd" >
02  <html dir="RTL">
03  <head>
04  <meta http-equiv="Content-Type" content="text/html; charset=utf-8">
05  <title>body 标签和属性 </title>
06  </head>
07  <body>          <-- body 标签开始位置 -->
08  这里放置其他元素或者文本
09  </body>          <-- body 标签结束位置 -->
10  </html>
```

<body> 标签中还有很多属性，用于设置文档的背景颜色、文本颜色、链接颜色、边距等，这些内容将在本书后续部分进行详细介绍，读者在这里了解即可。

▌2.3 HTML 标签、元素及属性

 本节视频教学录像：6 分钟

HTML 是简单的文本标签语言。一个 HTML 文档是由元素构成的，元素由开始标签、结束标签、属性、元素的内容 4 部分构成。在学习这些内容时，要注意区分标签和元素的定义。

2.3.1 什么是标签

标签是元素的组成，用来标记内容块，也用来标明元素内容的意义（即语义）。标签使用尖括号包围，如 <html> 和 </html>，这两个标签表示一个 HTML 文档。

标签的使用有两种形式——成对出现的标签和单独出现的标签。无论是哪种标签，标签中不能包含空格。例如，下面的代码就都是错误的，因为标签中包含有空格。

<html > 或者 <html> 或者 </ html> 或者 < head> 或者 <head> 或者 </head >

1. 成对出现的标签

成对出现的标签也就是包含开始标签和结束标签的形式，基本格式如下：

< 开始标签 > 内容 < / 结束标签 >

所谓开始标签，即标示一段内容的开始，例如，<html> 表示 HTML 文档的开始，到 </html> 结束，从而组成了一个 HTML 文档。

<head> 和 </head> 标签描述 HTML 文档的相关信息，之间的内容是不会在浏览器的窗口内显示出来的。

<body> 和 </body> 标签包含所有要在浏览器窗口中显示的主要内容，也是 HTML 文件的主体部分。

所谓结束标签是指和开始标签相对应的标签，例如开始标签 <head> 和它的结束标签 </head> 相对应，开始标签 <body> 和它的结束标签 </body> 相对应，开始标签 <html> 和它的结束标签 </html> 相对应等，结束标签比开始标签多一个斜杠"/"。

2. 单独出现的标签

虽然并不是所有的开始标签都必须有结束标签对应，但是建议"开始标签"最好有一个对应的"结束标签"关闭，这样使得网页易于阅读和修改。

如果在开始标签和结束标签中间没有内容，那么就不必两者对应出现，如换行标签
。下面的代码中，
 就是一个单独出现的标签。

```
01    一些内容 <br>
02    另一些内容 <br>
```

在 HTML 中，没有相应的结束标签的标签有 <area>、<base>、<basefont>、
、<col>、<frame>、<hr>、<img>、<input>、<param>、<link>、<meta> 等。

3. 标签的嵌套

标签可以放在另外一个标签所影响的片段中，以实现对某一段文档的多重标签效果。但是它们必须正确地嵌套。比如下面的标签嵌套是错误的。

```
<p><em>Hello Word! </p></em>
```

上面一行代码中，开始标签 <em> 出现在开始标签 <p> 之后，但结束标签 </p> 却出现在结束标签 </em> 之前。为了确保标签的正确嵌套，应该总是以与它们的打开次序相反的次序结束它们。

```
<p><em>Hello Word!</em></p>
```

2.3.2 元素

标签就是为一个元素的开始和结束做标记，网页内容是由元素组成的。例如，包括在 <html></html> 标签之间的都是元素内容。元素形式主要有以下几种。

一个元素通常由一个开始标签、内容、其他元素及一个结束标签组成。

例如，<head> 和 </head> 是标签，但是下面的一行代码则是一个 head 元素。

```
<head><title> 我的第一个网页 </title></head>
```

在上面这个元素中，<title> 和 </title> 是标签，但是下面的一行代码则是 title 元素。

```
<title> 我的第一个网页 </title>
```

同时，这个 title 又是嵌套在 head 元素中的另一个元素。

head、title 又被称为元素名称，在后面的文档中会经常使用 head 元素（或者 <head> 元素）、title 元素（或者 <title> 元素）这样的简称来表示它们以及它们之间的元素内容。

有一些元素有内容，但允许忽略结束标签。

例如，下面的代码就省略了结束标签 </p>。

```
01    <p> 这是一段内容
02    <p> 这是另一段内容
```

等同于:

```
01    <p> 这是一段内容 </p>
02    <p> 这是另一段内容 </p>
```

有一些元素甚至允许忽略开始标签。

例如,html、head 和 body 等元素都允许忽略开始标签,虽然 HTML 规范允许,但是我们不推荐这样做,这会使文档变得难以阅读。

有一些元素可以没有内容,因此不需要结束标签。例如换行符 <br>,就可以写成:

```
<br><br>
```

说 明 浏览器在解析 HTML 代码时有一定的容错性,即使某些标签编写得不太规范,浏览器依然可以正确地解析这些代码,但还是推荐按照 HTML 4.01 规范编写 HTML 代码。关于哪些元素允许忽略开始标签,哪些元素允许忽略结束标签,哪些元素必须使用开始标签,哪些元素必须使用结束标签,读者可以参考 HTML 手册。

2.3.3 属性的定义

与元素相关的特性称为属性,可以为属性赋值(每个属性总是对应一个属性值,因此也称为"属性/值"对)。"属性/值"对出现在元素开始标签的最后一个">"之前,通过空格分隔。可以有任意数量的"属性/值"对,并且它们可以以任何顺序出现,但是,不能在同一个标签中定义同名的属性(属性名是不区分大小写的)。

虽然前面的 HTML 例子中属性值都使用引号包含,但在一些情况下也可以不使用引号包括属性值,这时的属性值应该仅包含 ASCII 符 (a~z 以及 A~Z)、数字 (0~9)、连字符 (-)、圆点句号 (.)、下划线 (_) 以及冒号 (:)。但使用引号可以更好地表现,也是 W3C 提倡使用的,并且可以顺利地与未来的新标准衔接。

引号可以是单引号或者双引号,属性的使用格式如下:

```
01    < 元素 属性 = "值" > 内容 </ 元素 >
02    < 元素 属性 = '值' > 内容 </ 元素 >
```

或者

```
< 元素 属性 = 值 > 内容 </ 元素 >
```

2.3.4 属性值的定义

HTML 中对属性值的定义非常宽泛,但不管如何定义属性值,属性值都是字符串。

1. 不定义属性值

HTML 规定属性也可以没有值,例如,下面的定义也是合法的。

<dl compact>

浏览器会使用 compact 属性的默认值。但有的属性无默认值,因此不能省略属性值。

2. 属性值中的空白

属性值可以包含有空白，但这种情况下必须使用引号，因为属性之间是使用空白分隔的，如下面的定义。

<img src="c:/Documents and Settings/test.jpg" width=1024 height=768 />

如果不使用引号将会出错，如下面的定义将会导致出错。

<img src=c:/Documents and Settings/test.jpg width=1024 height=768 />

也就是说，属性值必须是连续字符序列，如果将空白替换为"%20"（%20 是空白的 URI 编码），那么也可以不使用引号，如下面的定义。

<img src=c:/Documents %20and %20Settings/test.jpg width=1024 height=768 />

应该尽量避免在属性值中使用空白，如果有空白就将它转成"%20"。然而对于属性值中开头和结尾处的空白，用户的浏览器将会把这些空白删去。

3. 属性值中使用双引号和单引号

单引号可以作为属性值，当单引号作为属性值时就不能再用其去包括属性值了，这时必须使用双引号来包括属性值，如下面的定义。

<p title=" 这是一个 ' 诗人 ' "> 李白 </p>

当然，当单引号作为属性值时，也可以使用数字字符引用（& #39;）来代替单引号，这时也可以用单引号去包括属性值，如下面的定义。

<p title=' 这是一个 &#39; 诗人 &#39; '> 李白 </p>

当双引号作为属性值时，就必须使用数字字符引用 (&#39;) 或者字符实体引用 (&quot;) 来代替双引号，如下面的定义。

<p title=" 这是一个 &quot;39; 诗人 &quot; "> 李白 </p>

2.3.5　元素和属性的大小写规范

元素名和属性名都是不区分大小写的，下面 3 个标签的效果是相同的。

<head>、<HEAD> 和 <HeAd>

一些网页设计者建议标签使用大写字母，属性使用小写字母，这是为了更好地阅读和理解 HTML 文档。但建议读者在编写 HTML 时都使用小写，这是未来 HTML 发展的方向。

虽然元素的标签和属性名称不区分大小写，但是有些属性的值却是区分大小写的。例如，属性 class 和 id 的值就是区分大小写的，即 class='a' 和 class='A' 不相同，或者 id='a' 和 id='A' 不相同等。但是大部分元素的属性值不区分大小写。

2.4　标准属性

 本节视频教学录像：3 分钟

HTML 标签拥有属性。但是有些属性是通用于每个标签的（并且基本是可选的），我们称之为标准属性。为了避免在本书后续章节中重复讲述这些标准属性，本节将分类讲述这些属性。

1. 核心属性

这类属性包含关于元素的一般性信息，可以包含在几乎任何元素的开始标签内。

(1) class：表示特定元素所属的一个类或一组。同属一类的元素使用相同的 CSS 样式规则。类名几乎可以是任何文字，但只能由字母、数字、连字符（-）和下划线（_）组成，其他标点符号或特殊符号是不允许的。可以有多个元素属于同一类。此外，一个元素也可以属于不止一个类，此时属性值中的多个类名用空格分隔。

(2) id：为元素指定一个唯一性的标识符。id 可以是几乎任何简短文字，但它在一个文档中必须是唯一的，不能有多个元素共用一个标识符。id 属性不能含有除连字符 (−) 和下划线 (_) 之外的任何标点符号和特殊符号。其中，第一个字符必须是字母，而不能是数字或者任何其他字符。

(3) style：为元素指定 CSS 属性，这称为内联样式定义 (inline styling)。本书 CSS 3 部分对此有更详细的说明。虽然 style 属性对大多数元素都有效，但应避免使用，因为它把内容和表现混在了一起。

(4) title：为元素提供一个文本标题。许多图形化浏览器将 title 属性的值显示在"工具提示"（即当用户的鼠标指针停留在所呈现的元素上方时出现的那个小小的浮动窗口）中。

2. 语言属性

国际化属性包含用于书写元素内容的自然语言（如汉语、英语、法语、拉丁语等）的相关信息。它们几乎可以包含在任何元素中，特别是那些所包含文本使用的语言不同于文档其他部分的元素。

(1) dir：把文本的阅读方向设置为值 ltr（从左到右）或 rtl（从右到左）所指定的方向。通常不使用这个属性，因为语言的方向应该从 lang 属性推断。

(2) lang：指定用于书写所包含的内容的语言。语言用一种缩写的语言代码表示，如 zh 代表汉语，en 代表英语，es 代表西班牙语等。感兴趣的读者可以通过网址 http://webpageworkshop.co.uk/main/language_codes 找到一份大多数常见语言的代码的列表。

3. 键盘属性

当某些元素——尤其是链接和表单控件——处于预激活状态时，称为拥有焦点（focus），因为浏览器的"注意力"集中在该元素身上，准备激活它。可以为一些元素设置下列焦点属性，以增强网页浏览者使用键盘在网页上导航时的可用性。

(1) accesskey：为元素分配一个键盘快捷键，以便在使用键盘导航时能更方便、快捷地访问它。该属性的值是对应于访问键的字符。用于激活访问键的实际按键组合因浏览器和操作系统而异。

(2) tabIndex：指定元素在使用制表键遍历链接和表单控件时所形成的访问顺序中的位置。

▌2.5 HTML 字符实体

 本节视频教学录像：1 分钟

一些字符在 HTML 中拥有特殊的含义，例如小于号 (<) 用于定义 HTML 标签的开始，不可以直接在网页中输出。如果我们希望浏览器能正确地显示这些有特殊含义的字符，我们必须在 HTML 源码中插入字符实体。

字符实体有 3 部分，一个和号 (&)、一个实体名称或者使用 # 号和一个实体编号以及一个分号 (;)。例如，要在 HTML 文档中显示小于号，需要使用"<"或者"<"实体形式输出。建议使用实体名称而尽量避免使用实体编号，好处在于名称相对来说更容易记忆。但要注意，实体名称对大小写敏感。空格是 HTML 中最普通的字符实体，通常情况下 HTML 会裁掉文档中的空格。例如，在文档中连续输入 10 个空格，那么其中的 9 个会被去掉。如果使用 ，就可以在文档中增加空格。还有一些比较常用的 HTML 字符实体，如下表所示。

显示结果	描述	实体名称	实体编号
	空格		
<	小于号	&lt;	&#60;
>	大于号	&gt;	&#62;

显示结果	描述	实体名称	实体编号
&	和号	&amp;	&#38;
"	双引号	&quot;	&#34;
'	单引号(IE 不支持)	&apos;	&#39;
¢	分	&cent;	&#162;
£	镑	&pount;	&#163;
¥	元	&yen;	&#165;
§	节	&sect;	&#167;
©	版权	&copy;	&#169;
®	注册商标	&reg;	&#174;
×	乘号	&times;	&#215;
÷	除号	&divide;	&#247;

▌2.6 为文档添加注释

  本节视频教学录像：1 分钟

在文档中嵌入注释往往很有用。它们不会被浏览器显示，但是注释者（或其他人）在查看网页源代码时可以看到。注释可以包含如下内容：说明文档为何要以特定方式进行组织、文档的修改指南或改动历史记录等。HTML 中的注释使用一种特别的标签结构。

```
01    <!-- 使用一个 h2 元素作为副标题 -->
02    <h2> 这里添加内容 </h2>
```

一段注释始于"<!--"（这是浏览器视为注释开始信号的一组字符），而终于"-->"，浏览器不会呈现任何出现在这些标记符号之间的内容或元素，即便注释跨越多行。注释也可用于在测试网页时暂时"隐藏"一部分标记代码。

```
01    <!-- 隐藏这部分代码
02    <h2> 这里添加内容 </h2>
03    -->
```

虽然注释不会被浏览器显示出来，但是它们依然随着其余的标记代码一起发送，而且访问者查看网页的源代码时也可以看到它们。不要期望注释能完全保密，也不要依赖它们来永久性地删除或禁用任何重要的内容或标记代码。

▌2.7 空白和空白字符

  本节视频教学录像：2 分钟

在 HTML 文档中可以包含空白，每个空白对应着一个空白字符，这些空白对于排版是非常重要的，如最简单的一个应用——英文单词必须使用空白隔开。

在 HTML 文档中，空白分为两类。

(1)有意义空白：是文档内容的部分，应予以保留。

(2) 无意义空白：在编辑 HTML 文档时使用，以增加可读性。这些空白在文档部署时一般不予保留，并且也不会呈现在浏览器中。

2.7.1 断行符

断行符 (Line Break) 表示一行的结束，它是空白字符。虽然在 HTML 源文档中看不到这个字符，但每一个换行处是有个断行符的。SGML 规定，紧跟在一个开始标签后的断行符应该被忽略，在一个结束标签前的断行符也应该被忽略，这个规定也适用于 HTML，如下面的定义。

```
01  <p>
02  注意开始标签后面和结束标签前面
03  </p>
```

紧跟在 <p> 之后是一个断行符，在 </p> 之前也是一个断行符，但它们都会被忽略，最终会被解释如下。

```
<p> 注意开始标签后面和结束标签前面 </p>
```

2.7.2 空白字符

在 HTML 文档中，将以下 4 种字符归为空白字符。

(1) ASCII 空白 ( )

(2) ASCII 制表符 (	)

(3) ASCII 换页 ()

(4) 零宽空白 (& #x200B;)

不同的文字书写语言在对空白区域的处理上是不同的，因此，应该定一个约定来说明怎样处理空白，浏览器也应当根据约定呈现空白区域。例如，对于拉丁语文字，词与词之间的空白就是一个 ASCII 空格（ASCII 十进制码 32， ）；然而，泰语中的空白是个零宽度的单词分隔符；在汉语中，字与字之间的空白完全被忽略。而且，源文档中将词与词（字与字）隔开的空白在呈现时会有截然不同的结果，特别是当网页缺少语言信息定义时（也就是缺少 lang 属性及 HTTP 消息报头中的 Content-Language 字段），浏览器将会压缩掉空白。

 高手私房菜

> >

技巧：属性值与引号的正确使用

当引号用来包括属性值时，不能使用字符引用来代替引号包含属性值，如不能写成如下形式。

```
01  <p title=&#34; 这是一个 &#34; 诗人 &#34; &#34;> 李白 </p>
02  <p title=&#39; 这是一个 &#39; 诗人 &#39; &#39;> 李白 </p>
```

这样实际是把前后的字符引用作为属性值了，这两个 title 属性的值就等于：

"这是一个 "诗人 ""

'这是一个 '诗人 ''

第3章

 本章视频教学录像：25 分钟

辅助性元素

　　本章介绍 \<head>\</head> 标签对内常用到的元素，包括 title、base、link、style、script、meta 这 6 个元素。这些元素所发挥的作用虽然不常通过浏览器被看到，但是对网页浏览者能够正确地浏览网页却是非常重要的，而且可以轻松地实现特定的功能，因此读者需要有一定的了解。

本章要点（已掌握的在方框中打勾）

☐ 用 \<title> 标签为文档添加标题

☐ 用 \<base> 标签为文档设置基础 URL

☐ 用 \<link> 标签定义文档关系链接

☐ 用 \<style> 标签为文档创建内部样式表

☐ 用 \<script> 标签添加脚本程序

☐ 用 \<meta> 标签为文档定义元数据

3.1 用 <title> 标签为文档添加标题

 本节视频教学录像：3 分钟

标题标记 <title> 用于设置 HTML 页面的标题，页面标题将显示于浏览器顶部的左上角，还可以作为加入收藏时的标题。一个好的标题标记简单并且能恰当地概括文档的内容，一般建议标题长度不超过 30 个字符。

要为文档添加标题，只需将要用的文本放在 title 元素的开始标签和结束标签之间即可。其语法格式如下。

<title> 这里放标题内容 </title>

例如，范例文件 3-1-1 为网页定义了一个标题，在浏览器中访问时会在标题栏中看到标题标签中的文本内容。

【范例 3.1】 用 <title> 标签为文档添加标题（范例文件：ch03\3-1-1.html）

```
01  <!DOCTYPE HTML PUBLIC "-//W3C//DTD HTML 4.01 Transitional//EN"
"http://www.w3.org/TR/ html4/loose.dtd">
02  <html>
03  <head>
04  <meta http-equiv="Content-Type" content="text/html; charset=utf-8">
05  <title> 这里是标题内容 </title>
06  </head>
07  <body>
08  </body>
09  </html>
```

在浏览器中打开该网页，将会看到如下图所示的显示效果。

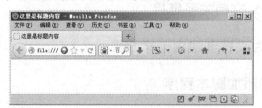

3.2 用 <base> 标签为文档设置基础 URL

 本节视频教学录像：4 分钟

基底网址标记 <base> 一般用于设定浏览器中文件的绝对路径，然后在网页文件后续的 HTML 代码中只需要写下文件的相对位置，在浏览器中浏览的时候这些相对位置会自动附在绝对路径后面，成为完整的路径。在网页文档中所有的相对地址形式的 URL 都是相对于这里定义的 URL 而言的。例如，范例文件 3-2-1 创建了一个基底网址标记，并指定了基底网址 http://www.myweb.com，在网页主体部分创建了一个链接标签 <a>，设置其链接的相对地址为该网站的主页。

【范例 3.2】用 <base> 标签为文档设置基础 URL（范例文件：ch03\3-2-1.html）

```
01  <!DOCTYPE HTML PUBLIC "-//W3C//DTD HTML 4.01 Transitional//EN"
"http://www.w3.org/TR/ html4/loose.dtd">
02  <html>
03  <head>
04  <meta http-equiv="Content-Type" content="text/html; charset=utf-8">
05  <title> 用 base 标签为文档设置基础 URL</title>
06  <base href="http://www.myweb.com/" />
07  </head>
08  <body>
09  <a href="index.html"> 点击回主页 </a>
10  </body>
11  </html>
```

在浏览器中打开该网页，显示效果如下图所示。

当点击链接文本"点击回主页"时，浏览器实际发送的请求是将基底网址标记 <base> 中指定的 URL 与文档中设置的相对 URL 连接起来，在这里是 http://www.myweb.com/index.html。因此，如果网页位置发生变化，可以通过修改 <base> 来修改这种变化，从而减少了很大的工作量。

注 意 超链接标签将在第 6 章进行介绍，现在只需要了解该标签用来从当前网页链接到另一个网页。

那么怎样为文档设置一个绝对路径呢？其实很简单，只需要为 <base> 标签的 href 属性设置一个 URL 地址即可。例如，范例文件 3-2-2 在文档主体中创建了一个 <img> 标签，用于显示一张熊猫图片。

【范例 3.3】 用 href 属性指定基础 URL（范例文件：ch03\3-2-2.html）

```
01  <!DOCTYPE HTML PUBLIC "-//W3C//DTD HTML 4.01 Transitional//EN"
"http://www.w3.org/TR/ html4/loose.dtd">
02  <html>
03  <head>
04  <meta http-equiv="Content-Type" content="text/html; charset=utf-8">
```

```
05    <title>base 元素示例 </title>
06    <base href="http://haut001.oicp.net/images/" />
07    </head>
08    <body>
09    <img src="panda.jpg" alt=" 这是一只熊猫 "/>
10    </body>
11    </html>
```

当浏览器准备获取图像时，取出 <base> 标签中指定的基础 URL，将其与 <img> 标签的 src 属性值 panda.jpg 相结合，形成最终请求 http://haut001.oicp.net/images/panda.jpg，服务器响应该资源，把资源（在此例中是 panda.jpg 图片）发送给浏览器，浏览器负责显示该资源，然后我们就能看到可爱的熊猫了，效果如下图所示。

一个文档中只能出现一个 <base> 标签，并且只能在头部定义。

注 意

3.3 用 <link> 标签定义文档关系链接

 本节视频教学录像：6 分钟

<link> 标签只能在 HTML 文档的头部定义，但是可以出现多次。它定义了当前文档和另一个资源（文档）之间的联系。尽管 link 没有内容显示，而它定义的联系依然会被某些用户浏览器渲染，但不会呈现出来。不过，<link> 标签最常用于把外部样式表链接进当前文档。

3.3.1 定义关系链接地址

在 <link> 标签中，href 属性用来指向所链接文档的 URL，它的值可以是任何有效的文档 URL。

该属性并不表示通常的 HTML 意义上的链接文件，link 元素中指定的链接关系更为复杂，这会在本大节的其他小节进行介绍。

注 意

3.3.2　向前链接或者反转链接

　　rel 和 rev 这两个属性用来表示源文档和目标文档之间的关系。rel 属性指定了从当前文档到目标文档的关系，即向前链接，也就是在本页看到的与 href 属性值 URL 标明的网页之间的关系。而 rev 属性则指定了从目标文档到当前文档的关系，即反转链接，也就是从 href 属性值 URL 标明的网页看到的与当前网页之间的关系。这两个属性可以同时包含在一个 <link> 标签中，也可以同时创建多个 <link> 标签，如范例文件 3-3-2-1 所示。

【范例 3.4】　向前链接或者反转链接（范例文件：ch03\3-3-2-1.html）

```
01  <!DOCTYPE HTML PUBLIC "-//W3C//DTD HTML 4.01 Transitional//EN"
"http://www.w3.org/TR/ html4/loose.dtd">
02  <html>
03  <head>
04  <meta http-equiv="Content-Type" content="text/html; charset=utf-8">
05  <title> 向前链接或者反转链接 </title>
06  <link rel="index" href="index.html" />
07  <link rel="next" href="chapter4.html" />
08  <link rel="prev" href="chapter2.html" />
09  </head>
10  <body>
11  是第 3 章
12  </body>
13  </html>
```

　　另外，如果同时使用 rel 与 rev 属性，rel 与 rev 属性的值都是用空格分隔的关系列表。HTML 标准并没有指定实际的关系名，但是有些关系名已经成为了通用的用法，下表给出了"表明各页之间的关系值"，这些值不区分大小写。不过需要注意的是，大多数普通的浏览器还不能使用在这里指定的信息。例如，当引用文档序列中的下一个文档时，作为该文档序列一部分的某个文档可能会使用下列代码。

```
<link href=" part-3.html"        rel=next rev=prev>
```

值	说明
Alternate	其他版本
Stylesheet	其他文件的样式表
Start	起始页
Next	下一页
Prev	上一页

值	说明
Contents	目录
Index	索引
Glossary	专业术语集
Copyright	与著作权相关的信息
Chapter	章
Section	节
Subsection	项目
Appendix	附录
Help	帮助
Bookmark	同一个文件内的跳转目标

3.3.3 链接到外部样式表

在开始介绍 <link> 标签时提到过，<link> 标签最常用于链接外部的样式表文件（后缀名为 ".css"）。要实现这个功能，我们先来介绍下 <link> 标签的另一个属性──type 属性。

type 属性指定目标 URL 的多用途国际邮件扩展（MIME）类型，最常见的值包括用于外部样式表的 text/css、用于 JavaScript 文件的 text/javascript 和用于 GIF 图像文件的 image/gif。MIME 类型告诉浏览器所下载的文件的类型是什么以及应该如何处理。

下面介绍怎样来使用 <link> 标签链接一个外部的样式表，例如，范例文件 3-3-3-1 创建了一个 <link> 标签，设置 rel 属性值为 "stylesheet"，type 的属性值为 "text/css"，并且指定了要链接的样式表位置和名称 "main.css"。那么，当浏览器加载该网页时，发现有 <link> 标签便会把指定的样式表文件 main.css 也加载到浏览器中，从而控制了当前网页的显示。

【范例 3.5】 链接到外部样式表（范例文件：ch03\3-3-3-1.html）

```
01   <!DOCTYPE HTML PUBLIC "-//W3C//DTD HTML 4.01 Transitional//EN"
02   "http://www.w3.org/TR/html4/loose.dtd">
03   <html>
04   <head>
05   <meta http-equiv="Content-Type" content="text/html; charset=utf-8">
06   <title> 链接到外部样式表 </title>
07   <link rel="stylesheet" type="text/css" href="main.css">
08   </head>
09   <body>
10   <p class="p1">10px 大小字体 </p>
```

```
11   <p class="p2">20px 大小字体 </p>
12   <p class="p3">30px 大小字体 </p>
13   </body>
14   </html>
```

在浏览器中打开该网页，显示效果如下图所示。

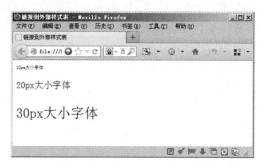

观察上图，可以发现显示的几行文本字号大小不一样，这就是通过 main.css 样式表中的样式规则控制的。其中，main.css 样式表中的代码如下所示。

```
.p1{
    font-size:10px;
}

.p2{
    font-size:20px;
}

.p3{
    font-size:30px;
}
```

▌3.4 用 <style> 标签为文档创建内部样式表

 本节视频教学录像：4 分钟

<style> 标签的唯一用途就是为文档创建内部样式表，这是定义样式规则的又一种方案。虽然 <style> 标签只能在头部中定义，但是可以在头部中多次出现。

3.4.1 定义样式类型

我们可以使用 <style> 标签的 type 属性定义样式类型，但是该属性的值几乎总是设置为 text/css，除非使用某种专属的样式语言，但应当尽力避免使用专属的样式语言。设置完 type 属性值后就可以为 HTML 文档编写样式规则了。例如，范例文件 3-4-1-1 用内容样式表实现了 3.3.3 小节中使用外部样式表所实现的功能。

【范例 3.6】 定义样式类型（范例文件：ch03\3-4-1-1.html）

```
01   <!DOCTYPE HTML PUBLIC "-//W3C//DTD HTML 4.01 Transitional//EN"
     "http://www.w3.org/TR/ html4/loose.dtd">
02   <html>
03   <head>
04   <meta http-equiv="Content-Type" content="text/html; charset=utf-8">
05   <title> 定义样式类型 </title>
06   <style type="text/css">
07   .p1{
08   font-size:10px;
09   }
10   .p2{
11   font-size:20px;
12   }
13   .p3{
14   font-size:30px;
15   }
16   </style>
17   </head>
18   <body>
19   <p class="p1">10px 大小字体 </p>
20   <p class="p2">20px 大小字体 </p>
21   <p class="p3">30px 大小字体 </p>
22   </body>
23   </html>
```

在浏览器中打开该网页，显示效果如下图所示。

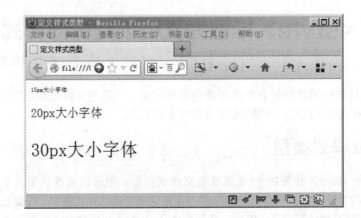

对比例 3.5 中图和例 3.6 中图的显示效果，我们能够观察到它们的显示效果是相同的。当然，这是因为它们使用了相同的样式规则，只不过样式规则代码所在的位置不同而已。本示例的 CSS 样式代码直接编辑在了 HTML 文档的 <style></style> 标签对内，而 3.3.3 节的示例使用的是外部 CSS 样式表。

3.4.2 针对不同的媒体设备设置样式

<style> 标签的 Media 属性说明了 <style> 标签内的样式规则影响哪种媒体设备。可能值包括 screen、print、tty、tv、projection、handheld、braille、aural、all，其中，screen 针对显示设备，print 针对打印机，all 是未指定 media 属性时所采用的默认值。

例如范例文件 3-4-2-1，我们让 <p> 标签包含的文本在屏幕上显示为细体，当用打印机打印该网页时，文本显示为粗体，并且无论在哪种设备上我们都让 <p> 标签包含的文本显示大小为 10 像素。

【范例 3.7】 针对不同的媒体设备设置样式（范例文件: ch03\3-4-2-1.html）

```
01  <!DOCTYPE HTML PUBLIC "-//W3C//DTD HTML 4.01 Transitional//EN"
    "http://www.w3.org/TR/ html4/loose.dtd">
02  <html>
03  <head>
04  <meta http-equiv="Content-Type" content="text/html; charset=utf-8">
05  <title> 针对不同的媒体设备设置样式 </title>
06  <style type="text/css">
07  @media print{
08  p{font-weight:bold;}
09  }
10  @media screen{
11  p{font-weight:lighter;}
12  }
13  @media print,screen{
14  p{font-size:20px;}
15  }
16  </style>
17  </head>
18  <body>
19  <p> 这里是第三章 </p>
20  <p> 这里是第三章 </p>
21  <p> 这里是第三章 </p>
22  </body>
23  </html>
```

在浏览器中打开该网页，显示效果如下图所示。

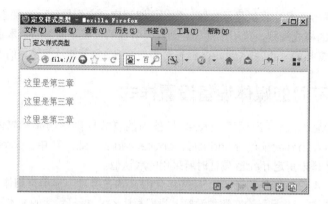

3.5 用 `<script>` 标签添加脚本程序

 本节视频教学录像：5 分钟

使用 `<style>` 标签可以在 HTML 文档内编写内部样式，也可以导入外部样式表文件，类似地，我们可以使用 `<script>` 标签为 HTML 文档添加脚本程序，这些脚本程序可以写在 `<script></script>` 标签对内，也可以使用外部的脚本文件。利用脚本程序可以使网页页面变得更加生动，并且能在客户端响应一定的事件，从而使页面具有良好的交互性。

3.5.1 设置脚本的类型

我们可以使用 `<script>` 标签的 type 属性设置脚本语言的类型，通常有 "text/javascript" 和 "text/jscript"，不过最常用的还是 "text/javascript"，这就告诉了浏览器该网页中使用的有用 JavaScript 语言编写的程序。例如范例文件 3-5-1-1，其中，type 属性为 "text/javascript"，并用 JavaScript 语言编写了一段代码。这段代码的作用就是当浏览器加载完网页时弹出一个对话框，显示文本 "Hello Word!"。

【范例 3.8】 设置脚本的类型（范例文件：ch03\3-5-1-1.html）

```
01  <!DOCTYPE HTML PUBLIC "-//W3C//DTD HTML 4.01 Transitional//EN"
    "http://www.w3.org/TR/ html4/loose.dtd">
02  <html>
03  <head>
04  <meta http-equiv="Content-Type" content="text/html; charset=utf-8">
05  <title> 设置脚本的类型 </title>
06  <script type="text/javascript">
07  window.onload = function(){
08  alert("Hello Word!");
09  };
10  </script>
11  </head>
12  <body>
```

```
13   </body>
14   </html>
```

在浏览器中查看该网页，显示效果如下图所示。

3.5.2 包含外部的脚本

通常在使用 JavaScript 编写程序时，把 javascript 代码和 HTML 文档剥离开来，存放在一个后缀名为 ".js" 的文件中，然后在网页中通过 <script> 标签的 src 属性引用该文件。例如范例文件 3-5-2-1 中，HTML 文档中没有 JavaScript 代码，这些代码被全部放在了名为 "main.js" 的文件中，并将 <script> 标签的 src 属性设置为 "main.js"。

【范例 3.9】 包含外部的脚本（范例文件：ch03\3-5-2-1.html）

```
01   <!DOCTYPE HTML PUBLIC "-//W3C//DTD HTML 4.01 Transitional//EN"
     "http://www.w3.org/TR/ html4/loose.dtd">
02   <html>
03   <head>
04   <meta http-equiv="Content-Type" content="text/html; charset=utf-8">
05   <title> 包含外部的脚本 </title>
06   <script type="text/javascript" src="main.js"></script>
07   </head>
08   <body>
09   </body>
10   </html>
```

其中，main.js 中的代码如下。

```
01   window.onload = function(){
02   alert("Hello Word!");
03   };
```

在浏览器中打开该网页，显示效果如下图所示。

3.6 用 `<meta>` 标签为文档定义元数据

 本节视频教学录像：3 分钟

Meta（元数据）是用来描述 HTML 文档信息的，通过使用 `<meta>` 标签为 HTML 文档定义元数据。这些元数据不会在浏览器中显示，但却对网页显示以及网站的排名很重要。

元数据能够提供文档的关键字、作者、描述、编码和语言等多种信息，在 HTML 的头部可以包括任意数量的 `<meta>` 标记。通过 `<meta>` 标记中的 http-equiv、name、content 属性，可以建立多种多样的效果和功能。

3.6.1 定义元数据

使用 `<meta>` 标签定义元数据，首先需要注意的是元数据使用关键字来描述。通过 name 或者 http-equiv 属性的值指定关键字，每一个关键字表示一个元数据段。另外，通过 content 属性值设置该关键字对应的值来描述该元数据字段，从而以"关键字 / 值"成对出现，其格式如下所示。

```
01  <meta name="name 属性可用的关键字" content="关键字可用的值">
02  <mete http-equiv="http-equiv 属性可用的关键字" content="关键字可用的值">
```

例如，下面定义的元数据可以描述该 HTML 文档的作者是谁。

```
01  <head>
02  <mata name="Author" content="刘刚">
03  </head>
```

这里通过为 meta 元素定义属性 name 来说明元数据信息的关键字 (Author)，属性 content 用来定义该关键字的对应值 (刘刚)，"关键字 / 值"对就是"Author/ 刘刚"，从而描述了这篇 HTML 文档的作者。

3.6.2 定义元数据的各种情况

使用 `<meta>` 定义文档的元数据可以说很复杂，总体可以分为两种情况——使用 name 属性指定元数据关键字和使用 http-equiv 属性指定元数据关键字。

　　name 属性通过指定关键字定义的元数据通常用来描述网页的信息，包括关于该网页的关键字、描述、作者，及有利于搜索引擎收录网页的信息。例如，下面的代码定义了元数据。

```
01   <meta name="keywords" content="HTML,CSS,Javascript" />
02   <meta name="description" content="这是关于 HTML 与 CSS 方面的书籍"/>
```

　　上面这段代码使用了两个 <meta> 标签定义了两个元数据，用来说明关于该网页的关键字和描述，这样就有利于搜索引擎收录网页了，别人就容易找到我们的网站。更多关于 name 属性可以指定的关键字值及对应关键字的可用值（也是 content 属性的值）可以参考下表。

name 属性值	对应的 content 属性值示例	作用
keywords	content="HTML,CSS,Javascript"。可对应多个关键字，用","隔开	用来描述该文档的关键字，为搜索引擎提供线索，非常有用
Description	content="这是我的第一个网页，你来收录吧"	为搜索引擎提供一份关于文档的简单说明，非常有用
Author	content="刘刚"	用来说明文档的设计者，很少用
Generator	content="Dreamweaver"	用来说明创建网页所使用的编辑工具，很少用
Date	content="2013-1-22"	用来说明文档的创建日期，不常用
Copyright	content="某某出版社"	用来说明文档的版权信息，不常用
Robots	content="all|none|index|noindex|follow|nofollow" 其中"|"代表"或"，content 属性只能取一个值	用来定义搜索引擎的搜索方式，其中，不同 content 属性值的含义见下面附表

content 属性的值	搜索方式
index	允许搜索到的该网页收录到搜索引擎数据库，noindex 反之
follow	即允许搜索引擎机器人通过该网页的链接链接到其他网站，nofollow 反之
all	如果上述都允许，写成 all，none 反之

　　http-equiv 属性通过指定关键字定义的元数据通常用来定义 HTTP 消息报头的响应头，例如下面的代码。

```
<meta http-equiv="Content-Type" content="text/html; charset=utf-8">
```

　　上述定义的元数据用来设置网页的内容类型和使用的字符集，这样浏览器解析时就能够按照正确的类型和字符集显示网页了，如果设置不正确则可能出现乱码。更多关于属性 http-equiv 的可用关键字值及对应关键值的 content 属性值见下表。

http-equiv 属性的值	对应的 content 属性值示例	作用
Content-type	content=" text/html;charset =gb2312"	设置网页的内容类型和使用的字符集
Content-language	content=" zh-CN"，这里 zh-CN 指代简体中文	描述本网页使用的语言，浏览器根据此项可以选择正确的语言渲染特点
Refresh	content=" 60;url=new.html"，60 秒后浏览器将自动跳转到 new.html 网页	设置网页定时跳转，或者一定时间后刷新自身
Pragma	content=" no-cache"	设置浏览器从本地缓存中调阅页面内容，设定后一旦离开网页就无法从本地缓存中再调出
Cache-Control	content=" no-cache"	作用和 Pragma 的作用一样，只不过针对的 HTTP 版本不一样
Expires	content=" Tue, 24 Jan 2013 16:26:32 GMT"	设置网页的到期时间，一旦过期则必须到服务器上重新调用。需要注意的是必须使用 GMT 时间格式
set-cookie	content=" Tue, 24 Jan 2013 16:26:32 GMT"	设置 cookie 的过期时间，如果过期，保存的 cookie 数据将会无效。需要注意的是这里也必须使用 GMT 时间格式
windows-Target	content=" _top"	可以设置将当前网页加载到哪个框架中
page-Enter 与 page-Exit	content=" revealTrans(duration=10, transtion=50)	设定进入和离开页面时的特殊效果，需要注意的是加载的页面不能是一个框架，而且这个元数据定义只适用于 IE 浏览器，所以要小心使用

关于 Pragma 与 Cache-Control 属性值需要注意的是：Pragma 是 HTTP 1.0 版本所使用的，Cache-Control 是 HTTP 1.1 版本所使用的，为了兼容这两个版本，一般要将两个全都写上。

```
01  <mata http-equiv=" Pragma" content=" no-cache" />
02  <mata http-equiv=" Cache-Control" content=" no-cache" />
```

最后，我们再给出一个示例，下面是某网站网页的头部信息。

```
01  <head>
02  <title>HTML 教程，HTML 代码 网页教程与代码 www.admin5.com 站长网教程中
心 </title>
03  <meta name="Keywords" content=",网页教程,网页代码,站长网 站长学院,html
教程 ">
```

```
04    <meta name="Description" content=",网页教程,网页代码,站长网 站长学院,html
教程 ">
05    <meta http-equiv="Content-Type" content="text/html; charset=gb2312">
06    <link rel="stylesheet" href="styles/wwwbla.css" type="text/css">
07    <script src="styles/common.js"></script>
08    </head>
```

以上是头部信息的一些基本用法，其中最重要的就是 <title> 标记和 <meta> 中的 Keywords 和 Description 属性的设定。这两个语句可以让搜索引擎先派机器人自动在 www 上搜索，当发现新的网站时，偏于检索页面中的 Keywords 和 Description，并将其加入到自己的数据库，然后再根据关键词的密度将网站排序。

 高手私房菜

>>

技巧 1：使用 <link> 标签定义浏览器标题栏小图标

我们可以使用 <link> 标签定义浏览器标题栏小图标，在定义时需要设置 <link> 标签的 rel 属性值为 "icon"，同时设置 href 属性值为小图标图片的 URL，其格式如下。

<link rel="icon" href=" 小图标 URL"/>

例如，我们设置 href 属性值为 "icon.png"，代码如下。

```
01    <!DOCTYPE HTML PUBLIC "-//W3C//DTD HTML 4.01 Transitional//
EN" "http://www.w3.org/TR/ html4/loose.dtd">
02    <html>
03    <head>
04    <meta http-equiv="Content-Type" content="text/html;
charset=utf-8">
05    <title> 地址栏小图标设置 </title>
06    <link rel="icon" href="icon.png" />
07    </head>
08    <body>
09    </body>
10    </html>
```

在浏览器中打开该网页，显示效果如下图所示。

技巧 2: 使用 CSS hack 技术使 IE 浏览器访问网页时应用特定的样式表文件

因为 IE 各版本的浏览器对我们制作的 Web 标准的页面解释不一样,具体就是对 CSS 的解释不同,为了兼容这些,可运用条件注释来各自定义,最终达到兼容的目的,如下面的代码所示。

```
01  <link rel="stylesheet" type="text/css" href="css.css" />
02  <!--[if IE 7]>
03  <link rel="stylesheet" type="text/css" href="ie7.css" />
04  <![endif]-->
05  <!--[if lt IE 7]>
06  <link rel="stylesheet" type="text/css" href="ie6.css" />
07  <![endif]-->
```

这其中就区分了 IE7 和 IE6 以下的浏览器对 CSS 的执行,以达到兼容的目的。同时,首行默认的 css.css 还能与其他非 IE 浏览器实现兼容。

默认的 CSS 样式应该位于 HTML 文档的首行,进行条件注释判断的所有内容必须位于该默认样式之后。

第 **4** 章

 本章教学录像：20 分钟

网页文本设计

文本信息是网页上最基本的信息，虽然目前网页上可以提供各种类型的信息，例如图片、声音和视频等，但是文本仍是最主要的信息表达方式。因此，如何处理好文本是 Web 页面设计的一个重要内容。本章将通过实例剖析详细地介绍在 HTML 中如何对文本、段落及列表进行处理。

本章要点（已掌握的在方框中打勾）

☐ 文本的排版

☐ 基本文字格式

☐ 段落的排版

☐ 段落标记及其对齐方式

☐ 居中标记

☐ 预编排标记

4.1 文本的排版

 本节视频教学录像：11 分钟

一本好书不仅应该内容丰富，其排版组织也应该清晰、有吸引力，好的网页也应该如此。恰当地组织并编排文字使之更容易阅读是构建网页的一个重要步骤。文字格式化可以使内容的表达更加清晰准确，使形式更加美观，并且可以达到强调的目的。例如范例文件 4-1-1。

【范例 4.1】 文字的排版（范例文件：ch04\4-1-1.html）

```
01  <!DOCTYPE HTML PUBLIC "-//W3C//DTD HTML 4.01 Transitional//EN"
"http://www.w3.org/TR/ html4/loose.dtd">
02  <html>
03  <head>
04  <meta http-equiv="Content-Type" content="text/html; charset=utf-8">
05  <title> 文字的排版 </title>
06  </head>
07  <body>
08  <h2> 李白 </h2>
09  <p align="center">
10  <font face=" 隶 书 " size="7" color="#000000" align="center"> 静 夜 思 </font><br>
11  <font face=" 隶 书 " size="5" color="#000000" align="center"> 李 白 </font><br>
12  <font face=" 隶书 " size="6" color="#000000" align="center"> 窗前明月光，疑是地上霜。</font><br>
13  <font face=" 隶书 " size="6" color="#000000" align="center"> 举头望明月，低头思故乡。</font>
14  </p>
15  <hr>
16  <h4>【诗词欣赏】</h4>
17       这首诗表达了李白的思乡之情。
18  <h4>【词语注释】</h4>
19  <ul>
20  <li> 李白：唐代诗人。</li>
21  <li> 地上霜：泛指月光。</li>
22  </ul>
23  </body>
24  </html>
```

在浏览器中打开该网页，将会看到下图所示的显示效果。

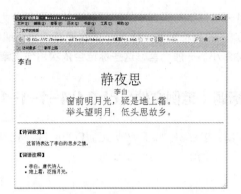

4.1.1 标题 \<h1>、\<h2>、\<h3>、\<h4>、\<h5> 和 \<h6>

对于网页浏览者来说，在屏幕上阅读一大堆杂乱无章、没有区分的文字是非常痛苦的。运用标题可以解决这一问题，标题用来将文本分割成不同的部分，以便于阅读和查找。在范例文件 4-1-1 中，源代码部分有以下语句。

```
01  ......
02  <h2> 李白 </h2>
03  ......
04  <h4>【诗词欣赏】</h4>
05  ......
06  <h4>【词语注释】</h4>
07  ......
```

这些就是用于标识标题的标题语句，这些标题可以将一片文章划分为几个不同的部分，以便读者能迅速、便捷地阅读，如下图所示。

标题标记的使用方法：由开始标记 \<hn> 和结束标记 \</hn> 共同组成，要显示的标题内容插入在开始标记和结束标记之间。标题标记一般包含在 \<body> 标记中，其语法格式如下。

```
<hn> 标题内容 </hn>
```

　　其中，n 的取值范围是 1~6。HTML 语言中的标题标记从高到低分为 6 个等级，即 <h1>、<h2>、<h3>、<h4>、<h5> 和 <h6>。每级标题的字体大小依次递减，第一级标题标记 <h1> 的字体最大，第六级标题标记 <h6> 的字体最小。一般而言，这些标记会依次用作文章的标题、副标题、子标题等，如范例文件 4-1-1-1 所示。

【范例 4.2】 文章的标题（范例文件：ch04\4-1-1-1.html）

```
01  <!DOCTYPE HTML PUBLIC "-//W3C//DTD HTML 4.01 Transitional//EN"
"http://www.w3.org/TR/ html4/loose.dtd">
02  <html>
03  <head>
04  <meta http-equiv="Content-Type" content="text/html; charset=utf-8">
05  <title> 字号设置实例 </title>
06  </head>
07  <body>
08  <h1> 字号设置实例 </h1>
09  <h2> 字号设置实例 </h2>
10  <h3> 字号设置实例 </h3>
11  <h4> 字号设置实例 </h4>
12  <h5> 字号设置实例 </h5>
13  <h6> 字号设置实例 </h6>
14  </body>
15  </html>
```

　　在浏览器中打开该网页，显示效果如下图所示。

　　在 HTML 页面中，标题标记可以是文字水平方向上的左对齐、居中对齐或者右对齐，用户可以通过设置它的 align 属性来改变对齐方式，如范例文件 4-1-1-2 所示。

【范例 4.3】 标题标记（范例文件：ch04\4-1-1-2.html）

```
01  <!DOCTYPE HTML PUBLIC "-//W3C//DTD HTML 4.01 Transitional//EN"
"http://www.w3.org/TR/ html4/loose.dtd">
```

```
02  <html>
03  <head>
04  <meta http-equiv="Content-Type" content="text/html; charset=utf-8">
05  <title> 标题标记的对齐属性实例 </title>
06  </head>
07  <body>
08  <h1 align="left"> 标题的左对齐 </h1>
09  <h1 align="center"> 标题的居中对齐 </h1>
10  <h1 align="right"> 标题的右对齐 </h1>
11  </body>
12  </html>
```

在浏览器中打开网页，显示效果如下图所示。

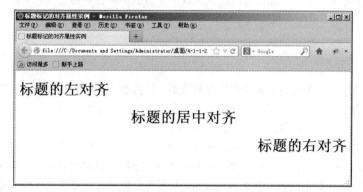

4.1.2 字体标记

在范例文件 4-1-1 中，源代码部分有如下语句。

```
01  ......
02  <font face=" 隶 书 " size="7" color="#000000" align="center"> 静 夜 思 </font><br>
03  <font face=" 隶   书 " size="5" color="#000000" align="center"> 李 白 </font><br>
04  <font face=" 隶书 " size="6" color="#000000" align="center"> 窗前明月光，疑是地上霜。</font><br>
05  <font face=" 隶书 " size="6" color="#000000" align="center"> 举头望明月，低头思故乡。</font>
06  .....
```

这些是用于设置字符字体格式的 HTML 语句，通过这些语句可以将不同的字符以不同的形式显示出来，如下图所示。

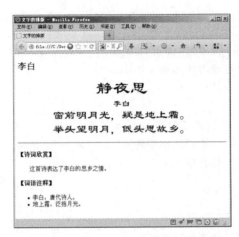

在 HTML 语句中，<font> 标记可以改变文本中字符的字体、字号、颜色等。<font> 标记的语法格式如下。

<font face=" 字体 " size= 字号大小 color=" 颜色值 " align=" 对齐方式 ">......</font>

<font> 标记的 face 属性是用来设置字体样式的，其值有"宋体"、"黑体"、"隶书"、"幼圆"等。
<font> 标记的 size 属性是用来设置字号的，所谓字号是指字体的大小。
<font> 标记的 color 属性是用来设置字符颜色的。

color 属性值的设置有两种方式，其中一种是利用 RGB 颜色值。所谓 RGB 颜色是指每一种颜色都由三原色红、绿、蓝组合而成。RGB 颜色值是一个由"#"号引导的 6 位十六进制数，其中前两位数字代表红色（R），中间两位数字代表绿色（G),最后两位数字代表蓝色（B）。以红色为例，00 表示没有红色，FF 表示亮红。合到一起，#000000 表示黑色，#FFFFFF 表示黑色。编程人员可以自己设置红、绿、蓝的量以调出成千上万种颜色。

color 属性值的另外一种设置方法即使用 color 属性值设置为预先定好的标准颜色名称，如 black(黑色)、gray(灰色)、red(红色)和 silver(银白色)等，如范例文件 4-1-2-1 所示。

【范例 4.4】 字体标记（范例文件：ch04\4-1-2-1.html）

```
01   <!DOCTYPE HTML PUBLIC "-//W3C//DTD HTML 4.01 Transitional//EN"
"http://www.w3.org/TR/ html4/loose.dtd">
02   <html>
03   <head>
04   <meta http-equiv="Content-Type" content="text/html; charset=utf-8">
05   <title> 字符颜色设置实例 </title>
06   </head>
07   <body>
08   <font color="#000000"> 黑色 </font>
09   <font color="gray"> 灰色 </font>
10   <font color="00ff00"> 浅绿色 </font>
11   <font color="silver"> 银白色 </font>
```

```
12  <font color="yellow"> 黄色 </font>
13  </body>
14  </html>
```

在浏览器中打开网页，显示效果如下图所示。

4.1.3　基本文字格式

在 HTML 语言中，可以利用不同的标记对文字进行修饰，例如设置字体为粗体或者斜体，设置字体为上标或者下标等。

设置字体为斜体可以使用 <i>、<em> 或 <cite> 标记。文字标记的语法格式分别如下。

```
01  <i> 文本内容 </i>
02  <em> 文本内容 </em>
03  <cite> 文本内容 </cite>
```

同样，对于需要强调的文字，可以使用 <b> 或 <strong> 标记使用粗体，用 <sup> 标记设置为上标，用 <sub> 设置为下标，用 <big> 标记设置为加大一号的显示，用 <small> 标记设置为减小号的显示等，如范例文件 4-1-3-1 所示。

【范例 4.5】　基本文字格式（范例文件：ch04\4-1-3-1.html）

```
01  <!DOCTYPE HTML PUBLIC "-//W3C//DTD HTML 4.01 Transitional//EN"
    "http://www.w3.org/TR/ html4/loose.dtd">
02  <html>
03  <head>
04  <meta http-equiv="Content-Type" content="text/html; charset=utf-8">
05  <title> 基本文字格式实例 </title>
06  </head>
07  <body>
08  <b> 粗体 </b>
09  <strong> 粗体 </strong>
10  <i> 斜体 </i>
11  <em> 斜体 </em>
12  <cite> 斜体 </cite>
13  <big> 加大一级字号 </big>
14  <small> 减小一级字号 </small>
```

```
15   <b>X</b><sup>2</sup></sup>
16   <b>Y</b><sub>1</sub></sub>
17   </body>
18   </html>
```

在浏览器中打开网页，显示效果如下图所示。

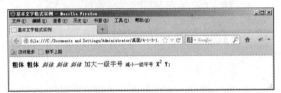

4.1.4 特殊符号

HTML 语言中的大部分字符都会被浏览器正确地显示出来，但有一些特殊字符需要输入字符编码才能正确地显示，例如注册商标字符需要输入 "®"，显示为 ®。

在本章开始的实例中，源代码部分有以下语句。

```
01   ......
02       这首诗表达了李白的思乡之情。
03   ......
```

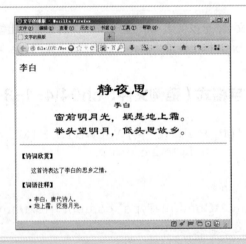

注 意　在网页中显示特殊符号需要在 HTML 文档中编写字符实体，关于字符实体，我们已经在本书第 2 章的 2.5 节做了详细介绍。

4.2 段落的排版

 本节视频教学录像：9 分钟

一篇文章是由不同的段落组合而成的。如果文章中的段落排列整齐、清晰，不仅便于读者阅读，而且会给读者一个好的印象，吸引读者进一步去阅读。相反，如果段落排版混乱，将大大降低文章对读者的吸引力。

在段落排版中，常用到的 HTML 标记有段落标记 <p>、换行标记
、居中标记 <center>、水平分隔线 <hr> 和预编排标记 <pre> 等。

4.2.1 段落标记及其对齐方式

在 HTML 中，段落是指一组在格式上统一的文本。段落标记 <p> 用来表示一个段落，它由开始标记 <p> 和结束标记 </p> 组成。

在范例文件 4-1-1 中，源代码部分有如下语句。

```
01   ……
02   <p align="center">
03   ……
04   </p>
05   ……
```

其中，<p align="center"> 表示一个段落的开始，并且该段落的对齐方式是居中对齐，</p> 表示该段落的结束。

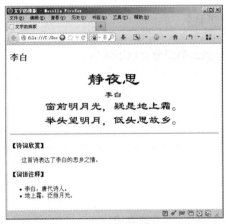

<p> 标签有 align 属性，用户可以通过设置 align 的属性来设置对齐方式。其中，align 的属性值有 left(左对齐)、center（居中对齐）和 right（右对齐），其默认值为 left，其语法格式如下。

<p align=" 对齐方式 "> 段落内容 </p>

技 巧
　　<p> 段落标记的结束标记 </p> 可以省略，但并不推荐。

【范例 4.6】 段落标记及其对齐方式（范例文件：ch04\4-2-1-1.html）

```
01   <!DOCTYPE HTML PUBLIC "-//W3C//DTD HTML 4.01 Transitional//EN"
"http://www.w3.org/TR/ html4/loose.dtd">
```

```
02   <html>
03   <head>
04   <meta http-equiv="Content-Type" content="text/html; charset=utf-8">
05   <title> 段落对齐方式实例 </title>
06   </head>
07   <body>
08   <p align="left"> 段落标记左对齐方式 </p>
09   <p align="center"> 段落标记左对齐方式 </p>
10   <p align="right"> 段落标记左对齐方式 </p>
11   </body>
12   </html>
```

在浏览器中打开网页，显示效果如下图所示。

4.2.2 换行
 标记

在范例文件 4-1-1 中，给出的源码部分有以下语句。

```
01   ……
02   <font face=" 隶 书 " size="7" color="#000000" align="center"> 静 夜 思 </font><br>
03   <font face=" 隶 书 " size="5" color="#000000" align="center"> 李 白 </font><br>
04   ……
```

在 HTML 语言中，
 是换行标记，即在文本中插入一个换行标记，其后的内容将从新的一行开始。

4.2.3 居中标记

在 HTML 语言中，居中标记 <center> 的作用是使其中的内容在浏览器的显示窗口中水平居中排列。居中标记的语法格式如下。

```
<center> 文本内容 </center>
```

建议居中的文字简短扼要，例如标题或者诗词的居中会令人赏心悦目，不当的居中会破坏文章的美感。

注 意

4.2.4 加入水平分割线

水平分隔线标记 <hr> 可以从视觉上将页面分隔成各个不同的部分,这样可以让页面显得清新明了。在通常情况下,水平分隔线是 3D 的,而且会横跨整个浏览器窗口。

在范例文件 4-1-1 中,源代码部分有如下语句。

```
01  ......
02  <hr>
03  ......
```

该水平分割线标记 <hr> 的作用是插入一条横跨整个浏览器窗口的 3D 水平分割线,将上面的唐诗语句与下面的注释说明部分分割开来。

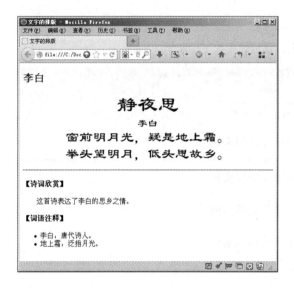

水平分割线的语法格式如下。

```
<hr size="厚度值" noshade width="宽度值" align="对齐方式">
```

水平分割线标记的 size 属性用来设置分割线的厚度(以像素为单位);noshade 属性用来去掉 3D 效果;width 属性用来设置分割线的宽度(以像素为单位),默认分隔显示横跨整个浏览器窗口;align 属性用来设置分隔线的对齐方式,默认为 center(居中对齐),如范例文件 4-2-4-1 所示。

【范例 4.7】 加入水平分割线(范例文件:ch04\4-2-4-1.html)

```
01  <!DOCTYPE HTML PUBLIC "-//W3C//DTD HTML 4.01 Transitional//EN"
"http://www.w3.org/TR/ html4/loose.dtd">
02  <html>
03  <head>
04  <meta http-equiv="Content-Type" content="text/html; charset=utf-8">
```

```
05    <title> 水平分隔线实例 </title>
06    </head>
07    <body>
08    <hr size="9">
09    <h1> 水平分隔线实例 </h1>
10    <hr size="9" noshade >
11    <h1> 水平分隔线实例 </h1>
12    <hr width="140" align="right">
13    <h1> 水平分隔线实例 </h1>
14    <hr width="140">
15    <h1> 水平分隔线实例 </h1>
16    <hr width="140" align="left">
17    </body>
18    </html>
```

在浏览器中打开该网页，显示效果如下图所示。

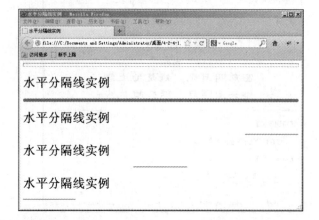

4.2.5 预编排标记

在 HTML 语言中，预编排标记 <pre> 可以预先定义好一段文字，浏览器将完全按照在源代码中的效果显示，例如保留空格等。另外，预编排标记的一个常见运用是用来显示源代码。

预编排标记的语法格式如下。

```
<pre> 内容 </pre>
```

例如，范例文件 4-2-5-1 的作用是使 HTML 文档中的加法运算格式在网页显示时按原样显示。

【范例 4.8】 预编排标记（范例文件：ch04\4-2-5-1.html）

```
01    <!DOCTYPE HTML PUBLIC "-//W3C//DTD HTML 4.01 Transitional//EN"
"http://www.w3.org/TR/ html4/loose.dtd">
02    <html>
```

```
03  <head>
04  <meta http-equiv="Content-Type" content="text/html; charset=utf-8">
05  <title> 预编排标记实例 </title>
06  </head>
07  <body>
08  10
09    + 9
10  -------
11     19
12  <pre>
13  10
14    + 9
15  -------
16     19
17  </pre>
18  </body>
19  </html>
```

在浏览器中打开该网页，显示效果如下图所示。

 # 高手私房菜

技巧 1：一级标题 h1 的使用

　　h1元素用来表明顶级标题——页面上最重要的标题。因为逻辑上只能有一个"最重要的"标题，所以习惯上一个文档中 h1 只出现一次，通常用于网站的名称或者所浏览的网页的标题。

技巧 2：在网页中插入版权符号 ©、注册商标符号 ®、未注册商品符号™

　　这 3 种符号在 HTML 文档中对应的字符实体分别是：©、® 及 ™ 如下面的范例文件所示。

```
01  <!DOCTYPE HTML PUBLIC "-//W3C//DTD HTML 4.01 Transitional//
```

```
      EN" "http://www.w3.org/TR/ html4/loose.dtd">
  02  <html>
  03  <head>
  04  <meta http-equiv="Content-Type" content="text/html;
charset=utf-8">
  05  <title> 特殊符号示例 </title>
  06  </head>
  07  <body>
  08  版权符号：&copy;<br/>
  09  注册商标符号：&reg;<br/>
  10  未注册的商标符号：&trade;
  11  </body>
  12  </html>
```

在浏览器中打开该网页，显示效果如下图所示。

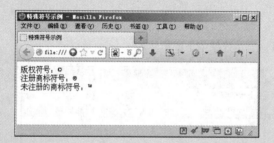

技巧 3：元素属性的默认值

在设计网页文本对齐方式时，需要知道在 HTML 中的每个属性和样式规则都具有默认值，当没有设置属性时，浏览器就假定使用这些值。例如，<p> 标签的 text-align 样式规则默认值是 left，因此使用空的 <p> 标签将具有与使用 <p style="text-align:left"> 相同的效果。了解常用的样式规则的默认值是成为良好的 Web 页面开发人员的一个重要前提。

第 5 章

 本章教学录像：21 分钟

网页列表设计

为了清楚起见，通常在 Web 页面上把信息展示为项目列表。HTML 中有 3 种列表形式——有序列表、无序列表和自定义列表。本章将对这 3 种列表进行详细的介绍。

本章要点（已掌握的在方框中打勾）

☐ 建立无序的列表

☐ 建立有序的列表

☐ 建立定义列表

☐ 列表的嵌套

5.1 建立无序的列表

 本节视频教学录像：7 分钟

无序列表 <ul> 是用项目符号来表示一个没有特定顺序的相关条目的集合。无序列表的各个列表项之间没有顺序级之分。通常会在每个列表项前添加一个项目符号，并且每行会针对左边界缩进一定距离。

无序列表使用一对标记 <ul></ul>，并且每个列表项要使用 <li></li> 标记进行定义。例如，范例文件 5-1-1 定义了一个无序列表。

【范例 5.1】 定义无序列表（范例文件：ch05\5-1-1.html）

```
01  <!DOCTYPE HTML PUBLIC "-//W3C//DTD HTML 4.01 Transitional//EN"
"http://www.w3.org/TR/ html4/loose.dtd">
02  <html>
03  <head>
04  <meta http-equiv="Content-Type" content="text/html; charset=utf-8">
05  <title> 建立无序的列表 </title>
06  </head>
07  <body>
08  <ul>
09  <li> 第一个列表项 </li>
10  <li> 第二个列表项 </li>
11  <li> 第三个列表项 </li>
12  </ul>
13  </body>
14  </html>
```

在浏览器中打开该网页，就可以看到如下图所示的显示效果。

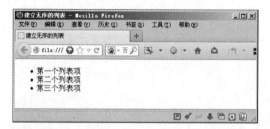

 列表项 <li> 标签可以不使用对应的闭合标签 </li>，但是推荐使用闭合标签。

技 巧

使用 type 属性可以定制无序列表项目符号，无序列表标记 <ul> 的 type 属性用来设置每个列表项目符号的样式，type 属性可以设置为 disc（实心圆）、circle（空心圆）或者 square（实心方块），默认值为 disc（实心圆）。例如，范例文件 5-1-2 设置列表项目符号为 disc，在浏览器中显示为实心的圆。

【范例 5.2】 设置列表项项目符号为 disc（范例文件：ch05\5-1-2.html）

```
01  <!DOCTYPE HTML PUBLIC "-//W3C//DTD HTML 4.01 Transitional//EN"
"http://www.w3.org/TR/ html4/loose.dtd">
02  <html>
03  <head>
04  <meta http-equiv="Content-Type" content="text/html; charset=utf-8">
05  <title> 使用 type 属性定制无序列表项目符号 </title>
06  </head>
07  <body>
08  <ul type="disc">
09  <li> 第一个列表项 </li>
10  <li> 第二个列表项 </li>
11  <li> 第三个列表项 </li>
12  </ul>
13  </body>
14  </html>
```

在浏览器中打开该网页，就可以看到如下图所示的显示效果。

读者在这里可以发现，本例的显示效果和上例的显示效果相同，这是因为在无序列表中 type="disc" 是默认设置，编写时可以省略不写。

当把 type 属性设置为 circle 时，浏览器会把项目列表解析为空心圆。例如，范例文件 5-1-3 将 type 属性设置为 circle。

【范例 5.3】 将 type 属性设置为 circle（范例文件：ch05\5-1-3.html）

```
01  <!DOCTYPE HTML PUBLIC "-//W3C//DTD HTML 4.01 Transitional//EN"
"http://www.w3.org/TR/ html4/loose.dtd">
02  <html>
03  <head>
04  <meta http-equiv="Content-Type" content="text/html; charset=utf-8">
05  <title> 使用 type 属性定制无序列表项目符号为空心圆 </title>
06  </head>
07  <body>
08  <ul type="circle">
09  <li> 第一个列表项 </li>
10  <li> 第二个列表项 </li>
```

```
11  <li> 第三个列表项 </li>
12  </ul>
13  </body>
14  </html>
```

在浏览器中打开该网页，就可以看到如下图所示的显示效果。

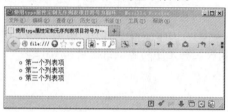

当把 type 属性设置为 square 时，浏览器在解析 HTML 文档时会把项目列表显示为实心方框，范例文件 5-1-4 将 type 属性设置为 square。

【范例 5.4】 将 type 属性设置为 square（范例文件：ch05\5-1-4.html）

```
01  <!DOCTYPE HTML PUBLIC "-//W3C//DTD HTML 4.01 Transitional//EN"
"http://www.w3.org/TR/ html4/loose.dtd">
02  <html>
03  <head>
04  <meta http-equiv="Content-Type" content="text/html; charset=utf-8">
05  <title> 使用 type 属性定制无序列表项目符号为实心方框 </title>
06  </head>
07  <body>
08  <ul type="square">
09  <li> 第一个列表项 </li>
10  <li> 第二个列表项 </li>
11  <li> 第三个列表项 </li>
12  </ul>
13  </body>
14  </html>
```

在浏览器中打开该网页，就可以看到如下图所示的显示效果。

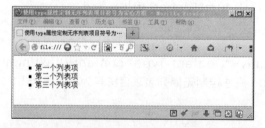

我们不仅可以在 <ul> 标签中定义 type 属性，而且还可以在每一个 <li> 标签中定义该属性，从而为每个列表项定义列表符号。例如，范例文件 5-1-5 在一个列表中同时使用了本节介绍的 3 种项目符号。

【范例 5.5】 定义列表符号（范例文件：ch05\5-1-5.html）

```
01  <!DOCTYPE HTML PUBLIC "-//W3C//DTD HTML 4.01 Transitional//EN"
"http://www.w3.org/TR/ html4/loose.dtd">
02  <html>
03  <head>
04  <meta http-equiv="Content-Type" content="text/html; charset=utf-8">
05  <title> 为每一个列表项定义项目符号 </title>
06  </head>
07  <body>
08  <ul>
09  <li type="disc"> 第一个列表项 </li>
10  <li type="circle"> 第二个列表项 </li>
11  <li type="square"> 第三个列表项 </li>
12  </ul>
13  </body>
14  </html>
```

在浏览器中打开该网页，就可以看到如下图所示的显示效果。

5.2 建立有序的列表

 本节视频教学录像：6 分钟

有序列表 <ol> 在列表项目前添加的是编号而不是项目符号，编号从第一列表项目开始向后递增。当需要给列表项目排列顺序时，就可以用有序列表。例如，范例文件 5-2-1 定义了一个有序的列表。

【范例 5.6】 建立有序的列表（范例文件：ch05\5-2-1.html）

```
01  <!DOCTYPE HTML PUBLIC "-//W3C//DTD HTML 4.01 Transitional//EN"
"http://www.w3.org/TR/ html4/loose.dtd">
02  <html>
03  <head>
04  <meta http-equiv="Content-Type" content="text/html; charset=utf-8">
05  <title> 创建有序列表 </title>
06  </head>
07  <body>
08  <ol>
```

```
09    <li> 第一个列表项 </li>
10    <li> 第一个列表项 </li>
11    <li> 第一个列表项 </li>
12    </ol>
13    </body>
14    </html>
```

在浏览器中打开该网页，就可以看到如下图所示的显示效果。

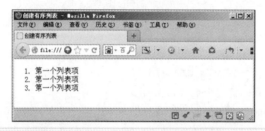

5.2.1 使用 type 属性定制有序列表项目符号

有序列表标记 <ol> 的 type 属性用来设置列表编号类型，type 属性可以设置为 1（数字序号）、a（小写字母）、A（大写字母）、i（小写罗马字母）或者 I（大写罗马字母），默认值为 1（数字符号）。例如，范例文件 5-2-1-1 将 3 组 <ol></ol> 标签的 type 属性分别设置为数字序号 1、大写字母 A、小写罗马字母 i，分别表示使用数字、英文大写字母、罗马小写字母作为序号。

【范例 5.7】 使用 type 属性定制有序列表项目符号（范例文件：ch05\5-2-1-1.html）

```
01    <!DOCTYPE HTML PUBLIC "-//W3C//DTD HTML 4.01 Transitional//EN"
"http://www.w3.org/TR/ html4/loose.dtd">
02    <html>
03    <head>
04    <meta http-equiv="Content-Type" content="text/html; charset=utf-8">
05    <title> 使用 type 属性定制有序列表项目符号 </title>
06    </head>
07    <body>
08    <ol type="1">
09    <li> 第一个列表项 </li>
10    <li> 第一个列表项 </li>
11    <li> 第一个列表项 </li>
12    </ol>
13    <ol type="A">
14    <li> 第一个列表项 </li>
15    <li> 第一个列表项 </li>
16    <li> 第一个列表项 </li>
17    </ol>
```

```
18  <ol type="i">
19  <li> 第一个列表项 </li>
20  <li> 第一个列表项 </li>
21  <li> 第一个列表项 </li>
22  </ol>
23  </body>
24  </html>
```

在浏览器中打开该网页，就可以看到如下图所示的显示效果。

5.2.2 使用 start 属性定制有序列表中列表项的起始数

有序列表标记 <ol> 的 start 属性用来设置列表编号的起始值。在默认的情况下，有序列表的项目编号从 1 开始，例如，范例文件 5-2-2-1 设置 type="i"，start="5"，有序列表的第一个项目符号将从 v 开始。

【范例 5.8】 使用 start 属性定制有序列表中列表项的起始数（范例文件：ch05\5-2-2-1.html）

```
01  <!DOCTYPE HTML PUBLIC "-//W3C//DTD HTML 4.01 Transitional//EN"
    "http://www.w3.org/TR/ html4/loose.dtd">
02  <html>
03  <head>
04  <meta http-equiv="Content-Type" content="text/html; charset=utf-8">
05  <title> 使用 start 属性定制有序列表中列表项的起始数 </title>
06  </head>
07  <body>
08  <ol type="i" start="5">
09  <li> 第一个列表项 </li>
10  <li> 第一个列表项 </li>
11  <li> 第一个列表项 </li>
12  </ol>
13  </body>
14  </html>
```

在浏览器中打开该网页，就可以看到如下图所示的显示效果。

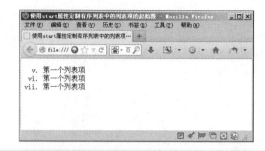

5.2.3 使用 value 属性定制有序列表中列表项序号的数值

在有序列表中，不可能从一个先前的列表来继续列表编号或者隐藏一些列表项的编号。然而，可以通过设置 value 属性来对列表项的编号复位，编号以新的起始值来继续后来的列表项。

value 属性仅适用于 li 元素，属性的值用来指定当前列表项的序号。例如，范例文件 5-2-3-1 设置第 2 个 li 元素的 value 属性值为 5，则该项目的序号值为 5，并且接下来的项目序号值为 6。

【范例 5.9】 使用 value 属性定制有序列表中列表项序号的数值（范例文件：ch05\5-2-3-1.html）

```
01  <!DOCTYPE HTML PUBLIC "-//W3C//DTD HTML 4.01 Transitional//EN"
"http://www.w3.org/TR/ html4/loose.dtd">
02  <html>
03  <head>
04  <meta http-equiv="Content-Type" content="text/html; charset=utf-8">
05  <title> 使用 value 属性定制有序列表中的列表项序号的数值 </title>
06  </head>
07  <body>
08  <ol type="1">
09  <li> 第一个列表项 </li>
10  <li value="5"> 第五个列表项 </li>
11  <li> 第六个列表项 </li>
12  </ol>
13  </body>
14  </html>
```

在浏览器中打开该网页，就可以看到如下图所示的显示效果。

5.3 建立定义列表

 本节视频教学录像：2 分钟

定义列表通常用于术语的定义，由 <dl></dl> 标签对实现，它包含两个部分——术语和描述。术语 <dt> 标签开始，英文意为 Definition Term。术语的解释说明由 <dd> 标签实现，并且 <dd> 标签后的文字缩进显示。例如，范例文件 5-3-1 使用了一个定义列表对两个术语（HTML、JavaScript）进行解释。

【范例 5.10】 建立定义列表（范例文件：ch05\5-3-1.html）

```
01  <!DOCTYPE HTML PUBLIC "-//W3C//DTD HTML 4.01 Transitional//EN"
"http://www.w3.org/TR/ html4/loose.dtd">
02  <html>
03  <head>
04  <meta http-equiv="Content-Type" content="text/html; charset=utf-8">
05  <title> 建立定义列表 </title>
06  </head>
07  <body>
08  <dl>
09  <dt>HTML</dt>
10  <dd> 文本标记语言，用于显示文档内容 </dd>
11  <dt>Javascript</dt>
12  <dd> 脚本语言，用于提高应用程序的交互性 </dd>
13  </dl>
14  </body>
15  </html>
```

在浏览器中查看该网页，显示效果如下图所示。

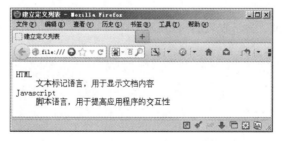

5.4 列表的嵌套

 本节视频教学录像：6 分钟

列表可以是简单或复杂的，它还可以嵌套，嵌套列表是包含其他列表的列表（列表里可以含有子列表）。通常用这种嵌套的列表反映层次较多的内容，例如，可以将编号或项目列表嵌套在其他编号列表中。

5.4.1 嵌套一层列表

列表可以进行简单的嵌套，从而可以清晰地表达关系较为复杂的信息。例如，范例文件 5-4-1-1 用来说明网站开发过程中客户端编程所需的技术知识，比如 HTML、CSS、javaScript 等，而 javascript 中又可以包含 jQuery 和 prototype 程序库等。

【范例 5.11】 嵌套一层列表（范例文件：ch05\5-4-1-1.html）

```
01  <!DOCTYPE HTML PUBLIC "-//W3C//DTD HTML 4.01 Transitional//EN"
    "http://www.w3.org/TR/ html4/loose.dtd">
02  <html>
03  <head>
04  <meta http-equiv="Content-Type" content="text/html; charset=utf-8">
05  <title> 嵌套一层列表 </title>
06  </head>
07  <body>
08  <ul>
09  <li>HTML</li>
10  <li>javascript
11    <ul>
12      <li>jQuery</li>
13      <li>prototype</li>
14    </ul>
15  </li>
16  <li>CSS</li>
17  </ul>
18  </body>
19  </html>
```

在浏览器中查看该网页，显示效果如下图所示。

5.4.2 嵌套多层列表

列表不仅可以进行简单的单层嵌套，而且可以进行多层嵌套，从而显示关系更加复杂的信息。例如，范例文件 5-4-2-1 在 5.4.1 节示例代码的基础上添加了对 jQuery 特点的介绍。

【范例 5.12】 嵌套多层列表（范例文件：ch05\5-4-2-1.html）

```
01  <!DOCTYPE HTML PUBLIC "-//W3C//DTD HTML 4.01 Transitional//EN"
    "http://www.w3.org/TR/ html4/loose.dtd">
02  <html>
03  <head>
04  <meta http-equiv="Content-Type" content="text/html; charset=utf-8">
05  <title> 嵌套多层列表 </title>
06  </head>
07  <body>
08  <ul>
09  <li>HTML</li>
10  <li>javascript
11  <ul>
12    <li>jQuery
13       <ul>
14       <li> 很强的跨平台特点 </li>
15       <li> 简单易学的特点 </li>
16       </ul>
17    </li>
18    <li>prototype</li>
19  </ul>
20  </li>
21  <li>CSS</li>
22  </ul>
23  </body>
24  </html>
```

在浏览器中查看该网页，显示效果如下图所示。

对于无序列表的多层嵌套，网页浏览器通常都使用实心圆圈作为第一层项目符号，第二层项目符号使用圆环，更深层的层次将使用实心方框。然而，开发人员也可以使用 type 属性自定义每个项目符号使用的符号类型。例如，范例文件 5-4-2-2 设置嵌套列表的每一个层次都使用实心圆作为项目符号。

【范例 5.13】 使用实心圆作为项目符号（范例文件：ch05\5-4-2-2.html）

```
01  <!DOCTYPE HTML PUBLIC "-//W3C//DTD HTML 4.01 Transitional//EN"
"http://www.w3.org/TR/ html4/loose.dtd">
02  <html>
03  <head>
04  <meta http-equiv="Content-Type" content="text/html; charset=utf-8">
05  <title> 嵌套多层列表的项目符号设置 </title>
06  </head>
07  <body>
08  <ul type="disc">
09  <li>HTML</li>
10  <li>javascript
11  <ul type="disc">
12    <li>jQuery
13  <ul type="disc">
14        <li> 很强的跨平台特点 </li>
15        <li> 简单易学的特点 </li>
16      </ul>
17  </li>
18    <li>prototype</li>
19    </ul>
20  </li>
21  <li>CSS</li>
22  </ul>
23  </body>
24  </html>
```

在浏览器中查看该网页，显示效果如下图所示。

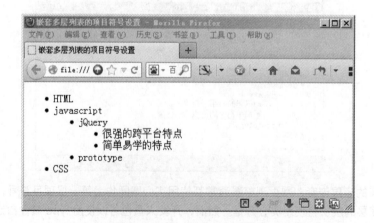

5.4.3 混合嵌套的列表

关于列表的嵌套,还可以使用最复杂的混合嵌套方式,即将无序列表、有序列表甚至自定义列表混合起来使用,从而将最复杂的信息以易读、有吸引力的方式组织起来。例如,范例文件 5-4-3-1 是对第 5.4.2 小节示例代码改进后的代码,使用有序列表列出 jQuery 特点。

【范例 5.14】 混合嵌套的列表(范例文件:ch05\5-4-3-1.html)

```
01  <!DOCTYPE HTML PUBLIC "-//W3C//DTD HTML 4.01 Transitional//EN"
"http://www.w3.org/TR/ html4/loose.dtd">
02  <html>
03  <head>
04  <meta http-equiv="Content-Type" content="text/html; charset=utf-8">
05  <title> 混合嵌套的列表 </title>
06  </head>
07  <body>
08  <ul>
09  <li>HTML</li>
10  <li>javascript
11  <ul>
12  <li>jQuery
13  <ol>
14      <li> 很强的跨平台特点 </li>
15      <li> 简单易学的特点 </li>
16      </ol>
17  </li>
18    <li>prototype</li>
19    </ul>
20  </li>
21  <li>CSS</li>
22  </ul>
23  </body>
24  </html>
```

在浏览器中查看该网页,显示效果如下图所示。

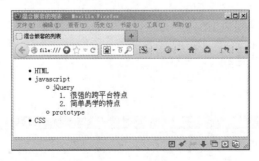

高手私房菜

>>>

技巧 1：使用 CSS 样式表代替列表的 type 属性

列表的 type 属性已经不被建议使用了，现在推荐使用样式表来完成同样的功能，如下面的代码所示。

```
01  <!DOCTYPE HTML PUBLIC "-//W3C//DTD HTML 4.01 Transitional//
EN" "http://www.w3.org/TR/ html4/loose.dtd">
02  <html>
03  <head>
04  <meta http-equiv="Content-Type" content="text/html;
charset=utf-8">
05  <title> 用 CSS 样式来替代列表样式 </title>
06  <style type="text/css">
07  ol.test{
08  list-style-type:lower-roman;
09  }
10  </style>
11  </head>
12  <body>
13  <ol class="test">
14  <li> 第一项 </li>
15  <li> 第二项 </li>
16  <li> 第三项 </li>
17  </ol>
18  </body>
19  </html>
```

在浏览器中的显示效果如下图所示。

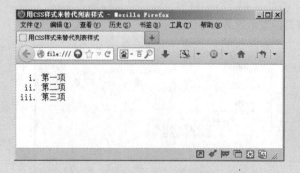

技巧 2：用 ul 列表模仿 table 表格

有时候在设计网页时需要用 ul 列表模仿 table 表格，从而更容易实现一些特效。表格会在第 8 章进行介绍，现在我们先来看一个实例，范例文件如下。

```
01  <!DOCTYPE HTML PUBLIC "-//W3C//DTD HTML 4.01 Transitional//EN" "http://www.w3.org/TR/html4/loose.dtd">
02  <html>
03  <head>
04  <meta http-equiv="Content-Type" content="text/html; charset=utf-8">
05  <title> 用 ul 列表模仿 table 表格 </title>
06  <style type="text/css">
07  ul{
08    margin:0px;
09    padding:0px;
10    width:200px;
11  }
12  ul li{
13    float:left;
14    list-style-type:none;
15    border-top:#000 solid 1px;
16    border-left:#000 solid 1px;
17    width:65px;
18  }
19  .border-r{
20    border-right:#000 solid 1px;
21  }
22  .border-b{
23    border-bottom:#000 solid 1px;
24  }
25  .border-l{
26    border-right:#000 solid 1px;
27    border-bottom:#000 solid 1px;
28  }
29  </style>
30  </head>
31  <body>
32  <ul>
33    <li> </li>
```

```
34    <li> </li>
35    <li class="border-r"> </li>
36    </ul>
37    <ul>
38    <li> </li>
39    <li> </li>
40    <li class="border-r"> </li>
41    </ul>
42    <ul>
43    <li> </li>
44    <li> </li>
45    <li class="border-r"> </li>
46    </ul>
47    <ul>
48    <li class="border-b"> </li>
49    <li class="border-b"> </li>
50    <li class="border-l"> </li>
51    </ul>
52    </body>
53    </html>
```

在浏览器中打开该网页，显示效果如下图所示。

第 **6** 章

 本章教学录像：24 分钟

网页超链接设计

　　本章介绍如何在网页中创建超链接，从而使得网站中的各个网页之间相互关联起来。虽然可以使用 HTML 标签创建图像链接，但本章不专门介绍图像链接，读者将在第 7 章学习如何在网页中创建图像链接。

本章要点（已掌握的在方框中打勾）

□ 链接和路径

□ 使用 a 元素定义链接

□ 定义链接的不同情况

■6.1 链接和路径

 本节视频教学录像：6 分钟

在网页中使用链接可以使网页浏览者从当前网页转到另一个网页，而路径设置了网页浏览者点击链接时要转向的网页地址。本节先来介绍链接和路径的基本概念。

6.1.1 超链接的概念

超链接在本质上属于一个网页的一部分，它是一种允许同其他网站或站点进行连接的元素。互联网上各个网页链接在一起后，才能真正构成一个网站。例如，下图所示为是搜狐网站 (http://www.sohu.com/) 的主页截图。

认真观察上图，可以发现超链接的文本都是蓝色的，文字下方有一条下划线，当把鼠标放在超链接文本上方时，鼠标指针便会变成一只手的形状。如果单击鼠标左键，就可以直接跳到与这个超链接相连接的网页或者互联网网站上。

注意　并不是所有网页的超链接文本下方都显示下划线，如下图所示的百度新闻（http://news.baidu.com/）的互联网栏目。并且，现在大部分网页中的超链接并不显示下划线，这种效果可以通过为 a 元素设置 style=“text-decoration: NONE”样式实现，不过这属于 CSS 技术，我们将在 CSS 部分进行介绍。

在网页中添加超链接通过 a 元素来实现，a 元素只能出现于文档的主体（body 元素）部分，它定义了当前文档中某个区域与另一个资源之间的联系。a 元素的内容（文本，图像等）将被浏览器呈现，并且，浏览器通常会突出显示这个内容来指出链接存在。例如，范例文件 6-1-1-1 使用了一个超链接元素，定义链接指向百度的官方网址 http://www.baidu.com，<a>...</a> 标签之间的文本设置为“百度一下”，当点击该文本链接时将跳转到百度主页。

【范例 6.1】 添加超链接（范例文件：ch06\6-1-1-1.html）

```
01  <!DOCTYPE HTML PUBLIC "-//W3C//DTD HTML 4.01 Transitional//EN"
"http://www.w3.org/TR/ html4/loose.dtd">
02  <html>
03  <head>
04  <meta http-equiv="Content-Type" content="text/html; charset=utf-8">
05  <title> 超链接的概念 </title>
06  </head>
07  <body>
08  <a href="http://www.baidu.com"> 百度一下 </a>
09  </body>
10  </html>
```

【运行结果】

在浏览器中打开该网页，就可以看到如下图所示的效果。

【范例分析】

其中，href 属性设置了单击链接文本时将要打开的网页地址，在该例中设置了 http:// www.baidu.com。

6.1.2　链接路径 URL

URL(Uniform Resource Locator) 的中文全称是"统一资源定位符"。URL 是文档在 Web 或者 Internet 上的地址，一般用在超链接当中。尽管 URL 看起来可能很长很复杂，但它总是由 4 个部分构成，即协议名、主机名、文件夹名（路径）和文件名。下面所示为一个标准的 URL。

http://www.tsinghua.edu.cn/publish/th/index.html

其中，http 是协议名，www.tsinghua.edu.cn 是主机名，publish/th 是文件夹名 (th 文件夹在 publish 文件夹下)，index.html 是文件名。

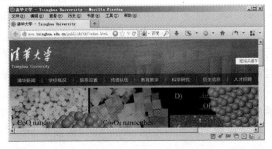

根据具体情况，URL 可能还包括其他信息，比如指定用户名或者服务器脚本的输入，但是协议名、主机名、文件夹名以及文件名这 4 部分是 URL 的基础。

6.1.3 绝对 URL 和相对 URL

URL 大致可以分为两类，即绝对 URL 和相对 URL。绝对 URL 包含了 URL 的全部信息，包括协议名、主机名、文件夹名和文件名等，例如：

http://www.baidu.com/index.php

相对 URL 通常只包含文件夹名和文件名，如果是在当前文件夹下，那么连文件夹名都不需要。如果此时绝对 URL 中的任何一部分有错，在页面中就会显示错误。在相对 URL 中，浏览器假设链接的目标文档和原文档在同一个文件夹或者同一个服务器中，所以不需要协议和主机名。相对 URL 的使用方式与 UNIX 和 DOS 中的目录很相似，比如：

../ 表示上一级目录。

/ 表示根目录。

../ about.html 表示链接到当前文件所在位置的上一级文件夹中的 about.html 文件的 URL。

./index.html 表示链接到当前服务器下根文件夹中 index.html 文件的 URL。

6.2 使用 a 元素定义链接

 本节视频教学录像：6 分钟

在网页中创建链接的标签是 <a> 标签，<a> 标签出现于文档的主体 (body) 部分，它定义的链接可以被浏览器呈现出来，并可以通过鼠标单击跳转到另一个文档。

6.2.1 设置链接的目标地址

在 a 元素内添加 href 属性之后，该元素的起始标签与结束标签之间的文本就会成为网页中的超文本内容。在浏览器窗口，如果这些超文本被访问者单击，就会切换至链接文本的目标 URL。目标 URL 既可能是另一个文档，也可能是本文档的其他位置。例如，链接"<a href="http://www.baidu.com">百度一下 </a>"，单击文本链接"百度一下"，当前网页将跳转到百度主页。

按照链接是否被访问将链接状态划分为 3 种。

1. 未访问的链接

这是在浏览器窗口打开网页文件时，用户看到的超文本的原始状态。在默认的情况下，浏览器内未访问的超文本显示为蓝色。

2. 已选择的链接

当用户准备访问链接目标时，首先会移动鼠标单击链接，此时的超文本就处于已选择的状态。

3. 已访问的链接

当用户单击链接源之后，就会跳转到链接目标所在的网页。返回链接源所在的网页窗口时，超文本的下划线仍然存在，但链接源处于已访问的状态。在默认的情况下，浏览器内已访问的链接文本显示为紫色。

当使用绝对 URL 时，读者可能知道，在大多数浏览器上输入地址时可以省略前面的协议"http://"。然而，在网页上的 <a href> 链接中输入地址时不能省略，即只能使用下面的格式。

```
<a href="http://www.baidu.com"> 百度一下 </a>
```

而下面的格式是错误的。

```
<a href="www.baidu.com"> 百度一下 </a>
```

> 通常，浏览器地址栏中可以省略要访问的网页文件名称，Internet 上的大多数计算机都自动地为特定地址或目录文件夹返回主页。也就是说，当访问 http://www.baidu.com 时，其实访问的是 http://www.baidu.com/index.php。当然，这只能发生在主页存在的情况下，如果主页不存在，还是要输入完整的网页名称。

6.2.2 设置链接的目标窗口

使用 target 属性可以定义链接打开的目标窗口或框架。例如，可以指定打开一个新浏览器窗口打开链接，或者在当前窗口打开链接。例如，下面的定义将会打开一个新窗口导航到百度的网站。

```
<a href="http://www.baidu.com" target="_blank"> 百度一下 </a>
```

如果在网页内定义了框架，我们还可以对框架窗口进行命名，这样做就可以要求链接目标在指定的框架窗口内打开。关于框架的内容，我们将在后续章节中介绍。

下表列出了 target 属性的适用属性值及其功能说明。

属性值	功能描述
_blank	将链接的文档载入一个新的、未命名的浏览器窗口
_parent	将链接的文档载入包含该链接框架的父框架集或窗口。如果包含链接的框架没有嵌套，则相当于 _top，链接的文档就载入整个浏览器窗口
_self	将连接的文档载入链接所在的同一框架或窗口。此目标是默认的，所以通常不需要指定
_top	将链接的文档载入整个浏览器窗口，从而删除所有框架

除了上面列出的保留名称可以使用下划线作为开头，其他的自定义目标名称必须以字母开始（a~z 或者 A~Z），并且遵循 id 属性和 name 属性的属性值定义规定，否则，用户浏览器会忽略该目标名称。

6.2.3 设置链接的提示信息

使用属性 title 可以指明该链接的信息，当鼠标指针指向该链接时，就会出现一个提示框，显示该链接的说明；或者，如果用户配备了屏幕阅读程序，那么当聚焦到该链接时，屏幕阅读程序就会读出该链接的说明。例如，范例文件 6-2-3-1 定义了 title 属性，当鼠标指针放到链接文本上方时将会显示"前往百度搜索提示框"。

【范例 6.2】 设置链接的提示信息（范例文件：ch06\6-2-3-1.html）

```
01    <!DOCTYPE HTML PUBLIC "-//W3C//DTD HTML 4.01 Transitional//EN"
"http://www.w3.org/TR/ html4/loose.dtd">
02    <html>
03    <head>
04    <meta http-equiv="Content-Type" content="text/html; charset=utf-8">
05    <title> 设置链接的提示信息 </title>
06    </head>
07    <body>
08    <a href="http://www.baidu.com" target="_blank" title=" 前往百度搜索 "> 百
度一下 </a>
09    </body>
10    </html>
```

【运行结果】

在浏览器中打开该网页，就可以看到如下图所示的效果。

6.3 定义链接的不同情况

 本节视频教学录像：12 分钟

前面的小节已经介绍了在网页中怎样添加超链接，现在来讨论使用链接的不同情况。在网页中使用超链接可以从当前网页链接到当前网站的不同网页，也可以链接到当前网页的不同部分，当然也可以链接到其他网站，有时候可以通过链接向网页浏览者提供资料下载服务。此外，当服务器装有邮件程序（或者在本机装有邮件程序）时，使用链接还可以发送 E-mail ！下面介绍这些功能是怎样实现的。

6.3.1 链接到同一个网站的另一个网页

使用链接的一种最简单也是最常用的方法就是点击链接后从当前网页链接到同一个网站的另一个网页。如果当前网页为 page1.html，该网站目录下还存在另一个网页 page2.html，那么我们可以在 page1.html 文档中定义超级链接，使点击超级链接时链接到 page2.html。例如，范例文件 6-3-1-1 显示了 page1.html 文档的代码，范例文件 6-3-1-2 显示了 page2.html 文档的代码。

【范例 6.3】 显示 page1.html 文档的代码（范例文件：ch06\6-3-1-1.html）

```
01  <!DOCTYPE HTML PUBLIC "-//W3C//DTD HTML 4.01 Transitional//EN"
"http://www.w3.org/TR/ html4/loose.dtd">
02  <html>
03  <head>
04  <meta http-equiv="Content-Type" content="text/html; charset=utf-8">
05  <title> 这是第一页 </title>
06  </head>
07  <body>
08  <h1> 这是第一页 </h1>
09  <a href="page2.html"> 链接到第二页 </a>
10  </body>
11  </html>
```

【范例 6.4】 显示 page2.html 文档的代码（范例文件：ch06\6-3-1-2.html）

```
01  <!DOCTYPE HTML PUBLIC "-//W3C//DTD HTML 4.01 Transitional//EN"
"http://www.w3.org/TR/ html4/loose.dtd">
02  <html>
03  <head>
04  <meta http-equiv="Content-Type" content="text/html; charset=utf-8">
05  <title> 这是第二页 </title>
06  </head>
07  <body>
08  <h1> 这是第二页 </h1>
09  <a href="page1.html"> 链接到第一页 </a>
10  </body>
11  </html>
```

【运行结果】

在浏览器中打开 page1.html 网页文件，显示效果如下图所示。

点击链接文本，显示效果如下图所示。

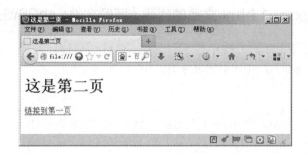

【范例分析】

当在page1.html中点击链接文本"链接到第二页"时,浏览器当前窗口将会跳转到page2.html网页,正如图中红色箭头指向一样。当然,在 page2.html 中单击链接文本也会链接到 page1.html 网页。

6.3.2 使用锚链接到同一个网页的不同部分

在制作网页的时候,可能会出现网页内容比较长的情况,这样当用户浏览网页的时候就会很不方便。要解决这个问题,可以使用超链接定义锚点的手段在网页开头的地方制作一个向导链接,当点击这些向导链接的时候,网页会滚动到特定的目标。例如,范例文件 6-3-2-1 是一个用来介绍 HTML、CSS3 及 Javascript 概述的网页。

【范例6.5】使用锚链接到同一个网页的不同部分(范例文件: ch06\6-3-2-1.html)

```
01  <!DOCTYPE HTML PUBLIC "-//W3C//DTD HTML 4.01 Transitional//EN"
    "http://www.w3.org/TR/ html4/loose.dtd">
02  <html>
03  <head>
04  <meta http-equiv="Content-Type" content="text/html; charset=utf-8">
05  <title> 使用锚链接到同一个网页的不同部分 </title>
06  </head>
07  <body>
08  <h1 style="text-align:center"> 网页设计技术 </h1>
09  <a href="#html">HTML 概念 </a><br/>
10  <a href="#css3">CSS3 概念 </a><br/>
11  <a href="#javascript">Javascript 概念 </a>
12  <hr/>
13  <a id="html"></a>
14  <h3>HTML</h3>
15  <p>
16  <!-- 这里是 HTML 的介绍文本 -->
17  </p>
18  <a id="css3"></a>
19  <h3>CSS3</h3>
20  <p>
21  <!-- 这里是 CSS 3 的介绍文本 -->
```

```
22   </p>
23   <a id="javascript"></a>
24   <h3>Javascript</h3>
25   <p>
26   <!-- 这里是 Javascript 的介绍文本 -->
27   </p>
28   </body>
29   </html>
```

【运行结果】

在浏览器中打开该网页，显示效果如下图所示。

当用户单击 Javascript 概念时，网页浏览器将滚动到 "<a id="javascript">" 所在的网页位置，如下图所示。

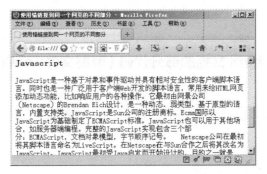

【范例分析】

上面这段代码用 3 个 <a> 标签定义了 3 个锚点，分别为 <a id="html"></a>、<a id="css3"></a>、<a id="javascript"></a>。这里，<a> 标签为其在网页中的位置指定了一个名称。且 <a> 标签的 id 属性必须有唯一的名称，但 <a> 和 </a> 标签之间不一定需要文本。

同时用了 3 个 <a> 标签定义了指向这 3 个锚点的链接，分别为 <a href="#html">HTML</a>、<a href="#css3">CSS3</a>、<a href="#javascript">Javascript</a>。这里，符号 "#" 指出 "javascript"（或者 "html" 或者 "css3"）是当前文档中的一个锚点的名称，而不是另一个页面。

技 巧

为节省篇幅，本实例省略了 <p></p> 标签对内的文本，读者可以按照自己的意愿自行添加一定数量的文本，以便于观察效果。

6.3.3 使用锚链接到另一个网页的特定部分

被链接的锚点并不局限于同一个页面，可以链接到另一个网页中的锚点，为此只需要指定网页的地址或文件名，再加上"#"和锚点名。例如，范例文件 6-3-3-1 和范例文件 6-3-3-2 分别显示的是 page3.html 和 page4.html 文档的部分代码。我们在 page4.html 中定义了一个锚点名称是"javascript"，在 page3.html 文档中创建链接，并且链接到 page4.html 文档中的 javascript 锚点。

【范例 6.6】page3.html 文档的部分代码（范例文件：ch06\6-3-3-1.html）

```
01   <!DOCTYPE HTML PUBLIC "-//W3C//DTD HTML 4.01 Transitional//EN"
"http://www.w3.org/TR/ html4/loose.dtd">
02   <html>
03   <head>
04   <meta http-equiv="Content-Type" content="text/html; charset=utf-8">
05   <title> 使用锚链接到另一个网页的特定部分 </title>
06   </head>
07   <body>
08   <h1 style="text-align:center"> 网站开发前端技术 </h1>
09   <a href="page4.html#html">HTML 介绍 </a><br/>
10   <a href="page4.html#css3">CSS 3 介绍 </a><br/>
11   <a href="page4.html#javascript">Javascript 介绍 </a>
12   </body>
13   </html>
```

【范例 6.7】 page4.html 文档的部分代码（范例文件：ch06\6-3-3-2.html）

```
01   <!DOCTYPE HTML PUBLIC "-//W3C//DTD HTML 4.01 Transitional//EN"
"http://www.w3.org/TR/ html4/loose.dtd">
02   <html>
03   <head>
04   <meta http-equiv="Content-Type" content="text/html; charset=utf-8">
05   <title> 使用锚链接到另一个网页的特定部分 </title>
06   </head>
07   <body>
08   <a id="html"></a>
09   <h3>HTML</h3>
10   <p>
11   <!-- 这里是 HTML 的介绍文本 -->
12   </p>
13   <a id="css3"></a>
14   <h3>CSS3</h3>
15   <p>
16   <!-- 这里是 CSS 3 的介绍文本 -->
```

```
17    </p>
18    <a id="javascript"></a>
19    <h3>Javascript</h3>
20    <p>
21    <!-- 这里是 Javascript 的介绍文本 -->
22    </p>
23    </body>
24    </html>
```

【运行结果】

在网页浏览器中打开 page3.html，显示效果如左下图所示。当点击文本链接"Javascript 介绍"时，当前窗口将跳转到 page4.html 中锚点名称为"javascript"的位置，如右下图所示。

 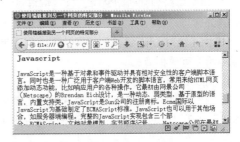

注 意　为节省篇幅，在范例文件 6-3-3-2 中省略了 <p></p> 标签对内的文本，读者可以按照自己的意愿自行添加一定数量的文本，以便于观察效果。

6.3.4　链接到其他网站

使用超链接不仅可以链接到同一个网站的其他网页，而且可以链接到其他网站。要实现这种功能，必须将 <a> 标签的 href 属性设置为绝对 URL。例如，范例文件 6-3-4-1 中，在网页中加入了百度搜索功能。

【范例 6.8】　在网页中加入了百度搜索功能（范例文件：ch06\6-3-4-1.html）

```
01    <!DOCTYPE HTML PUBLIC "-//W3C//DTD HTML 4.01 Transitional//EN" "http://www.w3.org/TR/ html4/loose.dtd">
02    <html>
03    <head>
04    <meta http-equiv="Content-Type" content="text/html; charset=utf-8">
05    <title> 链接到其他网站 </title>
06    </head>
07    <body>
08    <a href="http://www.baidu.com"> 百度搜索 </a>
09    </body>
10    </html>
```

【运行结果】

在浏览器中打开该网页，显示效果如左下图所示。单击链接文本后，链接到百度的主页，显示效果如右下图所示。

当在网页中点击"百度搜索"文本链接时，网页将跳转到百度网站的主页。注意，在使用绝对 URL 时需要牢记一些重要事项。

(1) 当链接转到其他网站时，这些链接被称为"外部链接"，这是由于这些链接转到外部目标或者网站的外部。

(2) 由于绝对 URL 链接到的网站不由创建者直接控制，因此链接可能会在某些时候断开。链接断开的原因可能有两种情况。

a. 该网站不可用。

b. 该网站的创建者可能重命名网站或者文件名，例如，网站创建者把网站存放新闻文档的目录由"new"改为"news"，那么当还按原来的链接访问该目录下的某个文档时，访问就会失败。

 在这里再次提醒大家，在使用绝对 URL 为 href 属性设置值时，一定不要忘记协议名称 "http://"。

注 意

6.3.5 设置链接发送 E-mail

除了使用超链接定义网页之间及网页内部各个部分的链接外，我们还可以使用超链接链接电子邮件地址。这是网页用户和网页创建者联系的最简单方法。读者在设计网页时可以提供一个指向电子邮件地址的链接，这样用户在访问网页时无需花费多少时间就能给创建者发邮件。例如，下面的代码创建了一个向某个电子邮箱发送邮件的链接。

```
<a href="mailto:youEmail@163.com"> 给我发邮件 </a>
```

当用户点击网页中的链接文本"给我发邮件时"，浏览器会自动启动电子邮件程序，并把 href 中定义的邮件地址添加到收件人地址中。

 如果希望访问者看到邮件地址，只需要把邮件地址信息添加到 <a></a> 标签的文本部分。如果计算机未安装电子邮件程序，那么该功能将不能使用。

说 明

6.3.6 使用链接提供下载

链接的终端不仅可以是 HTML 文档类型，而且可以是任何类型。当用户单击链接时，浏览器会自动判断该文件是否可以在浏览器中显示，如果不能显示，则会弹出一个对话框，提示用户是否将文件下载到本地。例如，范例文件 6-3-6-1 创建了一个下载链接，其链接的资源是一个 HTML 手册的压缩包。

【范例 6.9】 创建下载链接（范例文件：ch06\6-3-6-1.html）

```
01  <!DOCTYPE HTML PUBLIC "-//W3C//DTD HTML 4.01 Transitional//EN"
"http://www.w3.org/TR/ html4/loose.dtd">
02  <html>
03  <head>
04  <meta http-equiv="Content-Type" content="text/html; charset=utf-8">
05  <title> 使用链接提供下载 </title>
06  </head>
07  <body>
08  <a href="html 4.01 参考手册 .rar"> 点击下载 HTML 手册 </a>
09  </body>
10  </html>
```

【运行结果】

当点击链接文本"点击下载 HTML 手册"时，将会弹出一个对话框。当网页访问者点击"确定"按钮时，便可以把链接的资源下载到他们自己的计算机磁盘上，如下图所示。

 高手私房菜

>>

技巧 1：锚点的定义

id 和 name 属性都可以用来定义命名锚点，但我们不推荐使用 name 属性，因为该属性将会逐步被抛弃。但是，某些情况下 name 属性则比 id 属性要好。

(1) 一些旧版浏览器不支持 id 属性作为命名锚点。

(2) name 属性可以包含实体，而 id 属性则不可以。

技巧 2：区分 URI、URL 和 URN

URI 是统一资源标识符，是互联网的一个协议要素，可以通过它来定位任何远程或本地的可用资源（这些资源通常包括 HTML 文档、图像、视频片段、代码片段等）。

URI 是统一资源标识符，而 URL 是统一资源定位符。URL 只是 URI 的一个子集，URI 包括 URL 和 URN 两部分。因此，笼统地说，每个 URL 都是 URI，但不一定每个 URI 都是 URL。这是因为 URI 还包括一个子类，即 URN，它命名资源但不指定如何定位资源。

URN 一般使用前缀 urn 作为开始，然后包含命名空间标识（Namespace Identity，简称 NID）和命名空间具体字符串（Namespace Specific String，简称 NSS），语法格式如下。

```
urn:<NID>:<NSS>
```

例如，下面的语句就是 URN。

```
urn:isbn:8920499493
```

技巧 3：禁用链接

在设计网页时，有时需要禁用链接的功能——用户单击链接后不能链接到另一个网页，这需要借助元素的 onClick 事件属性为其编写 Javascript 事件处理程序，即 onClick="return false;"。例如，下面的代码定义了两个 a 元素，其中为第二个 a 元素设置 onClick 事件属性，并为其编写 Javascript 事件处理程序。

```
01  <!DOCTYPE HTML PUBLIC "-//W3C//DTD HTML 4.01 Transitional//
EN" "http://www.w3.org/TR/html4/loose.dtd">
02  <html>
03  <head>
04  <meta http-equiv="Content-Type" content="text/html;
charset=utf-8">
05  <title> 禁用链接 </title>
06  </head>
07  <body>
08  <a href="http://www.baidu.com"> 百度一下 </a>
09  <a href="http://www.baidu.com" onClick="return false;"> 百度一下 </a>
10  </body>
11  </html>
```

在浏览器中打开该网页，显示效果如下图所示。

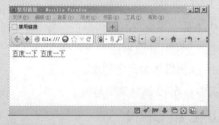

当单击第一个链接文本"百度一下"时，浏览器会跳转到百度主页，但是单击第二个链接文本"百度一下"时，浏览器无任何效果。

第 **7** 章

 本章教学录像：32 分钟

网页色彩和图片设计

　　在网页上使用图片不仅能够增强网页的视觉效果，使网页充满生机，而且能直观且巧妙地表达出网页的主题，这是仅靠文字很难达到的效果。一个精美的网页不但能引起浏览者浏览网页的兴趣，而且在很多时候需要通过图片及相关颜色的配合来做出网站的网页风格。

本章要点（已掌握的在方框中打勾）

☐ 必备的图像基础知识

☐ 在网页中使用图像

☐ 用图像代替文本作为超链接

☐ 图像映射

☐ 利用 Dreamweaver 创建图像映射

▋7.1 必备的图像基础知识

 本节视频教学录像：9 分钟

掌握图像的基础知识对创建出漂亮的图片有很大帮助，本节先来介绍这些基础知识，包括图像的分辨率概念、网页中的图片格式及怎样创建图片。

7.1.1 图像的分辨率

图像的分辨率是指组成图像的点或像素。高分辨率的大型图像通常比低分辨率的小型图像需要更长的传输时间和显示时间。分辨率通常以图像的宽乘以高表示，单位是像素。例如，300×200 的图像宽 300 像素，高 200 像素。

分辨率不是图像文件大小（和传输时间）最主要的决定因素。这是因为网页上使用的图像总是以压缩格式存储和传输的。图像压缩是一种数学运算，作用是将图像中的重复模式都删除。图像压缩的数学运算很复杂，基本原理是在图像储存到磁盘上时重复模式或颜色相同的大块区域可以马上删除。这使图像文件变得很小，在 Internet 上传输也更快。然后，网页浏览器在显示图像时再将图像恢复成原来的样子。

7.1.2 网页中的图片格式

网页中使用的图像可以是 GIF、JPEG、BMP、TIFF 和 PNG 等格式的图像文件。虽然图像文件的种类相当多，但目前网页中最常用的是 GIF 和 JPEG 图像，所有可查看图像的浏览器均支持这两种格式。

但是，如果在网页中过多地使用图像文件会直接影响浏览器打开网页的速度，从而导致用户失去耐心而离开页面，因此，正确使用各种格式的图像文件就显得非常重要。下面就对网页中经常用到的图像格式 GIF 和 JPEG 以及可能会用到的 PNG 做一个简单的介绍。

1. GIF 格式

网页中最常用的图像格式是 GIF（Graphical Interchange Format, 可交换的图像格式），经过多次修改和扩充，其功能有了很大改进。

GIF 是 Graphical Interchange Format 的简称，是由 Compuserve 公司提出的与设备无关的图像储存标准，也是 Web 上使用最早、应用最广泛的图像格式之一，其目的是作为网络上图片文件交换的标准，属于一种 256 色、采用无损压缩的图片文件格式。这意味着在压缩过程中，原始的图像数据并没有减少，图像质量也不会有任何损失，进行图像格式转换时也不会发生失真。

GIF 格式可以储存动画图片，这是它最突出的特点。用户在图像处理软件中制作好 GIF 动画中的每一幅单帧画面，然后把这些静止的画面连在一起，设定好帧与帧之间的时间间隔，保存成 GIF 格式即可完成动画的制作。GIF 动画经常用作 Web 网页的广告。

使用 GIF 格式的图像最多可以使用 256 种颜色。此格式的特点是图像文件占用磁盘空间小，支持透明背景，支持动画和交织下载。

2. JPEG 格式

另一种经常使用的图像格式是 JPEG（Joint Photographic Experts Group, 联合图像专家组）。

JPEG 文件的扩展名为".jpg"和".jpeg"。JPEG 格式使用有损压缩的方式去除冗余的图像和色彩数据，在获取极高压缩率的同时又能展现图像的生动效果，特别适合在网上发布照片。

下面是 JPEG 图形文件格式的特性。

(1) 支持大约 1670 万种颜色，可以极好地再现摄影图像，尤其是对色彩丰富的大自然照片。

(2) JPEG 格式支持很高的压缩率，文件占用磁盘空间小。

(3) 有损压缩的 JPEG 格式可能会造成图像质量上的流失。

3. PNG 格式

GIF 格式允许在图片中添加透明效果，但最多只允许使用 256 种颜色。JPEG 格式虽然允许使用 256 种以上的颜色，但不允许实现透明效果。PNG 图片综合了这两种文件格式的优点，它可以包含 256 种以上的颜色，并可以具有透明的背景，并且，它还可以有效地降低文件大小。

PNG 的全称是"可移植网络图形"（Portable Network Graphics），这是一种代替 GIF 格式的无专利权限制格式，包括对索引色、灰度、真彩色图像以及 Alpha 通道透明的支持。PNG 文件可保留所有原始层、矢量、颜色和效果信息（如阴影），并且在任何时候所有的元素都是可以完全编辑的。PNG 文件的扩展名是 .png。

了解了这 3 种图像格式，读者可能会疑问怎样正确选择图像格式呢？

目前，GIF 和 JPEG 文件格式的支持情况最好，大多数浏览器都可以查看这两种格式。由于 PNG 文件具有较大的灵活性，而且文件较小，因此它对于几乎任何类型的 Web 图片都是最适合的。

但是 Microsoft Internet Explorer(4.0 和更高版本) 和 Netscape Navigator(4.04 更高版本) 只能部分支持 PNG 图片的显示。因此，除非是正在为使用支持 PNG 格式的浏览器的特定目标用户进行设计，否则请使用 GIF 或 JPEG 以迎合更多人的需求。

当然，如果要使用透明的图像，便只能选择使用 GIF 或者 PNG 格式的图像。

7.1.3 创建图片

图像编辑软件允许选择并修改图片中的各个像素，每一幅图片都是由一个个像素组成的。像素是指显示中单独绘制的一个点，图像便是由成千上万个这样的点组成的。

虽然不同格式的图片最终呈现"可以"相同，也就是呈现出来的像素相同，但是，图片一般都是经过压缩的，其压缩方法不同，大小也不同。

使用图像编辑软件可以打开不同格式的图片进行编辑、修改，最终都是修改图片中的各个像素，并可以将它们重新转换并保存为不同格式的图片。目前存在很多种图像编辑软件，比如 Photoshop 和 Fireworks 等，另外，也可以使用附带在 Windows 操作系统中的画图程序（依次选择【开始】▶【所有程序】▶【附件】▶【画图】命令就可以启动）。

例如，我们使用 Fireworks 作为图像编辑软件来展示编辑图片的工作流程。

首先获取各种文件格式的图片，这些图片被称为素材图片。可以从很多渠道获取这些图片，例如从网站上下载，购买素材光盘，从扫描仪、数码相机获取。

❶ 打开 Fireworks 软件，软件界面如下图所示。

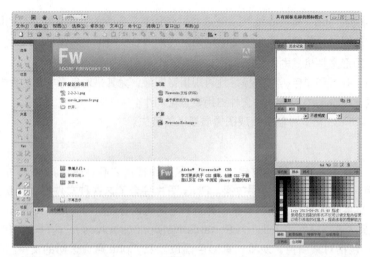

❷ 在 Fireworks 菜单选项中选择【文件】►【打开】，选择所要编辑的图片文件，并打开该图片，如下图所示。

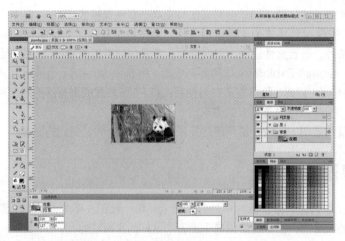

❸ 然后根据需要进行编辑，编辑好图片后将图片导出或保存为 JPEG、PNG 或其他格式的图片，然后就可以在编辑网页时使用这些图像了，如下图所示。

7.2 在网页中使用图像

 本节视频教学录像：8 分钟

了解图像的基础知识后，下面介绍怎样在网页中插入图像，在网页中插入图像是通过在 HTML 中添加到图片的路径链接来实现的。

7.2.1 在网页中插入图像标记

使用 <img> 标签可以实现在网页中插入图像的功能，并且可以使用该标签设置图片的位置、幅面大小、边框、与文本混合排版等功能。范例文件 7-2-1-1 所示为一个只包含 src 和 alt 属性的 img 元素，并且这两个属性是保证 img 有效性的最基本要求。

【范例 7.1】 在网页中插入图像标记（范例文件：ch07\7-2-1-1.html）

```
01  <!DOCTYPE HTML PUBLIC "-//W3C//DTD HTML 4.01 Transitional//EN"
    "http://www.w3.org/TR/ html4/loose.dtd">
02  <html>
03  <head>
04  <meta http-equiv="Content-Type" content="text/html; charset=utf-8">
05  <title> 在网页中插入图像标记 </title>
06  </head>
07  <body>
08  <img src="panda.jpg" alt="这是一只熊猫" />
09  </body>
10  </html>
```

【运行结果】

在浏览器中打开该网页，显示效果如下图所示。

7.2.2 设置图像源文件

只需要使用 <img> 标签的 src 属性即可将图片链入 HTML 文档。src 属性指定图片文件的 URL 地址，可以是绝对地址，也可以是相对地址。例如，我们在范例文件 7-2-1-1 中使用 src 属性引用了 panda.jpg 图片。当在浏览器中查看网页时，浏览器就会下载图片并显示出来。

7.2.3 设置图像在网页中显示的宽度和高度

img 元素的 width 属性和 height 属性分别表示图片宽度和高度的像素值（注意，不能使用相对值），当没有指定这两个属性时，图片将以原始大小显示；指定了宽度和高度后，图片的幅面大小就以指定值为准，图片按照既定的尺寸扩展或缩小。

也可以单独指定 width 属性和 height 属性中的某一个，宽度或高度其中一边保持不变，而另一边可能发生变化，这样就有可能拉伸图片。例如，范例文件 7-2-3-1 使用了 3 个 img 元素，但是这 3 个 img 元素引用的是同一个图像资源 panda.jpg，对这 3 组 width 及 height 属性进行不同设置，在浏览器中查看显示效果。

【范例 7.2】 设置图像在网页中显示的宽度和高度（范例文件: ch07\7-2-3-1.htm）

```
01  <!DOCTYPE HTML PUBLIC "-//W3C//DTD HTML 4.01 Transitional//EN"
"http://www.w3.org/TR/ html4/loose.dtd">
02  <html>
03  <head>
04  <meta http-equiv="Content-Type" content="text/html; charset=utf-8">
05  <title> 设置图像在网页中的宽度和高度 </title>
06  </head>
07  <body>
08  <img src="panda.jpg" width="220" height="127" />
09  <hr />
10  <img src="panda.jpg" width="300" height="127" />
11  <hr />
12  <img src="panda.jpg" width="110" height="63" />
13  </body>
14  </html>
```

【运行结果】

在网页中浏览，就可以看到如下图所示的效果。

第一行代码实际上使用了默认的图片大小，width 属性和 height 属性完全可以省略；第二行代码将 width 属性改变，实际上是横向拉伸图片，并且 height 属性使用的是默认图片大小，因此也可以省略。这行代码与下面一行完全相同。

```
<img src="panda.jpg" width="300" />
```

第三行代码将图片幅面大小等比例缩放，注意，由于是像素值，因此不能使用浮点数（小数），否则可能会出现不是完全等比例缩放的情况。

注意　即使图像按原尺寸显示，也要在 HTML 中指明高度和宽度，这样会加快网页显示速度。为图像指定的 width 和 height 没有必要与图像实际的宽和高相等。不相等时，网页浏览器将图像自动缩小或拉伸到指定大小。通常不建议这样做，因为浏览器在调整图像大小方面效果并不理想，建议在图像编辑器中调整好图像的大小。

7.2.4　设置图像的替换文字

由于一些原因，图像可能无法正常显示，比如网络速度太慢，浏览器版本过低，用户可能关闭了浏览器的自动下载功能等，因此应该为图像设置一个替换文本，用于图像无法显示时告诉浏览者该图片的内容。

这里需要使用"alt"属性来实现，alt 表示"alternate"（替换文本）。例如，范例文件 7-2-4-1（为方便演示效果，这里将 src 属性值设置为一个不存在的图像资源）中，设置 alt 的属性值为"这是一只熊猫"，当浏览器无法显示图片时显示该文字。

【范例 7.3】　设置图像的替换文字（范例文件：ch07\7-2-4-1.html）

```
01  <!DOCTYPE HTML PUBLIC "-//W3C//DTD HTML 4.01 Transitional//EN"
    "http://www.w3.org/TR/ html4/loose.dtd">
02  <html>
03  <head>
04  <meta http-equiv="Content-Type" content="text/html; charset=utf-8">
05  <title> 设置图像的替换文字 </title>
06  </head>
07  <body>
08  <img src="no-panda.jpg" width="220" height="127" alt=" 这是一只熊猫 " />
09  </body>
10  </html>
```

【运行结果】

在浏览器中打开该网页，可以看到如下图所示的显示效果。

注 意

在网速比较慢的时候，alt 属性主要作用是使访问者了解图像内容。而随着互联网的发展，alt 属性有了新的作用，Google 和百度等搜索引擎在收录页面的时候，会通过 alt 属性的内容来分析网页。因此，在制作网页的时候，为图像配有清晰明确的替换文本可以帮助搜索引擎更好地理解网页内容，从而有利于搜索引擎的优化。

7.2.5 设置图像的提示文字

读者平时浏览某个网站时可能会发现一个很特别的现象，当把鼠标停留在某些网站的图片上时，会在鼠标上方显示一个工具性提示，这个提示对图像进行了简单的描述。

例如，范例文件 7-2-5-1 设置 title 的属性值为"熊猫"，当把鼠标停留在图片上方时，便会出现一个工具性提示，显示"熊猫"文字。

【范例 7.4】 设置图像的提示文字（范例文件：ch07\7-2-5-1.html）

```
01  <!DOCTYPE HTML PUBLIC "-//W3C//DTD HTML 4.01 Transitional//EN"
"http://www.w3.org/TR/ html4/loose.dtd">
02  <html>
03  <head>
04  <meta http-equiv="Content-Type" content="text/html; charset=utf-8">
05  <title> 设置图像的提示文字 </title>
06  </head>
07  <body>
08  <img src="panda.jpg" width="220" height="127" alt="这是一只熊猫" title="熊猫" />
09  </body>
10  </html>
```

【运行结果】

在浏览器中打开该网页，可以看到如下图所示的显示效果。

7.2.6 设置图像的边框

border 属性用于定义图像边框的宽度（粗细程度），以像素为单位，默认值为 0（表示无边框）。例如，范例文件 7-2-6-1 将图像的边框宽度设置为 3 像素。

【范例 7.5】 设置图像的边框（范例文件：ch07\7-2-6-1.html）

```
01  <!DOCTYPE HTML PUBLIC "-//W3C//DTD HTML 4.01 Transitional//EN"
"http://www.w3.org/TR/ html4/loose.dtd">
02  <html>
03  <head>
04  <meta http-equiv="Content-Type" content="text/html; charset=utf-8">
05  <title> 设置图像的边框 </title>
06  </head>
07  <body>
08  <img src="panda.jpg" alt="这是一只熊猫" title="熊猫" border="3" />
09  </body>
10  </html>
```

【运行结果】

在浏览器中打开该网页，可以看到下图所示的显示效果。

7.3 用图像代替文本作为超链接

 本节视频教学录像：3 分钟

由于 img 元素是行内级元素，所以，我们可以使用 a 元素为图片定义超链接。当用户单击该图片时就会跳转到所指向的文档。例如，范例文件 7-3-1 使用 img 元素代替开始标签 <a> 与结束标签 </a> 之间的文本。

【范例 7.6】 用图像代替文本作为超链接（范例文件：ch07\7-3-1.html）

```
01  <!DOCTYPE HTML PUBLIC "-//W3C//DTD HTML 4.01 Transitional//EN"
"http://www.w3.org/TR/ html4/loose.dtd">
02  <html>
03  <head>
04  <meta http-equiv="Content-Type" content="text/html; charset=utf-8">
05  <title> 用图像代替文本作为超链接 </title>
06  </head>
```

```
07   <body>
08   <a href="other.html"><img src="panda.jpg" /></a>
09   </body>
10   </html>
```

【运行结果】

在浏览器中打开该网页，可以看到下图所示的显示效果。

观察上图能够发现，当把鼠标放在图片上方时，浏览器下方出现了单击鼠标时将会链接到的网页路径。读者做测试时，单击鼠标网页将会链接到 other.html。

这里需要注意的是，在某些浏览器中，图片周围会出现蓝色的边框，例如在 IE 浏览器中，显示效果如下图所示。

如果不希望蓝色边框出现，那么，就必须为 img 元素定义 border 属性值为 0，即设置 img 的属性如下。

```
<a href="other.html"><img src="panda.jpg" border="0"/></a>
```

▌7.4 图像映射

 本节视频教学录像：12 分钟

上一节介绍了使用图片可以替换文本作为超链接，其实图片的超链接还有一种方式，那就是图像映射（或者称为图像热点区域）。

7.4.1 创建图像映射

图像映射就是将一副图片划分出若干个链接区域，访问者点击不同的区域会链接到不同的目标网页。例如，范例文件 7-4-1-1 创建了一个图像映射。

【范例 7.7】 创建图像映射（范例文件：ch07\7-4-1-1.html）

```
01  <!DOCTYPE HTML PUBLIC "-//W3C//DTD HTML 4.01 Transitional//EN"
"http://www.w3.org/TR/ html4/loose.dtd">
02  <html>
03  <head>
04  <meta http-equiv="Content-Type" content="text/html; charset=utf-8">
05  <title> 创建图像映射 </title>
06  </head>
07  <body>
08     <img src="hotmap.jpg" width="400" height="147" usemap="#Map"
border="0">
09     <map name="Map">
10     <area shape="rect" coords="18,38,123,104" href="rect.html" target="_
blank" alt=" 矩形定义 ">
11     <area shape="circle" coords="204,69,41" href="circle.html" target="_
blank" alt=" 圆形定义 ">
12     <area shape="poly" coords="285,17,344,9,380,58,329,106,273,56"
href="poly.html" target="_blank" alt=" 多边形定义 ">
13     </map>
14  </body>
15  </html>
```

【运行结果】

在浏览器中打开该网页，可以看到如下图所示的浏览效果。

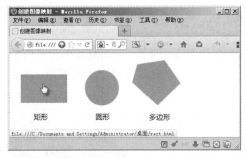

认真观察上图可以发现，凡是绘制了映射的区域，鼠标指针移上去时就会变成手型，并且状态栏显示单击鼠标后该映射区域将要链接到的网页。

下面我们对范例文件 7-4-1-1 进行详细解释。

如范例文件 7-4-1-1 所示，在 <img> 标签的后面是热点区域的相关代码，它是通过 <map> 标签的 <area> 标签来定义的。这个标签可以这样理解：在图片上画出一个区域来，就像画出一个地图一样，并为这个区域命名，然后在 <img> 标签中插入图片并使用该地图的名字。

(1) <map> 标签只有一个属性，即 name 属性，其作用就是为区域命名，其属性值可以随意设置。

(2) <img> 标签除有插入图片的作用外，还需要引用区域名字，这就要加入一个 usemap 属性，其属性值为 <map> 标签中 name 属性的设置值再加上井号 "#"。例如设置了 "<map

name=“pic”>”，则“<img usemap=“#pic”>”。

（3）<area> 标签有 5 个属性。

第 1 个为 shape 属性，控制划分区域的形状，其设置值有 3 个，分别是 rect（矩形）、circle（圆形）和 poly(多边形)。

第 2 个为 coords 属性，控制区域的划分坐标。

如果前面设置的是“shape=rect”，那么 coords=“x1,y1,x2,y2”。第一对坐标是矩形的一个角的顶点坐标，另一对坐标是对角的顶点坐标，"0,0" 是图像左上角的坐标。请注意，定义矩形实际上是定义带有四个顶点的多边形的一种简化方法。

如果前面设置的是“shape=circle”,那么 coords=“x,y,r”。这里的 x 和 y 定义了圆心的位置（ "0,0" 是图像左上角的坐标)，r 是以像素为单位的圆形半径。

如果前面设置的是“shape=poly”,那么 coords=“x1,y1,x2,y2,x3,y3,...”，每一对 "x,y" 坐标都定义了多边形的一个顶点（ "0,0" 是图像左上角的坐标)。定义三角形至少需要 3 组坐标，边数越多的多边形需要越多的顶点。

说 明 热点区域的坐标是相对于热点区域所在的图片来设置的，而不是以浏览器窗口为参考进行设置。这样,如果设置的坐标值超出了图片的长宽尺寸范围,就不能显示出热点区域了。

第 3 个为 href 属性，这是设置超链接的目标。

第 4 个为 target 属性，它们决定着链接页面的弹出方式，如果选择了“_blank”，那么矩形映射区域链接到的页面将在浏览器的新窗口打开。如果不设置该属性就表示在原来的浏览器窗口中显示链接到的目标页面。

第 5 个为 alt 属性，alt 能够提供与区域形状相关联的一小段文字。当用户将鼠标指向该区域时，大多数浏览器（Firefox 除外）将显示一个小窗口。这些文字为不理解图像映射的用户进行提示，窗口虽然小却很重要。Firefox 在进行提示时，使用的是 title 属性而不是 alt 属性，这也就是为什么应尽量为图像同时提供 alt 和 title 两个属性的原因。

7.4.2 利用 Dreamweaver 创建图像映射

前面介绍了图片热点区域的制作方法。设计者计算区域的坐标值是很麻烦的，怎样才能方便地设置想要热点区域的位置呢? 使用 Dreamweaver 可以很方便地实现，例如下面的案例。

❶ 创建一个新文档，然后在文档中插入一张有 3 个形状的图像，如下图所示。

❷ 保持图片的选中状态，在 Dreamweaver 中打开“属性”面板。面板左下角有 3 个蓝色图标按钮，依次代表矩形、圆形和多边形热点区域。首先单击左边的“矩形热点”工具图标，如下图所示。

❸ 将鼠标指针移动到被选中矩形的左上角，然后拖曳鼠标，得到一个与矩形大小相似的矩形热点区域，如下图所示。

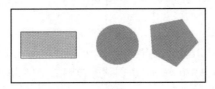

❹ 绘制出来的热区呈现出半透明状态，效果如下图所示。

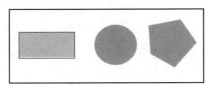

❺ 如果绘制出来的矩形热区有误差，可以通过"属性"面板中的"指针热点"工具进行编辑，如下图所示。

❻ 完成上述操作后，保持矩形热区的选中状态，然后在"属性"面板中的"链接"文本框中输入该热点区域链接对应的跳转目标页面，如下图所示。

❼ 在"目标"下拉列表框中有 4 个选项，它们决定着链接页面的弹出方式，如果选择"_blank"，那么矩形热区的链接页面将在新的窗口中弹出；如果"目标"选项保持空白，就表示仍在原来的浏览器窗口中显示链接的目标页面。这样，矩形热点区域就设置好了，如下图所示。

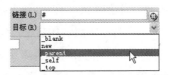

❽ 接下来继续选中文档窗口中的图片，选择"属性"面板中的"圆形热点"工具，在圆形附近拖曳鼠标，为图片中的圆形绘制一个热区。同理，使用"属性"面板中的"多边形热点"工具，依次单击多边形的各个顶点，为图片中的多边形绘制一个不规则热区，这时 Dreamweaver 的设计图如下图所示。

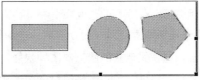

❾ 完成后保存并预览页面，可以发现，凡是绘制了热点的区域，鼠标指针移动到热区上方时就会变成手形，点击热区就会跳转到相应的页面。

此时页面相应的 HTML 源代码如下。

```
01  <!DOCTYPE HTML PUBLIC "-//W3C//DTD HTML 4.01 Transitional//EN"
    "http://www.w3.org/TR/ html4/loose.dtd">
02  <html>
03  <head>
04  <meta http-equiv="Content-Type" content="text/html; charset=utf-8">
05  <title> 辅助: 利用 Dreamweaver 创建图像映射 </title>
06  </head>
07  <body>
08  <img src="hotmap.jpg" width="400" height="150" usemap="#Map"
    border="0">
09  <map name="Map">
10   <area shape="rect" coords="20,46,134,99" href="#">
11   <area shape="circle" coords="217,72,42" href="#">
12    <area shape="poly" coords="285,34,347,22,381,68,338,116,288,90"
    href="#">
13  </map>
14  </body>
15  </html>
```

可以看到，Dreamweaver 自动生成的 HTML 代码结构和前面的介绍是相同的，但所有的坐标是自动计算出来的，这正是 Dreamweaver 等网页设计软件的优点。使用这些工具与手工编写 HTML 代码本质上没有区别，只是使用这些工具可以提高工作效率。

 高手私房菜

>>>

技巧 1: 浏览器的安全色

浏览器安全色是指: 有 231 种颜色对使用 256 色（8 位）视频模式计算机的用户显得比较清晰（其他 25 种颜色用于菜单等元素），有些网页制作者坚持使用这些颜色。但现在，真彩色或者高彩色计算机显示器已经是标准配置，它们能以同样的清晰度显示所有颜色，所以，如果图像程序能够显示使用十六进制数表示的颜色值，那么就可在网页中使用十六进制数制定自定义颜色。也就是说，必须使用"浏览器安全色"的时代已经过去了。

技巧 2: 图像映射

现代浏览器如 Mozilla、Firefox 和 Microsoft Internet Explorer, 都支持两种实现图像映射的方法——客户端图像映射、服务器端图像映射。但现在，所有的图像映射都应该使用最新的方法实现，这就是客户端图像映射。没有理由再使用老式的服务器图像映射，这是因为很多年前网页浏览器就实现了对客户端图像映射的支持。另外，关于图像映射还要说明的一点是，除非在很特殊的情况下，否则不要使用图像映射。通常使用多幅图像，将它们摆在一起，每幅图像作为一个单独链接指向不同的页面，这样会更简单，也更高效。

第8章

本章教学录像：30分钟

网页表格设计

在网页中使用表格可以使需要在网页中显示的数据更加清晰明了，为网页浏览者提供人性化的服务，以吸引更多的人访问自己设计的网站。不过，需要明确表格在网页设计中的最主要作用——组织数据。这一点非常重要，因为至今为止有不少网页设计者还在使用表格来为网页布局，这违背了表格的使用原则。

本章要点（已掌握的在方框中打勾）

☐ 表格的基本结构

☐ 控制表格的大小和边框的宽度

☐ 设置表格及表格单元格的对齐方式

☐ 合并单元格

☐ 用 cellpadding 属性和 cellspacing 属性设定距离

☐ 为表格添加视觉效果

☐ 表格的按行分组显示

▌8.1 表格的基本结构

 本节视频教学录像：3 分钟

一个基本的表格必须包含一组 <table></table> 标签、一组 <tr></tr> 标签以及一组 <td></td> 标签，这也是最简单的单元格表格。<table></table> 标签的作用是定义一个表格，<tr></tr> 标签的作用是定义表格中的一行，而 <td></td> 标签的作用是定义一个单元格。例如，范例文件 8-1-1 定义了一个 3 行 4 列的表格，使用 <table> 标签的 border 属性将表格边框宽度设置为 1 像素，使用 <table> 标签的 align 属性使表格在网页中居中显示。

【范例 8.1】 表格的基本结构（范例文件：ch08\8-1-1.html）

```
01  <!DOCTYPE HTML PUBLIC "-//W3C//DTD HTML 4.01 Transitional//EN"
    "http://www.w3.org/TR/ html4/loose.dtd">
02  <html>
03  <head>
04  <meta http-equiv="Content-Type" content="text/html; charset=utf-8">
05  <title> 表格的基本结构 </title>
06  </head>
07  <body>
08      <table border="1" align="center">
09  <tr>
10      <td>A1</td><td>A2</td><td>A3</td><td>A4</td>
11      </tr>
12      <tr>
13      <td>B1</td><td>B2</td><td>B3</td><td>B4</td>
14      </tr>
15      <tr>
16      <td>C1</td><td>C2</td><td>C3</td><td>C4</td>
17      </tr>
18  </table>
19  </body>
20  </html>
```

【运行结果】

在浏览器中打开该网页，显示效果如下图所示。

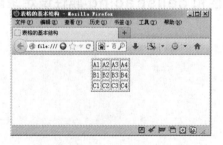

范例文件 8-1-1 定义了一个最基本的表格，该表格只有 3 行 4 列。下面我们对该范例文件使用的表格标签进行解释。

　　<table> 标签：用于标识一个表格，与 <body> 标签类似，告知浏览器这是一个表格。<table> 标签中设置了一个 border 属性 <border=1>，它的作用是将表格的边框线粗细设置为 1 像素。使用 <table> 标签的 align 属性，作用是使整个表格在网页中居中显示。

　　<tr> 标签：用于标识表格的一行，也就是建立一行表格。代码中有多少个 <tr></tr> 标签对，就表示表格有多少行。

　　<td> 标签：用于标识表格的一列，也就是建立一个单元格。它必须放在 <tr></tr> 标签对里使用，一个 <tr></tr> 标签对内有多少对 <td></td> 标签就表示这行有多少列或者有多少个单元格。

| 说　明 | 创建表格时还需要设计一个基本的标签 <th>，它与 <td> 标签类似，但表示的单元格是表头的一部分，大多数浏览器将 <th> 单元格中的文本居中对齐并显示为粗体。 |

▌8.2 控制表格的大小和边框的宽度

 本节视频教学录像：4 分钟

可以通过设置 <table> 标签的 width 和 height 属性来控制表格的显示宽度和高度，使表格可以更好地适合设计网页的大小。另外，我们也可以通过设置 <table> 标签的 border 属性来控制表格边框的显示宽度，这在想要隐藏表格边框时非常有用。

8.2.1 设置表格的宽度和高度

　　通常，表格及其单元格的大小会自动扩展，以适应其中包含的数据。然而，可以在 <table> 标签中指定 width 和 height 属性来控制整个表格的大小；也可以在每个 <td> 标签里指定 width 和 height 属性来控制每个单元格的大小。width 和 height 样式可用像素或百分比来指定。

　　例如，范例文件 8-2-1-1 使用了像素和百分比定义了一个 3 行 4 列的表格，其中，设置表格的总宽度为 400 像素，总高度为 100 像素，第二行定义前 3 个单元格宽度分别占表格宽度的 30%，最后一个单元格占表格宽度的 10%。

【范例 8.2】　设置表格的宽度和高度（范例文件：ch08\8-2-1-1.html）

```
01   <!DOCTYPE HTML PUBLIC "-//W3C//DTD HTML 4.01 Transitional//EN"
     "http://www.w3.org/TR/ html4/loose.dtd">
02   <html>
03   <head>
04   <meta http-equiv="Content-Type" content="text/html; charset=utf-8">
05   <title> 设置表格的宽度和高度 </title>
06   </head>
07   <body>
08   <table width="400px" height="100" border="1" align="center">
09   <tr>
10      <td>A1</td><td>A2</td><td>A3</td><td>A4</td>
```

```
11        </tr>
12        <tr>
13         <td width="30%">B1</td><td width="30%">B2</td><td
width="30%">B3</td>
14    <td width="10%">B4</td>
15        </tr>
16        <tr>
17    <td>C1</td><td>C2</td><td>C3</td><td>C4</td>
18        </tr>
19    </table>
20    </body>
21    </html>
```

【运行结果】

在浏览器中查看该网页，显示效果如下图所示。

8.2.2 设置表格边框的宽度

使用table元素的border属性可以定义表格边框粗细，默认情况下不定义table元素的border属性，那么表格就不会带边框。

例如，范例文件8-2-2-1定义两个3行4列的表格，定义边框宽度分别为0像素和4像素。

【范例8.3】 设置表格边框的宽度（范例文件：ch08\8-2-2-1.html）

```
01    <!DOCTYPE HTML PUBLIC "-//W3C//DTD HTML 4.01 Transitional//EN"
"http://www.w3.org/TR/ html4/loose.dtd">
02    <html>
03    <head>
04    <meta http-equiv="Content-Type" content="text/html; charset=utf-8">
05    <title> 设置表格边框的宽度 </title>
06    </head>
07    <body>
08    <table width="400px" height="100" border="0" align="center">
09    <tr>
10        <td>A1</td><td>A2</td><td>A3</td><td>A4</td>
```

```
11      </tr>
12      <tr>
13      <td>B1</td><td>B2</td><td>B3</td><td>B4</td>
14      </tr>
15      <tr>
16      <td>C1</td><td>C2</td><td>C3</td><td>C4</td>
17      </tr>
18    </table>
19    <hr>
20    <table width="400px" height="100" border="4" align="center">
21      <tr>
22      <td>A1</td><td>A2</td><td>A3</td><td>A4</td>
23      </tr>
24      <tr>
25      <td>B1</td><td>B2</td><td>B3</td><td>B4</td>
26      </tr>
27      <tr>
28      <td>C1</td><td>C2</td><td>C3</td><td>C4</td>
29      </tr>
30    </table>
31    </body>
32    </html>
```

【运行结果】

在浏览器中打开该网页，显示效果如下图所示。

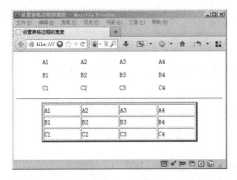

8.3 设置表格及表格单元格的对齐方式

 本节视频教学录像：9 分钟

学会了怎样创建表格后，我们还要知道怎样控制表格在网页中的显示位置，以及怎样才能控制表格中每一个单元格内文本的对齐方式，这些都是通过 <table> 标签的 align 属性以及 <tr> 或者 <td> 标签的 align 和 valign 属性实现的。

8.3.1 控制表格在网页中的对齐方式

默认情况下，表格在网页的左侧对齐，但许多人喜欢将对齐方式改为居中对齐。使用 table 元素的 align 属性，也可以轻松完成任务。

align 属性的可取值包括 left、center 和 right，分别表示左侧对齐、居中对齐和靠右对齐。

例如，范例文件 8-3-1-1 定义了 2 个表格，分别通过设置 <table> 标签的 align 属性为 left 和 right 来控制表格在网页中左对齐和右对齐。

【范例 8.4】 控制表格在网页中的对齐方式（范例文件: ch08\8-3-1-1.html）

```
01  <!DOCTYPE HTML PUBLIC "-//W3C//DTD HTML 4.01 Transitional//EN"
"http://www.w3.org/TR/ html4/loose.dtd">
02  <html>
03  <head>
04  <meta http-equiv="Content-Type" content="text/html; charset=utf-8">
05  <title> 控制表格在网页中的对齐 </title>
06  </head>
07  <body>
08    <table width="200" border="1" align="left">
09    <tr>
10      <td>A1</td><td>A2</td><td>A3</td>
11    </tr>
12    <tr>
13      <td>B1</td><td>B2</td><td>B3</td>
14    </tr>
15    <tr>
16      <td>C1</td><td>C2</td><td>C3</td>
17    </tr>
18  </table>
19  <table width="200" border="1" align="right">
20    <tr>
21      <td>A1</td><td>A2</td><td>A3</td>
22    </tr>
23    <tr>
24      <td>B1</td><td>B2</td><td>B3</td>
25    </tr>
26    <tr>
27      <td>C1</td><td>C2</td><td>C3</td>
28    </tr>
29  </table>
30  </body>
31  </html>
```

【运行结果】

在浏览器中打开网页，显示效果如下图所示。

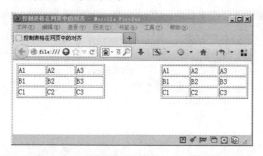

8.3.2 控制表格单元格的水平对齐

有时我们希望单元格中的文本居中对齐或者右对齐，因为单元格中的文本默认是左对齐的，我们可以通过为每一个 <td> 或者 <th> 标签设置 align 属性来实现这种效果。与 <table> 标签的 align 属性类似，<td> 标签的 align 属性也有 3 种值，即 left、center 和 right，分别控制单元格中的文本左对齐、居中对齐和右对齐。

例如，范例文件 8-3-2-1 定义了一个 3 行 3 列的表格，同时设置第一列单元格的 align 属性分别为 right、center 和 left，从而控制了相应单元格中文本的右对齐、居中对齐和左对齐显示。

【范例 8.5】 控制表格单元格的水平对齐（范例文件：ch08\8-3-2-1.html）

```
01  <!DOCTYPE HTML PUBLIC "-//W3C//DTD HTML 4.01 Transitional//EN"
"http://www.w3.org/TR/ html4/loose.dtd">
02  <html>
03  <head>
04  <meta http-equiv="Content-Type" content="text/html; charset=utf-8">
05  <title> 控制表格单元格的水平对齐 </title>
06  </head>
07  <body>
08  <table width="400" border="1" align="center">
09   <tr>
10    <td align="right"> 该文本右对齐 </td><td>A2</td><td>A3</td>
11   </tr>
12   <tr>
13    <td align="center"> 该文本居中对齐 </td><td>B2</td><td>B3</td>
14   </tr>
15   <tr>
16    <td align="left"> 该文本左对齐 </td><td>C2</td><td>C3</td>
17   </tr>
18  </table>
19  </body>
20  </html>
```

【运行结果】

在浏览器中打开该网页，显示效果如下图所示。

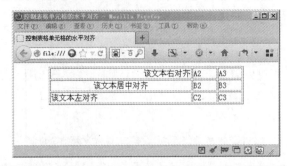

另外，当同一行中的所有文本都需要用同一种对齐方式显示时，我们只需要为该行的 <tr> 标签设置 align 属性即可，不需要设置同一行中的所有 <td> 标签的 align 属性。

例如，范例文件 8-3-2-2 定义了一个 3 行 3 列的表格，同时设置第一行 <tr> 标签的 align 属性值为 right，那么该行所有单元格中的文本都将以右对齐方式显示。

【范例 8.6】 控制表格单元格的右对齐（范例文件：ch08\8-3-2-2.html）

```
01  <!DOCTYPE HTML PUBLIC "-//W3C//DTD HTML 4.01 Transitional//EN"
"http://www.w3.org/TR/ html4/loose.dtd">
02  <html>
03  <head>
04  <meta http-equiv="Content-Type" content="text/html; charset=utf-8">
05  <title> 控制表格单元格的水平对齐 2</title>
06  </head>
07  <body>
08  <table width="400" border="1" align="left">
09    <tr align="right">
10      <td>A1</td><td>A2</td><td>A3</td>
11    </tr>
12    <tr>
13      <td>B1</td><td>B2</td><td>B3</td>
14    </tr>
15    <tr>
16      <td>C1</td><td>C2</td><td>C3</td>
17    </tr>
18  </table>
19  </body>
20  </html>
```

【运行结果】

在浏览器中打开该网页，显示效果如下图所示。

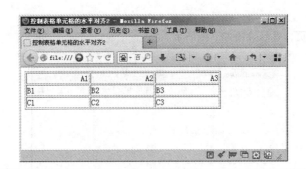

8.3.3 控制表格单元格的上下对齐

除了可以在水平方向控制表格中文本的对齐方式，我们还可以在垂直方向控制表格文本的对齐方式，这是通过 <td> 或者 <tr> 标签的 valign 属性来实现的。valign 属性可以设置为 "top"、"middle"，或者 "bottom"，分别表示竖直靠上、竖直居中和竖直靠下对齐，默认是竖直居中对齐。

例如，范例文件 8-3-3-1 定义了一个 3 行 3 列的表格，其中第一行的所有 <td> 标签的 valign 属性分别设置为 top、middle 和 bottom。

【范例 8.7】 控制表格单元格的上下对齐（范例文件: ch08\8-3-3-1.html）

```
01  !DOCTYPE HTML PUBLIC "-//W3C//DTD HTML 4.01 Transitional//EN"
"http://www.w3.org/TR/ html4/loose.dtd">
02  <html>
03  <head>
04  <meta http-equiv="Content-Type" content="text/html; charset=utf-8">
05  <title> 控制表格单元格的上下对齐 </title>
06  </head>
07  <body>
08  <table width="400px" height="200px" border="1" align="left">
09    <tr>
10      <td valign="top">A1</td><td valign="middle">A2</td><td
valign="bottom">A3</td>
11    </tr>
12    <tr>
13      <td>B1</td><td>B2</td><td>B3</td>
14    </tr>
15    <tr>
16      <td>C1</td><td>C2</td><td>C3</td>
17    </tr>
18  </table>
19  </body>
20  </html>
```

【运行结果】

在浏览器中打开网页，显示效果如下图所示。

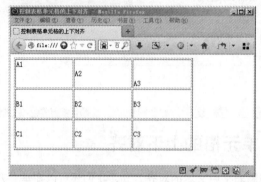

另外，当为同一行中所有的单元格文本指定相同的对齐方式时，并不需要为该行中的所有 <td> 标签分别指定 valign 属性，而只是为该行的 <tr> 标签设置 valign 属性即可，这样可以节约很多时间。

例如，范例文件 8-3-3-2 为第一行的 <tr> 标签设置 valign 属性为 top，以此控制第一行的所有文本在竖直方向上顶部对齐。

【范例 8.8】 控制表格单元格的顶部对齐（范例文件：ch08\8-3-3-2.html）

```
01    <!DOCTYPE HTML PUBLIC "-//W3C//DTD HTML 4.01 Transitional//EN"
"http://www.w3.org/TR/ html4/loose.dtd">
02    <html>
03    <head>
04    <meta http-equiv="Content-Type" content="text/html; charset=utf-8">
05    <title> 控制表格单元格的上下对齐 </title>
06    </head>
07    <body>
08    <table width="400px" height="200px" border="1" align="left">
09      <tr valign="top">
10        <td>A1</td><td>A2</td><td>A3</td>
11      </tr>
12      <tr>
13        <td>B1</td><td>B2</td><td>B3</td>
14      </tr>
15      <tr>
16        <td>C1</td><td>C2</td><td>C3</td>
17      </tr>
18    </table>
19    </body>
20    </html>
```

【运行结果】

在浏览器中打开该网页，显示效果如下图所示。

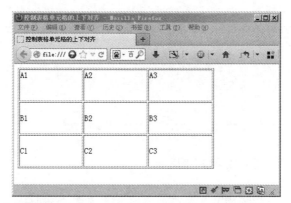

8.4　合并单元格

　本节视频教学录像：4 分钟

并非所有的表格都是规规矩矩的只有几行几列，有时候还会希望能够"合并单元格"，以符合某种内容上的需要。在 HTML 中合并单元格的方向有两种，一种是上下合并，一种是左右合并，这两种合并方式各有不同的属性设定方法。

8.4.1　用 colspan 属性左右合并单元格

首先介绍如何进行左右单元格合并，所谓左右单元格合并即把原来相邻的两个或者多个单元格合并成一个单元格。这是通过为 <td> 标签设置 colspan 属性实现的，其中，colspan 属性的值为要合并单元格的数量。

例如，范例文件 8-4-1-1 定义了一个 3 行 4 列的表格，并在第一组 <tr> 标签内的第二组 <td> 标签上设置 colspan 属性值为 2，达到合并 2 个单元格的目的。

【范例 8.9】 用 colspan 属性左右合并单元格（范例文件: ch08\8-4-1-1.html）

```
01  <!DOCTYPE HTML PUBLIC "-//W3C//DTD HTML 4.01 Transitional//EN"
    "http://www.w3.org/TR/ html4/loose.dtd">
02  <html>
03  <head>
04  <meta http-equiv="Content-Type" content="text/html; charset=utf-8">
05  <title> 用 colspan 属性左右合并单元格 </title>
06  </head>
07  <body>
08  <table width="400px" border="1" align="center">
09    <tr valign="top">
10      <td>A1</td><td colspan="2">A2A2</td><td>A4</td>
11    </tr>
12    <tr>
13      <td>B1</td><td>B2</td><td>B3</td><td>B4</td>
14    </tr>
```

```
15    <tr>
16      <td>C1</td><td>C2</td><td>C3</td><td>C4</td>
17    </tr>
18  </table>
19  </body>
20  </html>
```

【运行结果】

在浏览器中打开该网页，显示效果如下图所示。

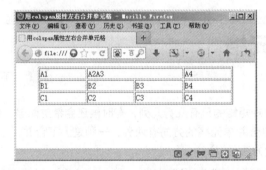

观察上图，可以看到在 <td> 标签中将 colspan 属性设置为"2"，这个单元格就会横跨两列。这样它后面的 A4 单元格仍然在原来的位置。

8.4.2 用 rowspan 属性上下合并单元格

除了左右相邻的单元格可以合并外，上下相邻的单元格也可以合并，这是通过为某一列的 <td> 标签指定 rowspan 属性及值来实现的。与 colspan 类似，rowspan 属性的值为要上下合并单元格的数量。

例如，范例文件 8-4-2-1 定义了一个 4 行 3 列的表格，其中，第一列的第一组 <td></td> 标签指定 rowspan 属性，并设置其值为 2。

【范例 8.10】用 rowspan 属性上下合并单元格（范例文件：ch08\8-4-2-1.html）

```
01  <!DOCTYPE HTML PUBLIC "-//W3C//DTD HTML 4.01 Transitional//EN"
"http://www.w3.org/TR/ html4/loose.dtd">
02  <html>
03  <head>
04  <meta http-equiv="Content-Type" content="text/html; charset=utf-8">
05  <title> 用 rowspan 属性上下合并单元格 </title>
06  </head>
07  <body>
08  <table width="400px" border="1" align="center">
09    <tr valign="top">
10      <td rowspan="2">A1<br>B1</td><td>A2</td><td>A3</td>
11    </tr>
12    <tr>
```

```
13      <td>B2</td><td>B3</td>
14      </tr>
15      <tr>
16      <td>C1</td><td>C2</td><td>C3</td>
17      </tr>
18    </table
19    </body>
20    </html>
```

【运行结果】

在浏览器中打开该网页，显示效果如下图所示。

观察上图可以看到，A1和B1的单元格已经合并成一个单元格，合并后的单元格跨越了两行来显示。

说 明

同 colspan 一样，使用 rowspan 合并单元格后，该列相应的单元格标签（<td></td>）就会减少，例如这里原来 B1 单元格的 <td> 和 </td> 标记就要被去掉。即合并 2 个单元格需要去掉 1 个 <td></td>，合并 n 个单元格就需要去掉 n-1 个 <td></td>。

▌8.5 用 cellpadding 属性和 cellspacing 属性设定距离

 本节视频教学录像：3 分钟

首先需要说明的是，这里所说的距离指的是相邻单元格边线之间的距离 (cellspacing)，以及单元格边线与内容之间的距离 (cellpadding)。通过在 <table> 标签中指定 cellspacing 和 cellpadding 属性，可以分别控制相邻单元格之间的距离及每一个单元格内文本等内容距离该单元格边线的距离。

要为 cellpadding 和 cellspacing 设置正确的值，我们需要明白什么是内容到单元格边线的距离和单元格间距。

(1) 所谓内容到单元格边线距离，是指单元格内容周围与单元格四边的间隔量，我们可以认为这是单元格和其他内容的缓冲间隔。

(2) 所谓单元格间距，是指表格中单元格间的间隔量，单元格间距好比两间屋子间墙壁的厚度。

例如，范例文件 8-5-1 定义了表格内容到单元格边线的间距为 6。

【范例 8.11】 定义表格内容与单元格边线的间距（范例文件: ch08\8-5-1.html）

```
01    <!DOCTYPE HTML PUBLIC "-//W3C//DTD HTML 4.01 Transitional//EN"
"http://www.w3.org/TR/ html4/loose.dtd">
```

```
02  <html>
03  <head>
04  <meta http-equiv="Content-Type" content="text/html; charset=utf-8">
05  <title> 设置内容到单元格边线间距 </title>
06  </head>
07  <body>
08  <table border="2" width="200px" height="200px" cellpadding="6"
align="center">
09   <tr>
10    <td>A1</td><td>A2</td><td>A3</td><td>A4</td>
11   </tr>
12   <tr>
13    <td>B1</td><td>B2</td><td>B3</td><td>B4</td>
14   </tr>
15   <tr>
16    <td>C1</td><td>C2</td><td>C3</td><td>C4</td>
17   </tr>
18   <tr>
19    <td>D1</td><td>D2</td><td>D3</td><td>D4</td>
20   </tr>
21  </table>
22  </body>
23  </html>
```

【运行结果】

在浏览器中打开该网页，显示效果如下图所示。

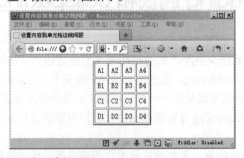

例如，范例文件 8-5-2 设置单元格间距为 6。

【范例 8.12】 设置单元格间距为 6（范例文件：ch08\8-5-2.html）

```
01  <!DOCTYPE HTML PUBLIC "-//W3C//DTD HTML 4.01 Transitional//EN"
"http://www.w3.org/TR/ html4/loose.dtd">
02  <html>
03  <head>
04  <meta http-equiv="Content-Type" content="text/html; charset=utf-8">
```

```
05    <title> 设置单元格间距 </title>
06    </head>
07    <body>
08    <table border="2" width="200px" height="200px" cellspacing="6"
align="center">
09      <tr>
10        <td>A1</td><td>A2</td><td>A3</td><td>A4</td>
11      </tr>
12      <tr>
13        <td>B1</td><td>B2</td><td>B3</td><td>B4</td>
14      </tr>
15      <tr>
16        <td>C1</td><td>C2</td><td>C3</td><td>C4</td>
17      </tr>
18      <tr>
19        <td>D1</td><td>D2</td><td>D3</td><td>D4</td>
20      </tr>
21    </table>
22    </body>
23    </html>
```

【运行结果】

在浏览器中打开该网页，显示效果如下图所示。

说　明

如果表格定义了固定宽度，可能设置的文本和单元格之间的距离以及单元格之间的距离之和会突破这个宽度，这时，表格会突破固定宽度的设定而自动延伸。

▌8.6 为表格添加视觉效果

　本节视频教学录像：4 分钟

到目前为止，在本章中我们所看到的所有表格的颜色都是浏览器的默认颜色，这些表格千篇一律，缺乏活力。本节将分别向读者介绍怎样设置表格或者表格单元格的背景颜色，以及怎样设置表格或者单元格的背景图像，这样我们设计出来的表格就更加活泼可爱了。

8.6.1 设置表格和单元格的背景颜色

设置表格的背景颜色是通过有关表格标签的 bgcolor 属性来完成的，如果指定为 <table> 标签，则对表格整体 <table> 应用背景颜色；如果指定为 <tr> 标签，则对所有指定的一行应用背景颜色；如果指定为 <th> 或者 <td> 标签，则对该单元格应用背景颜色。

例如，范例文件 8-6-1-1 定义了一个 3 行 4 列的表格，其中，每行的 <tr> 标签分别设置 bgcolor 值为 red（红）、green（绿）、blue（蓝）。

【范例 8.13】 设置表格和单元格的背景颜色（范例文件: ch08\8-6-1-1.html）

```
01  <!DOCTYPE HTML PUBLIC "-//W3C//DTD HTML 4.01 Transitional//EN"
"http://www.w3.org/TR/ html4/loose.dtd">
02  <html>
03  <head>
04  <meta http-equiv="Content-Type" content="text/html; charset=utf-8">
05  <title> 设置表格和单元格的背景颜色 </title>
06  </head>
07  <body>
08  <table border="1" width="200px" height="200px" cellpadding="6"
align="center">
09    <tr bgcolor="red">
10      <td>A1</td><td>A2</td><td>A3</td><td>A4</td>
11    </tr>
12    <tr bgcolor="green">
13      <td>B1</td><td>B2</td><td>B3</td><td>B4</td>
14    </tr>
15    <tr bgcolor="blue">
16      <td>C1</td><td>C2</td><td>C3</td><td>C4</td>
17    </tr>
18  </table>
19  </body>
20  </html>
```

【运行结果】

在浏览器中打开该网页，显示效果如下图所示。

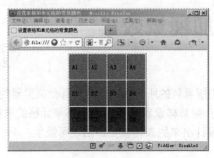

观察上图，可以看到表格中的 3 行分别以不同的颜色显示，当然我们可以只为 <table> 标签设置 bgcolor 属性值，甚至为每一个 <td> 或者 <th> 标签设置 bgcolor 属性值。读者可以自己尝试编写代码，并在浏览器中查看显示效果。

说 明   bgcolor 的属性值可以为颜色字符（例如：red、green、blue 等），也可以是十六进制的颜色值（例如：#FF0000=red，#008000=green，#0000FF=blue 等）。bgcolor 属性是不推荐使用的，如果想要指定背景颜色，建议使用样式定义，例如：<tr bgcolor="red"> 要换成 <tr style="background-color:red;">。

8.6.2 设置表格和单元格的背景图像

除了可以使用 bgcolor 属性为表格指定背景颜色外，我们还可以使用 background 属性为表格指定背景图像。如果指定为 <table> 标签，则对表格整体 <table> 应用背景图像；如果指定为 <tr> 标签，则对所有指定的一行应用背景图像；如果指定为 <th> 或者 <td> 标签，则对该单元格应用背景图像。

例如，范例文件 8-6-2-1 定义了一个 3 行 4 列的表格，并为 <table> 标签设置了 background="panda.jpg"，从而将表格的背景图像设置为一张熊猫图片。

【范例 8.14】 设置表格和单元格的背景图像（范例文件: ch08\8-6-2-1.html）

```
01  <!DOCTYPE HTML PUBLIC "-//W3C//DTD HTML 4.01 Transitional//EN"
"http://www.w3.org/TR/ html4/loose.dtd">
02  <html>
03  <head>
04  <meta http-equiv="Content-Type" content="text/html; charset=utf-8">
05  <title> 设置表格和单元格的背景图像 </title>
06  </head>
07  <body>
08  <table background="panda.jpg" border="1" width="200px"
height="200px" align="center">
09    <tr>
10     <td>A1</td><td>A2</td><td>A3</td><td>A4</td>
11    </tr>
12    <tr>
13     <td>B1</td><td>B2</td><td>B3</td><td>B4</td>
14    </tr>
15    <tr>
16     <td>C1</td><td>C2</td><td>C3</td><td>C4</td>
17    </tr>
18  </table>
19  </body>
20  </html>
```

【运行结果】

在浏览器中打开该网页，显示效果如下图所示。

观看上图可以发现，表格中出现了背景图像。正如前面所介绍的，也可以为每一行或者每一个单元格设置个性的背景图像。

说　明　background 属性只能被一部分浏览器兼容，设置了该属性后，并不是在所有的浏览器中都能正确地显示背景图像，有时甚至不显示图像。所以，指定背景图像的时候，尽可能使用样式表。

▍8.7 表格的按行分组显示

 本节视频教学录像：3 分钟

前面所有的表格都仅用了 3 个最基本的标记 <table>，<tr> 和 <td>，使用它们可以构建出最简单的表格。在实际生活中遇到的表格经常还会有表头、脚注等部分，在 HTML 中也有相应的设置。

当然，这些内容更多地侧重在结构含义，而不是表现形式上。因为即使仅使用上面这 3 个基本标记，只要配合适当的形式，也同样可以制作出任何形式的表格。

从表格结构的角度来说，可以把表格的行分组，称为"行组"。不同的行组具有不同的意义。行组分为 3 类——"表头"，"主体"和"脚注"。三者相应的 HTML 标记依次为 <thead>，<tbody> 和 <tfoot>。

此外，在一行中，除了 <td> 标记表示一个单元格以外，还可以使用 <th> 表示该单元格这一行的"行头"。

【范例 8.15】 表格的按行分组显示（范例文件: ch08\8-7-1.html）

```
01  <!DOCTYPE HTML PUBLIC "-//W3C//DTD HTML 4.01 Transitional//EN"
"http://www.w3.org/TR/ html4/loose.dtd">
02  <html>
03  <head>
04  <meta http-equiv="Content-Type" content="text/html; charset=utf-8">
05  <title> 表格的按行分组显示 </title>
06  </head>
07  <body>
```

```
08  <table border="1" width="400px" align="center">
09  <thead>
10    <tr>
11      <th> 第一季度 </th><th> 第二季度 </th><th> 第三季度 </th><th> 第四季度
</th>
12    </tr>
13  </thead>
14  <tfoot>
15    <tr>
16      <th> 第一季度 </th><th> 第二季度 </th><th> 第三季度 </th><th> 第四季度
</th>
17    </tr>
18  </tfoot>
19  <tbody>
20    <tr>
21    <td>32.2</td><td>33.4</td><td>33.3</td><td>35</td>
22    </tr>
23  </tbody>
24  </table>
25  </body>
26  </html>
```

【运行结果】

在浏览器中打开该网页，显示效果如下图所示。

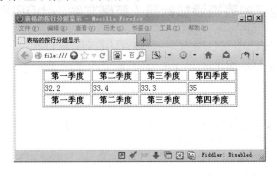

在呈现时，每个 thead、tfoot 和 tbody 元素必须包含一个或多个行。并且，thead、tfoot 和 tbody 元素必须包括相同数量的列。同时也可以看到，使用 <th> 标记定义单元格，其内容会以粗体并且居中显示。

设置 <thead>、<tbody> 和 <tfoot> 这样的行组有什么作用呢？前面已经多次提到过，HTML 的用途是定义网页的结构，因此，使用严格的标记可以更准确地表达网页内容，搜索引擎或者其他系统可以更好地理解网页内容。此外，把一个表格的各个部分区分开，虽然在浏览器默认的情况下并没有特殊的格式出现，但是使用 CSS 可以方便地按照结构进行表格样式设定。

例如，可以在范例文件 8-7-1 所在的文档中加入如下 CSS 样式表规则。

```
01  <style type="text/css">
02  thead{
03  background-color:red;
04  color:white;
05  }
06  tfoot{
07  background-color:green;
08  }
09  </style>
```

【运行结果】

在浏览器中查看该网页，显示效果如下图所示。

可以看到，这些行组的标记 CSS 设置带来了很大的便利。如果不设置行组，就需要额外设置类别或者 ID 选择符来选中特殊设置的行或单元。

另外需要说明的是，还可以使用 <caption></caption> 为表格添加标题。例如，范例文件 8-7-2 为定义的表格添加了一个标题。

【范例 8.16】 为定义的表格添加标题（范例文件：ch08\8-7-2.html）

```
01  <!DOCTYPE HTML PUBLIC "-//W3C//DTD HTML 4.01 Transitional//EN"
    "http://www.w3.org/TR/ html4/loose.dtd">
02  <html>
03  <head>
04  <meta http-equiv="Content-Type" content="text/html; charset=utf-8">
05  <title> 为表格添加标题 </title>
06  <style type="text/css">thead{
07     background-color:red;
08     color:white;
09  }
10  tfoot{
11     background-color:green;
12  }
13  </style>
14  </head>
15  <body>
```

```
16  <table border="1" width="400px" align="center">
17  <caption> 季度收入（万元）</caption>
18  <thead>
19    <tr>
20      <th> 第一季度 </th><th> 第二季度 </th><th> 第三季度 </th><th> 第四季度
</th>
21    </tr>
22  </thead>
23  <tfoot>
24    <tr>
25      <th> 第一季度 </th><th> 第二季度 </th><th> 第三季度 </th><th> 第四季度
</th>
26    </tr>
27  </tfoot>
28  <tbody>
29    <tr>
30     <td>32.2</td><td>33.4</td><td>33.3</td><td>35</td>
31    </tr>
32  </tbody>
33  </table>
34  </body>
35  </html>
```

【运行结果】

在浏览器中查看网页，显示效果如下图所示。

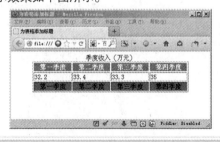

高手私房菜

>>

技巧 1：禁止单元格内的文本自动换行

通常，单元格的显示大小会随着窗口的大小自动调整，如果单元格的文本内容过长，就会在中间换行。使用 nowrap 属性可以禁止换行。

例如：<td nowrap> 文本内容文本内容文本内容 </td>。

技巧 2：colspan 和 rowspan 属性的配合使用

可以同时使用 colspan 和 rowspan 属性合并左右和上下若干个单元格。例如，如下代码定义了一个 4 行 4 列的表格，其中，在第一个单元格标签 <td> 同时设置 colspan=2 和 rowspan=2。

```
01  <!DOCTYPE HTML PUBLIC "-//W3C//DTD HTML 4.01 Transitional//
EN" "http://www.w3.org/TR/ html4/loose.dtd">
02  <html>
03  <head>
04  <meta http-equiv="Content-Type" content="text/html;
charset=utf-8">
05  <title>用 colspan 和 rowspan 属性上下左右合并单元格 </title>
06  </head>
07  <body>
08  <table width="400px" border="1" align="center">
09   <tr valign="top">
10    <td colspan="2" rowspan="2">A1A2<br>B1B2</td><td>A3</
td><td>A4</td>
11   </tr>
12   <tr>
13    <td>B3</td><td>B4</td>
14   </tr>
15   <tr>
16    <td>C1</td><td>C2</td><td>C3</td><td>C4</td>
17   </tr>
18   <tr>
19    <td>D1</td><td>D2</td><td>D3</td><td>D4</td>
20   </tr>
21  </table>
22  </body>
23  </html>
```

在浏览器中打开该网页，显示效果如下图所示。

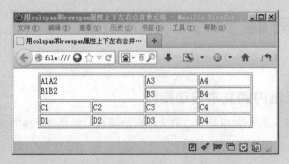

第9章

本章教学录像：28 分钟

网页表单设计

　　Web 表单使网站站长能够从访问 Web 页面的用户那里接收用户的反馈、商品订单或其他信息。读者如果使用过诸如百度、谷歌之类的搜索引擎，就会熟悉 HTML 表单——那些带有单个输入框和一个按钮的表单。当按下该按钮时，表单数据将被提交到服务器，经服务器处理后，服务器将提供给用户需要的所有信息以及其他一些信息。本章介绍如何创建表单。

本章要点（已掌握的在方框中打勾）

☐ HTML 表单

☐ 使用 <input> 标签创建表单控件

☐ 使用 <textarea> 标签创建多行文本框

☐ 使用 <select> 和 <option> 标签创建选择列表

☐ 表单的提交方法

9.1 HTML 表单

 本节视频教学录像：6 分钟

平常所说的表单通常是指 HTML 表单，一个 HTML 表单是 HTML 文档的一部分。HTML 文档内可以包含正常的内容，如标题、文字、列表、表格等，也可以包含一些特殊的元素，这些元素被称为控件或者这些控件的标签（比如 <input> 标签）。这些控件常常表现为：显示文本框或者密码框、单选按钮或者复选按钮、隐藏文本框、文件夹选择框、重置按钮或者提交按钮、多行文本框、选择列表等。

用户可以改变控件的状态（如键入文本，选择菜单选项等）来完成一个表单，然后单击提交按钮将表单提交给服务器处理。例如，下图是某个网站的注册页面截图，让我们先感性地认识一下含有表单的网页。

9.1.1 HTML 表单的工作原理

HTML 表单是 Web 页面的一部分，包括一些输入选择区域，收集用户的信息，同时包括一个提交按钮。当用户单击提交按钮时，收集到的用户信息便会发送到服务器。服务器端脚本负责处理用户提交的表单数据。

9.1.2 创建表单

每个表单都必须以 <form> 标签开始，该标签可放在 HTML 文档主体的任何位置。<form> 标签通常有两个属性，即 method 和 action，如下所示。

```
<form name="form1" action="somepage.php" method="get" >
```

下面对上述 <form> 标签中常常使用的几个属性进行介绍，读者现在只需要了解以下这 3 个属性即可。

1. name 属性

name 属性用于设定表单的名称，但正如前面提到的，W3C 建议使用 id 属性，但由于目前服务端应用程序对 id 属性的支持有所欠缺，因此 name 属性目前仍是最佳的选择。

2. action 属性

action 属性指定要将表单数据发送到的地址，其属性值有两种选择。

第一种选择是，输入 Web 服务器中表单处理程序或脚本的地址，这样表单数据将发送给该程序。

例如：http://localhost/somepage.php

第二种选择是，输入 mailto 和电子邮件地址，这样表单数据将直接发送给开发者。然而，这种方法完全依赖于用户计算机是否正确配置了电子邮件客户端程序。通过公共计算机访问网站而没有电子邮件客户端程序的用户将无法将表单数据提交给开发者。

例如：mailto:xxx@126.com

3. method 属性

该属性可以设置的值有 get 和 post 两种情况。当 method="get" 时，将输入数据加在 action 指定的地址后面传送到服务器；当 method="post" 时，则将输入数据按照 HTTP 传输协议中的 POST 传输方式传入到服务器，用电子邮件接收用户信息时采用这种方式。

> 说明　<form> 标签的属性很多，比如还有用来指定输入数据结果显示窗口的 target 属性、用来设定表单类型的 enctype 属性等。但是，读者现在只需要了解本节介绍的几个属性即可，随着以后学习和工作的深入能够很容易地从相关资料上查到更多属性。

介绍了关于表单的概要信息后，在详细学习 HTML 表单之前，先来学习一个比较简单的表单 HTML 源代码。

【范例 9.1】 创建表单（范例文件：ch09\9-1-2-1.html）

```
01  <!DOCTYPE HTML PUBLIC "-//W3C//DTD HTML 4.01 Transitional//EN"
"http://www.w3.org/TR/ html4/loose.dtd">
02  <html>
03  <head>
04  <meta http-equiv="Content-Type" content="text/html; charset=utf-8">
05  <title> 创建表单 </title>
06  </head>
07  <body>
08  <table border="1" width="500" align="center">
09  <form name="form1" method="post" action="register.php">
10  <caption> 学生基本信息 </caption>
11   <tr>
12    <th> 姓名: </th>
13    <td><input type="text" value="" name="username"/></td>
14  </tr>
15    <tr>
16    <th> 性别: </th>
17    <td>
18  <input type="radio" name="sex" checked/> 男
```

```
19    <input type="radio" name="sex"/> 女
20    <input type="radio" name="sex"/> 保密
21    </td>
22    </tr>
23    <tr>
24    <th> 学历：</th>
25    <td>
26    <select name="gn">
27    <option>-- 请选择 --</option>
28  option> 小学 </option>
29    <option> 初中 </option>
30    <option> 高中 </option>
31    <option> 大学 </option>
32    </select>
33    </td>
34  </tr>
35    <tr>
36    <th> 选修课程 :</th>
37    <td>
38    <input type="checkbox" value="html" checked/>HTML
39    <input type="checkbox" value="css" />CSS
40    <input type="checkbox" value="javascript"/>Javascript
41    <input type="checkbox" value="php" />PHP
42    </td>
43  </tr>
44      <tr>
45        <th> 自我评价 :</th>
46        <td>
47          <textarea rows="4" cols="40"></textarea>
48        </td>
49    </tr>
50    <tr>
51      <td colspan="2" align="center">
52        <input type="submit" name="sub" value=" 提交 "/>
53        <input type="reset" name="ret" value=" 重置 "/>
54      </td>
55    </tr>
56    </form>
57    </table>
58  </body>
59  </html>
```

【运行结果】

在浏览器中打开该网页，显示效果如下图所示。

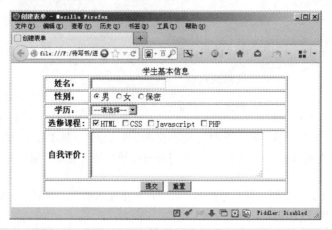

9.1.3　控件的概念

在使用表单前，首先需要知道什么是控件。用户与表单交互是通过控件进行的，控件通过 name 属性标识，该属性的作用范围是控件所在的 form 元素内。每个控件有一个初始值，也有一个当前值，值的类型都是字符串。一般情况下，控件的初始值都可以通过 value 属性设定，但是 textarea 元素定义的多行文本框控件的初始值由键入的内容本身决定。

需要注意的是，控件的当前值一开始就是初始值，此后当前值可以通过用户的操作或者使用脚本代码来修改。同时，控件的初始值不会改变，当重置表单时，每个控件的当前值被重新设置为初始值。如果控件没有初始值，重置表单后该控件是 undefined。

9.2　使用 <input> 标签创建表单控件

 本节视频教学录像：17 分钟

通过 <input> 标签的 type 属性可以定义不同的控件类型，不同的值对应不同的表单控件。需要注意的是，如果不指定 type 属性，则默认类型为 type="text"，即为文本框控件。下面的表格列出了本节要介绍的几种控件，读者可以预先概览一下。

type 属性值	说明
text	表示单行显示文本框
textarea	表示多行显示文本框
password	表示单行显示文本框，但是输入的数据用星号表示
checkbox	表示复选框
radio	表示单选按钮
submit	表示提交按钮，将把数据发送到服务器

type 属性值	说明
reset	表示重置按钮，将重置表单数据，以便于重新输入
file	表示插入文件，由一个单行文本框和一个【浏览】按钮组成
hidden	表示隐藏文本框
image	表示插入一个图像，作为图形按钮

另外，为了避免重复介绍表单的一些属性，需要在这里先介绍一下基本上能够通用的属性，如下所述。

name 属性为控件定义一个名称标识。这个名称将与控件的当前值形成"名称 / 值"对一同随表单提交。

value 属性用于设定初始值，它是可选的。如果用户不输入的话，就采用此默认值。这个属性非常重要，因为该属性的值将会被发送到服务器。

checked 属性针对的是复选框和单选按钮，它是一个逻辑值，这个逻辑值指定了单选按钮或复选框默认被选中的状态。checked 表示选择框中此项被选中；如果该属性的值为其他或者该属性不被使用时，表示选择框中此项没有被选中。该属性必须被其他的控件形式忽略。

size 属性告诉浏览器当前控件的初始宽度，这个宽度以像素为单位。另外，如果控件类型是"text"和"password"，这时的宽度是整数值，表示字符的数目。

maxlength 属性仅适用于控件类型为"text"和"password"的情况，这个属性指定可以键入字符的最大量。该数值可以超过 size 属性指定的值，这种情况下浏览器就会提供一个滚动条。该属性默认对数量没有限制。

src 属性针对控件类型是 image 的情况，用来设定图像文件的地址，该属性指定用来装饰提交按钮的图片的位置。

9.2.1 文本框和密码文本框

使用 <input> 标签既可以创建一个单行文本框，也可以创建一个隐藏用户输入文本的密码文本框。文本框接受任何类型的字符输入内容，文本可以单行或多行显示，也可以以密码框的方式显示。在这种情况下，输入文本将替换为星号（*）或项目符号（●），以避免旁观者看到这些文本。下面就分别来介绍这两种文本框。

1. 普通文本框

将 input 元素的 type 属性值设置为 text，将会创建一个普通文本框，然后就可以通过这个文本框键入文字了。另外，我们也可以使用 value 属性为文本框赋初值，那么当我们打开该网页时，value 属性的值就会出现在文本框中了，如范例文件 9-2-1-1 所示。

【范例 9.2】 创建普通文本框（范例文件：ch09\9-2-1-1.html）

```
01  <!DOCTYPE HTML PUBLIC "-//W3C//DTD HTML 4.01 Transitional//EN"
"http://www.w3.org/TR/ html4/loose.dtd">
02  <html>
03  <head>
```

```
04    <meta http-equiv="Content-Type" content="text/html; charset=utf-8">
05    <title> 创建普通文本框 </title>
06    </head>
07    <body>
08    <form name="form1" action="somepage.php" method="post">
09    <input name="name1" type="text" value=" 请输入文本内容 " />
10    </form>
11    </body>
12    </html>
```

【运行结果】

在浏览器中查看该网页，显示效果如下图所示。

2. 密码文本框

当我们把 input 元素的 type 属性值设置为 password 时，将会创建一个密码文本框，通过这个密码文本框可以键入文字，但是输入的文本将被替换成星号（*）或项目符号（●），如范例文件 9-2-1-2 所示。

【范例 9.3】 创建密码文本框（范例文件：ch09\9-2-1-2.html）

```
01    <!DOCTYPE HTML PUBLIC "-//W3C//DTD HTML 4.01 Transitional//EN"
      "http://www.w3.org/TR/ html4/loose.dtd">
02    <html>
03    <head>
04    <meta http-equiv="Content-Type" content="text/html; charset=utf-8">
05    <title> 创建密码文本框 </title>
06    </head>
07    <body>
08    <form name="form1" action="somepage.php" method="post">
09    <input name="name1" type="password" />
10    </form>
11    </body>
12    </html>
```

【运行结果】

在浏览器中查看该网页，显示效果如下图所示。

说　明　使用密码文本框发送到服务器的密码及其他信息并未进行加密处理，所传输的数据可能会以字母数字或者文本形式被截获并被读取。

9.2.2　单选按钮

单选按钮只允许用户从一组选项中选择一个选项，通常成组地使用，而且同一组中的所有按钮必须具有相同的名称，即具有相同的 name 属性值。通过将 <input> 标签的 type 属性值设置为 radio，就能创建单选按钮。

单选按钮代表互相排斥的选择。在某单选按钮组（name 属性值相同）中选择一个按钮，就会取消选择该组中的所有其他按钮。提交表单时只会把被选中的单选按钮值提交给服务器。

另外，单选按钮也使用 checked 属性为其赋初始值，默认情况下不定义该属性值。如果定义该属性，其属性值必须定义为 checked，这是唯一可用的属性值。

例如，范例文件 9-2-2-1 定义了一组单选按钮，其中，通过 checked 属性设置选项 1 为默认选项。

【范例 9.4】　创建单选按钮（范例文件：ch09\9-2-2-1.html）

```
01  <!DOCTYPE HTML PUBLIC "-//W3C//DTD HTML 4.01 Transitional//EN"
"http://www.w3.org/TR/ html4/loose.dtd">
02  <html>
03  <head>
04  <meta http-equiv="Content-Type" content="text/html; charset=utf-8">
05  <title> 创建单选按钮 </title>
06  </head>
07  <body>
08  <form name="form1" action="somepage.php" method="post">
09  <input type="radio" name="name1" value="r1" checked /> 选项一
10  <input type="radio" name="name1" value="r2" /> 选项二
11  <input type="radio" name="name1" value="r3" /> 选项三
12  </form>
13  </body>
14  </html>
```

【运行结果】

在浏览器中打开该网页，显示效果如下图所示。

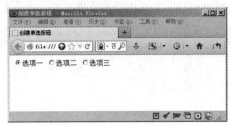

9.2.3 复选按钮

除了单选按钮，还有一种复选按钮，所谓复选按钮就是允许在一组选项中选择多个选项，用户可以选择任意多个选项。将 input 元素的 type 属性值设置为 checkbox，将会创建一个复选框，如下面的代码所示。

```
<input type="checkbox" name="name1" value="r1" />
```

一个复选框有一个"打开/关闭"开关。当开关打开时，复选按钮的值是 active；当开关关闭时，这个值则没有被激活。复选框的值只有在复选框被选中时提交。在同一个表单中的多个复选框可以使用同一个名称标识（name 属性相同），在提交时，每一个处于选中状态的复选框都会形成一个"名称/值"对。当有多个具有相同名称的复选框处于选中状态时，就会形成多个"名称/值"对，这些"名称/值"对都会被提交给服务器。

另外，可以使用 checked 属性设置某一个复选框为默认选中状态，如果定义该属性，必须为该属性定义值为 checked，这是唯一可用的值。例如，范例文件 9-2-3-1 定义了一组复选框，设置第一个复选框为默认选中状态。

【范例 9.5】 创建复选按钮（范例文件：ch09\9-2-3-1.html）

```
01  <!DOCTYPE HTML PUBLIC "-//W3C//DTD HTML 4.01 Transitional//EN"
"http://www.w3.org/TR/ html4/loose.dtd">
02  <html>
03  <head>
04  <meta http-equiv="Content-Type" content="text/html; charset=utf-8">
05  <title> 创建复选按钮 </title>
06  </head>
07  <body>
08  <form name="form1" action="somepage.php" method="post">
09  <input type="checkbox" name="name1" value="r1" checked /> 选项一
10  <input type="checkbox" name="name1" value="r2" /> 选项二
11  <input type="checkbox" name="name1" value="r3" /> 选项三
12  </form>
13  </body>
14  </html>
```

【运行结果】

打开该网页后，取消第一个默认选项，并选中后两个复选框，显示效果如下图所示。

9.2.4 隐藏控件

在所有控件类别中，有一种特殊类型的控件——隐藏控件。隐藏控件用来存储用户输入的信息，如姓名、电子邮件地址或偏好的浏览方式等，并可以在该用户下次访问此站点时使用这些数据。并且，这些数据对用户而言是隐藏的。将 input 元素的 type 属性值设置为 hidden，将会创建一个隐藏控件，如下面的代码所示。

```
<input type="hidden" name="hiddenData" value="data1"/>
```

说 明　隐藏控件在浏览器中是不可视的，但是，隐藏控件的"名称／值"仍与表单一起提交。这种类型的控件一般和客户端脚本代码一起使用，因为客户端脚本代码可以动态改变隐藏控件的值。

9.2.5 文件选择框

文件选择框使用户可以浏览到其计算机上的某个文件（如 Word 文档或图片文件），并将该文件作为表单数据上传。将 input 元素的 type 属性值设置为 file，将会创建一个文件选择框。

文件选择框的外观与其他文本框类似，只是文件框还包含一个【浏览】按钮。用户可以手动输入要上传的文件路径，也可以使用【浏览】按钮定位并选择该文件。例如，范例文件 9-2-5-1 创建了一个文件选择框。

【范例 9.6】 创建文件选择框（范例文件：ch09\9-2-5-1.html）

```
01  <!DOCTYPE HTML PUBLIC "-//W3C//DTD HTML 4.01 Transitional//EN"
"http://www.w3.org/TR/ html4/loose.dtd">
02  <html>
03  <head>
04  <meta http-equiv="Content-Type" content="text/html; charset=utf-8">
05  <title> 创建文件选择框 </title>
06  </head>
07  <body>
```

```
08  <form name="form1" action="somepage.php" method="post">
09  请选择上传文件：<input type="file" name="somefile" />
10  </form>
11  </body>
12  </html>
```

【运行结果】

在浏览器中打开该网页，显示效果如下图所示。

说　明　当创建文件选择框时，必须把 <form> 标签的 method 属性指定为"post"。另外还需要把 enctype 属性指定为 "multipart/form-data"，以告知服务器要传递一个文件，并带有常规的表单信息。

9.2.6　重置按钮

将 input 元素的 type 属性值设置为 reset，将会创建一个重置按钮。当重置按钮被用户单击时，表单中的所有控件被重新设为通过它们的 value 属性定义的初始值。例如，范例文件 9-2-6-1 定义了一个重置按钮。

【范例 9.7】 创建重置按钮（范例文件：ch09\9-2-6-1.html）

```
01  <!DOCTYPE HTML PUBLIC "-//W3C//DTD HTML 4.01 Transitional//EN"
"http://www.w3.org/TR/ html4/loose.dtd">
02  <html>
03  <head>
04  <meta http-equiv="Content-Type" content="text/html; charset=utf-8">
05  <title> 创建重置按钮 </title>
06  </head>
07  <body>
08  <form name="form1" action="somepage.php" method="post">
09  <input type="reset" name="myReset" />
10  </form>
11  </body>
12  </html>
```

【运行结果】

在浏览器中打开该网页，显示效果如下图所示。

9.2.7 提交按钮

将 input 元素的 type 属性值设置为 submit，将会创建一个提交按钮。当这个按钮被用户单击时，表单中所有控件的"名称 / 值"被提交，提交的目标是 form 元素的 action 属性所定义的 URL 地址。

例如，范例文件 9-2-7-1 创建了一个提交按钮。

【范例 9.8】 创建提交按钮（范例文件：ch09\9-2-7-1.html）

```
01    <!DOCTYPE HTML PUBLIC "-//W3C//DTD HTML 4.01 Transitional//EN"
"http://www.w3.org/TR/ html4/loose.dtd">
02    <html>
03    <head>
04    <meta http-equiv="Content-Type" content="text/html; charset=utf-8">
05    <title> 创建提交按钮 </title>
06    </head>
07    <body>
08    <form name="form1" action="somepage.php" method="post">
09    <input type="submit" name="mySubmit" />
10    </form>
11    </body>
12    </html>
```

【运行结果】

在浏览器中打开该网页，显示效果如下图所示。

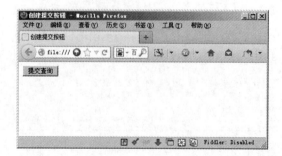

9.2.8　图形提交按钮

也可以使用图像作为按钮的表现形式，将 input 元素的 type 属性设置为 image，将会创建一个图像化的提交按钮。src 属性的值指定了将呈现为按钮的图像的 URL，可能某些用户无法看到这些图像，因此使用 alt 属性值来提供一个替换文字。

例如，范例文件 9-2-8-1 创建了一个图形提交按钮，设置 src="submit.jpg"，alt=" 点击提交 "。

【范例 9.9】　创建图形提交按钮（范例文件：ch09\9-2-8-1.html）

```
01  <!DOCTYPE HTML PUBLIC "-//W3C//DTD HTML 4.01 Transitional//EN"
"http://www.w3.org/TR/ html4/loose.dtd">
02  <html>
03  <head>
04  <meta http-equiv="Content-Type" content="text/html; charset=utf-8">
05  <title> 创建图形提交按钮 </title>
06  </head>
07  <body>
08  <form name="form1" action="somepage.php" method="post">
09  <input type="image" src="submit.jpg" alt=" 点击提交 " name="myImage" />
10  </form>
11  </body>
12  </html>
```

【运行结果】

在浏览器中打开该网页，显示效果如下图所示。

9.3　使用 <textarea> 标签创建多行文本框

 本节视频教学录像：2 分钟

我们不仅可以创建单行文本框，也可以使用 <textarea> 标签创建一个多行文本输入控件，也可以在该控件中定义初始文本，浏览器可以显示这些初始文本。由于该标签的属性比较多，我们先来了解使用 <textarea> 标签创建多行文本框的格式。

```
01  <textarea name="myTextarea" cols="n" rows="n" wrap="off|hard|soft">
02      文本内容
03  </textarea>
```

下面对该标签的特有属性 cols、rows 及 wrap 进行介绍。

rows 属性用来定义可视文本行的行数，属性值是一个正整数。该属性用来控制可视的文本行数，但是不限制实际输入的文本行数，用户可以在其中键入超过这个数量的行，这时该控件会出现垂直滚动条。

cols 属性用来定义可视字符的宽度，宽度以平均字符宽度计量，属性值是一个正整数。该属性用来控制可视的文本字符数，同样，该属性不限制实际输入字符的数量，用户可以在一行中键入超过这个数量的字符，这时该控件会出现水平滚动条。用户也可以使用自动换行来避免出现水平滚动条。

warp 属性用来定义是否自动换行。off 表示不自动换行，hard 表示自动硬回车换行，换行元素一同被传送到服务器中去，soft 表示自动软回车换行，换行元素不会传送到服务器中去。

例如，范例文件 9-3-1 创建了一个多行文本框，分别设置 cols="20" 及 rows="10"，并为其添加了提交和重置按钮。

【范例 9.10】 创建多行文本框（范例文件：ch09\9-3-1.html）

```
01  <!DOCTYPE HTML PUBLIC "-//W3C//DTD HTML 4.01 Transitional//EN"
    "http://www.w3.org/TR/ html4/loose.dtd">
02  <html>
03  <head>
04  <meta http-equiv="Content-Type" content="text/html; charset=utf-8">
05  <title> 创建多行文本框 </title>
06  </head>
07  <body>
08  <form name="form1" action="somepage.php" method="post">
09  <textarea name="myTextarea" cols="20" rows="10">
10      第一行文本内容
11          第二行文本内容
12          第三行文本内容
13      </textarea>
14      <input type="submit" value=" 提交 " />
15      <input type="reset" value=" 重置 " />
16  </form>
17  </body>
18  </html>
```

【运行结果】

在浏览器中打开该网页，显示效果如下图所示。

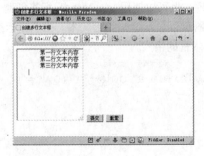

9.4 使用 \<select\> 和 \<option\> 标签创建选择列表

 本节视频教学录像：2 分钟

下拉列表和滚动列表都是由 \<select\> 标签和 \<option\> 标签共同创建的,这些列表统称为选择列表。虽然这两种标签必须同时使用,但是它们却有不同的作用,而且它们所具有的属性也各不相同。下面对这两种标签分别做介绍。

1. \<select\> 标签

\<select\> 标签用来创建列表框,它有 name、size 和 multiple 3 种属性。

(1) name 属性：该属性用来为该控件定义一个名称标识。

(2) size 属性：如果 select 元素呈现为列表框,这个属性被用来指定列表框中行的显示数量。如果可选项多于这个数量,就会出现垂直滚动条。如果没有定义这个属性,select 元素就被呈现为下拉列表菜单。

(3) multiple 属性：当设定该属性的时候,这个逻辑值允许同时选择多个项。而没有设定该属性时,select 元素只允许选择单个项。典型地,用户浏览器以列表框渲染多选元素,而以下拉框渲染单选元素。

> **说 明**
>
> \<select\> 标签能够创建一个可被客户选择的选项列表,每个 \<select\> 标签必须包含至少一个选项,一个选项通过一个 \<option\> 标签来指定。

2. \<option\> 标签

\<option\> 标签为选择列表创建一个选择项,它有 value 和 selected 两个属性值,分别定义选择项的初始值和表示该选择项被默认选中。

> **说 明**
>
> 如果为 \<option\> 标签设置 value 属性值,那么当该选项被选中时,提交给服务器的是 value 属性的值,而不是 \<option\>\</option\> 标签对内的值。如果没有定义 value 属性,则提交到服务器的是 \<option\>\</option\> 标签对内的内容。

例如,范例文件 9-4-1 创建了一个滚动列表,设置了 \<select\> 的 size 属性为 3,从而滚动列表能够同时显示 3 个选项。

【范例 9.11】 创建选择列表（范例文件：ch09\9-4-1.html）

```
01  <!DOCTYPE HTML PUBLIC "-//W3C//DTD HTML 4.01 Transitional//EN"
"http://www.w3.org/TR/ html4/loose.dtd">
02  <html>
03  <head>
04  <meta http-equiv="Content-Type" content="text/html; charset=utf-8">
05  <title> 创建选择列表 </title>
06  </head>
07  <body>
08  <form name="form1" action="somepage.php" method="post">
```

```
09   <select name="select1" size="3" multiple="multiple">
10      <option value="kehuan" selected> 科幻片 </option>
11         <option value="maoxian"> 冒险片 </option>
12         <option value="wuda"> 武打片 </option>
13         <option value="love"> 爱情片 </option>
14      </select>
15   </form>
16   </body>
17   </html>
```

【运行结果】

在浏览器中打开该网页，显示效果如下图所示。

 再次说明，在本例中，如果表单被提交，那么滚动列表中被选中项的 value 属性值会被
提交至服务器，而不提交 <option></option> 标签对内的文本。

说 明

9.5 表单的提交方法

 本节视频教学录像：1 分钟

form 元素的 method 属性用来定义表单提交所使用的方法，可选值包括 get 和 post，在数据传输
过程中分别对应了 HTTP 协议中的 GET 和 POST 方法。其默认传递方式为 get，二者主要区别如下。

首先，从理论上，GET 从服务器上请求数据，POST 用来向服务器传递数据。GET 将表单中的数
据按照 "名称 = 值" 的形式，添加到 action 所指向的 URL 后面，并且两者使用 "?" 连接，而各个变
量之间使用 "&" 连接，特殊的符号转换成十六进制的代码。

例如，下面的 URL 便是一个 GET 方法例子。

http://localhost/register.php?name=aaa&password=111111

POST 将表单中的数据放在 HTTP 协议头中，按照变量和值相应的方式，传递到 action 属性所指
向的 URL。

在很多情况下，GET 是不安全的，因为在传输过程，数据被放在请求的 URL 中。而如今现有的很
多服务器、代理服务器或者用户代理都会将请求 URL 记录到浏览器记录中，然后存放在某个地方，这
样就可能会有一些隐私的信息被其他人看到。

另外，使用 GET 提交方式时，用户也可以在浏览器上或者缓存内直接看到提交的数据，一些系统
内部消息将会一同显示在用户面前。而 POST 的所有操作对用户来说都是不可见的。

GET 的传输数据量小，这主要是因为受 URL 长度的限制（2048kb）；而 POST 可以传输大量的数据，所以在上传文件时使用 POST 方式。

GET 限制表单数据集的值必须为 ASCII 字符，而 POST 支持整个 ISO 10646 字符集。

 高手私房菜

>>

技巧 1：禁用表单控件

当为某个控件元素设置 disabled 属性时，就将该控件设置为禁止了。button 元素、input 元素、option 元素、select 元素和 textarea 元素都支持 disabled 属性，disabled 属性是一个逻辑属性，它禁止控件被用户输入。例如，下面的代码中第一个 input 元素被禁用，无法收到用户输入的值，并且不能与表单一起被提交。

```
01  <!DOCTYPE HTML PUBLIC "-//W3C//DTD HTML 4.01 Transitional//
EN" "http://www.w3.org/TR/ html4/loose.dtd">
02  <html>
03  <head>
04  <meta http-equiv="Content-Type" content="text/html;
charset=utf-8">
05  <title> 禁用表单控件 </title>
06  </head>
07  <body>
08  <form method="post" action="login.php">
09  姓名：<input type="text" value=" 某某人 " disabled />
10  <br><br>
11  姓名：<input type="text" value=" 某某人 " />
12  </form>
13  </body>
14  </html>
```

在浏览器中查看，显示效果如下图所示。

禁止元素如何被渲染取决于用户浏览器。例如，某些浏览器通过将某些条目"变灰"来禁止下拉框条目、按钮标签等。

技巧 2：设置表单控件为只读

当为某个控件元素设置 readonly 属性时，就将该控件设置为只读控件了。input 元素和 textarea 元素支持 readonly 属性。readonly 属性是一个逻辑属性，只读控件禁止用户对该控件做修改。当设定 readonly 属性时，它对一个控件元素有下列影响。

(1) 只读元素可以获得焦点但不能被用户修改。

(2) 只读元素可以使用【tab】键导航。

例如，下面的代码在第一个 <input> 标签设置 readonly 属性，那么在浏览器中显示时，第一个文本框可以获得焦点，但是其中的文本却不能被修改，但是第二个文本框中的默认文本内容却可以被修改。

```
01  <!DOCTYPE HTML PUBLIC "-//W3C//DTD HTML 4.01 Transitional//
EN" "http://www.w3.org/TR/ html4/loose.dtd">
02  <html>
03  <head>
04  <meta http-equiv="Content-Type" content="text/html;
charset=utf-8">
05  <title> 设置表单控件为只读 </title>
06  </head>
07  <body>
08  <form method="post" action="login.php">
09  姓名: <input type="text" value=" 某某人 " readonly />
10  <br><br>
11  姓名: <input type="text" value=" 某某人 " />
12  </form>
13  </body>
14  </html>
```

在浏览器中查看，显示效果如下图所示。

第 10 章

本章教学录像：30 分钟

网页框架设计

框架与表格类似，它们都能够将文本和图像排列成列或者行。但与表格单元格不同的是，框架可包含链接来修改其他框架（或者本身）的内容。例如一个框架显示目录，用户单击的链接不同，在另一个框架中显示的内容则会相应改变。

本章要点（已掌握的在方框中打勾）

☐ 什么是框架

☐ 使用 \<frameset\> 和 \<frame\> 标签创建框架

☐ 设置窗口框架的内容和外观

☐ 设置框架之间的链接

☐ 使用 \<iframe\>\</iframe\> 标签对创建嵌入式框架

10.1 什么是框架

本节视频教学录像：5 分钟

观察下图，读者可能会发现该网页与普通的网页没什么不同，但实际上这是两个不同的 HTML 页面，但显示在同一个网页浏览器窗口中。每个网页都显示在自己的框架中，两个框架上下相邻，由一条水平线分割。

框架是浏览器窗口中的一个矩形区域，每个框架显示一个网页，与其他网页的框架相邻。

如果单击上图中上面框架内的导航链接图标（如凡客诚品图标），使用框架的主要优点将显示出来。在这个例子中，上面框架中的网页内容保持不变，而下面的框架将加载并显示凡客诚品的主页，如下图所示。

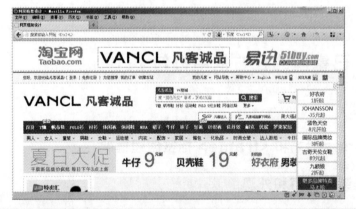

技 巧　关于本示例的源代码，读者可以参考附带光盘 ch10 中的 frameset.html 和 topframe.html。虽然框架很有用，但是不要滥用框架。框架太多且包含大量交叉链接的框架会使用户在操作时感到困惑。在设计网页时，如果有必要使用框架，最好只包含两三个框架。

10.2 使用 <frameset> 和 <frame> 标签创建框架

本节视频教学录像：10 分钟

在一个 HTML 文档中创建框架很简单，但是与前面介绍的不使用框架的 HTML 文档稍有不同，标准 HTML 文档的基本架构由 4 部分组成。

(1) 文档类型声明；

(2) html 元素；

(3) head 元素；

(4) body 元素。

而使用框架的 HTML 文档也由 4 部分组成。

(1) 文档类型声明；

(2) html 元素；

(3) head 元素；

(4) frameset 元素。

可以看到，使用框架的 HTML 文档使用 frameset 元素替换了 body 元素，两个文档声明也不相同，这一点将在后面的小节说明。

frameset 元素定义了浏览器中主窗口的视图布局，另外也可以包含一个 noframe 元素，用于浏览器不支持框架时的操作。

之前可以放置在 body 元素中的内容现在不能放置在 frameset 元素中，否则浏览器会忽略这些内容，不予以考虑，这是由文档声明决定的。

frameset 元素定义了一个框架集，而 frame 元素用来定义框架集中的某个框架，它可以定义该框架所要加载的 HTML 文档。

例如，范例文件 10-2-1 定义了嵌套的框架集文档。

【范例 10.1】 创建框架（范例文件：ch10\10-2-1.html）

```
01   <!DOCTYPE HTML PUBLIC "-//W3C//DTD HTML 4.01 Frameset//EN"
"http://www.w3.org/TR/ html4/frameset.dtd">
02   <html>
03   <head>
04   <meta http-equiv="Content-Type" content="text/html; charset=utf-8">
05   <title> 创建框架 </title>
06   </head>
07   <frameset cols="30%,70%">
08      <frameset rows="100,200">
09        <frame src="frame1.html">
10        <frame src="frame2.html">
11      </frameset>
12      <frame src="frame3.html">
13   <noframes>
14   <body>
15   <p> 你的浏览器不支持框架集显示
16   <ul>
17   <li><a href="frame1.html"> 前往网页一 </a></li>
18      <li><a href="frame2.html"> 前往网页二 </a></li>
19      <li><a href="frame3.html"> 前往网页三 </a></li>
20   </ul>
```

```
21  </body>
22  </noframes>
23  </frameset>
24  </html>
```

【运行结果】

在浏览中打开该网页，显示效果如下图所示。

每个框架必须定义相应的 HTML 文档，也就是 frame1.html、frame2.html 和 frame3.html。如果用户浏览器不支持框架，那么就会呈现 noframes 元素内的内容。

10.2.1 框架的文档声明

在本书 2.2.1 小节"文档类型的声明"中已经介绍过，HTML 文档有 3 种文档类型声明，下面的文档类型声明必须用于框架集文档中。

```
<!DOCTYPE HTML PUBLIC "-//W3C//DTD HTML 4.01 Frameset//EN" "http://
www.w3.org/TR/ html4/frameset.dtd">
```

10.2.2 用 cols 属性将窗口分为左、右两部分

框架的分割方式有两种，一种是水平分割，另一种是垂直分割。<frameset> 标记中的 cols 属性和 rows 属性用来控制窗口的分割方式。

cols 属性可以将一个框架集分割成若干个列，其基本语法结构如下。

```
<frameset cols="n1,n2,……,*">
```

n1 表示框架 1 的宽度，以像素或者百分比为单位。
n2 表示框架 2 的宽度，以像素或者百分比为单位。
星号"*"表示分配给前面所有窗口后剩下的宽度，比如 <frameset cols="20%,30% ,*">，那么"*"就代表 50% 的宽度。
例如，范例文件 10-2-2-1 创建了一个垂直分割成 2 个框架的框架集文档。

【范例 10.2】 用 cols 属性将窗口分为左、右两部分（范例文件：ch10\10-2-2-1.html）

```
01  <!DOCTYPE HTML PUBLIC "-//W3C//DTD HTML 4.01 Frameset//EN"
"http://www.w3.org/TR/ html4/frameset.dtd">
02  <html>
03  <head>
04  <meta http-equiv="Content-Type" content="text/html; charset=utf-8">
05  <title> 用 cols 属性将窗口分为左右两部分 </title>
06  </head>
07  <frameset cols="30%,*">
08  <frame src="frame1.html">
09     <frame src="frame2.html">
10  </frameset>
11  </html>
```

【运行结果】

在浏览器中打开该网页，显示效果如下图所示。

10.2.3　用 rows 属性将窗口分为上、中、下三部分

rows 属性的使用方法和 cols 属性基本是一样的，只是在分割方向上有所不同而已，该属性用来控制在水平方向上的分割。例如，范例文件 10-2-3-1 创建了一个水平方向上分割成 3 个框架的框架集文档。

【范例 10.3】 用 rows 属性将窗口分为上、中、下三部分（范例文件：ch10\10-2-3-1.html）

```
01  <!DOCTYPE HTML PUBLIC "-//W3C//DTD HTML 4.01 Frameset//EN"
"http://www.w3.org/TR/ html4/frameset.dtd">
02  <html>
03  <head>
04  <meta http-equiv="Content-Type" content="text/html; charset=utf-8">
05  <title> 用 rows 属性将窗口分为上中下三部分 </title>
06  </head>
```

```
07    <frameset rows="30%,40%,*">
08    <frame src="frame1.html">
09       <frame src="frame2.html">
10       <frame src="frame3.html">
11    </frameset>
12    </html>
```

【运行结果】

在浏览器中打开该网页，显示效果如下图所示。

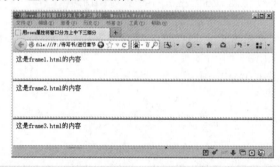

10.2.4 框架的嵌套

rows 属性和 cols 属性也可以混合使用，以实现框架的嵌套。例如，范例文件 10-2-4-1 创建了一个框架集文档，先分割成两个垂直的框架，然后在第二个框架中进行水平分割。

【范例 10.4】 框架的嵌套（范例文件：ch10\10-2-4-1.html）

```
01    <!DOCTYPE HTML PUBLIC "-//W3C//DTD HTML 4.01 Frameset//EN"
      "http://www.w3.org/TR/ html4/frameset.dtd">
02    <html>
03    <head>
04    <meta http-equiv="Content-Type" content="text/html; charset=utf-8">
05    <title> 框架的嵌套 </title>
06    </head>
07    <frameset cols="30%,*">
08    <frame src="frame1.html">
09       <frameset rows="60%,*">
10          <frame src="frame2.html">
11          <frame src="frame3.html">
12       </frameset>
13    </frameset>
14    </html>
```

【运行结果】

在浏览器中打开该网页，显示效果如下图所示。

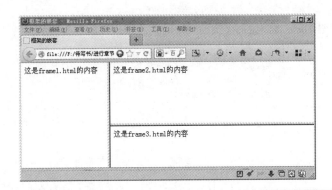

10.2.5　不显示框架时

在使用不支持框架的浏览器时，或者在把框架功能关闭等不能够显示框架的环境下，可以使用 <noframes> 标签来指定显示内容。

这个标签要在 <frameset></frameset> 范围的最开始或者最后处放置。在 <noframe></noframe> 范围内要首先放置 <body> 标签，并在其中填写想要显示的内容。在这个内容中不仅要有"不匹配框架的浏览器请看这里"这样的文字，而且还要添加上代替框架版本的内容以及各个网页的说明和链接等内容。

例如，范例文件 10-2-5-1 创建了一个框架集，并在后面定义了 <noframe> 标签，用于浏览器不支持框架时显示的内容。

【范例 10.5】　不显示框架时（范例文件：ch10\10-2-5-1.html）

```
01  <!DOCTYPE HTML PUBLIC "-//W3C//DTD HTML 4.01 Frameset//EN"
    "http://www.w3.org/TR/ html4/frameset.dtd">
02  <html>
03  <head>
04  <meta http-equiv="Content-Type" content="text/html; charset=utf-8">
05  <title> 不显示框架时 </title>
06  </head>
07  <frameset cols="30%,*">
08  <frame src="frame1.html">
09  <frame src="frame2.html">
10  <noframes>
11  <body>
12  <strong> 注意，你的浏览器不支持框架显示！ </strong>
13  <a href="frame1.html"> 链接到页面一 </a>
14  <a href="frame2.html"> 链接到页面二 </a>
15  </body>
16  </noframes>
17  </frameset>
18  </html>
```

【运行结果】

在浏览器中打开该网页，当浏览器不支持框架时，显示效果如下图所示。

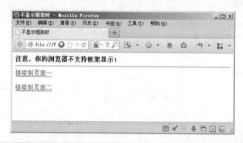

注意

现在不支持框架的浏览器已经非常少了，这里的显示仅是一个假设，读者在学习框架时只需要注意即可。

10.3 设置窗口框架的内容和外观

本节视频教学录像：7 分钟

可以为 `<frame>` 标签设置很多属性，通过设置这些属性，我们可以控制框架在浏览器中显示的外观，也可以通过设置这些属性来指定框架在初始化时的显示内容。

10.3.1 用 src 属性设置框架的初始内容

使用 frame 元素的 src 属性可以定义某个框架所指向的文档资源，这是框架窗口的初始内容，可以是一个 HTML 文档，也可以是一个图片。当浏览器加载完框架集文档时，就会加载框架窗口的初始文档。

例如，范例文件 10-3-1-1 在第二个框架中加载一幅图片。

【范例 10.6】 用 src 属性设置框架的初始内容（范例文件: ch10\10-3-1-1.html）

```
01  <!DOCTYPE HTML PUBLIC "-//W3C//DTD HTML 4.01 Frameset//EN"
"http://www.w3.org/TR/ html4/frameset.dtd">
02  <html>
03  <head>
04  <meta http-equiv="Content-Type" content="text/html; charset=utf-8">
05  <title> 用 src 属性设置框架的初始内容 </title>
06  </head>
07  <frameset cols="30%,*">
08  <frame src="frame1.html">
09    <frame src="panda.jpg">
10  </frameset>
11  </html>
```

【运行结果】

在浏览器中打开该网页，显示效果如下图所示。

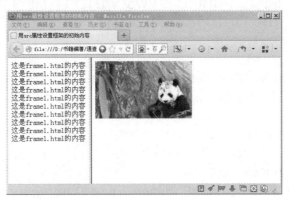

虽然 src 属性引用的是一个 URL 地址，但框架的内容 URL 地址不能是该框架所在的框架文档。否则就会出现一个循环包含，从而使浏览器出错。例如，假如当前的框架集文档为 main.html，代码如下。

```
01  <!DOCTYPE HTML PUBLIC "-//W3C//DTD HTML 4.01 Frameset//EN"
"http://www.w3.org/TR/ html4/frameset.dtd">
02  <html>
03  <head>
04  <meta http-equiv="Content-Type" content="text/html; charset=utf-8">
05  <title> 循环包含 </title>
06  </head>
07  <frameset cols="30%,*">
08  <frame src="frame1.html">
09    <frame src="main.html">
10  </frameset>
11  </html>
```

第二个框架视图是框架集文档本身，这样就会循环包含，可能导致浏览器出错。不过很多浏览器对这种情况做了处理，不会导致浏览器崩溃。

10.3.2 框架窗口边框的设置

frame 元素的 frameborder 属性可以设置框架窗口周围是否出现边框线（分割线）的相关信息，可选值包括 0 和 1。

(1) 0：表示浏览器不在当前框架及其相邻框架之间画一条分割线。注意，如果其他框架的 frameborder 属性指定了画分割线，这个分割线还是会出现。

(2) 1：表示浏览器在当前框架及其相邻框架之间画一条分割线，该值是默认值。

例如，范例文件 10-3-2-1 创建了一个框架集，其中，框架 frame1 及其相邻的框架间有分割线，但框架 frame2 和 frame3 之间没有分割线。

【范例 10.7】 框架窗口边框的设置（范例文件：ch10\10-3-2-1.html）

```
01    <!DOCTYPE HTML PUBLIC "-//W3C//DTD HTML 4.01 Frameset//EN"
"http://www.w3.org/TR/ html4/frameset.dtd">
02    <html>
03    <head>
04    <meta http-equiv="Content-Type" content="text/html; charset=utf-8">
05    <title> 框架窗口边框的设置 </title>
06    </head>
07    <frameset cols="30%,*">
08    <frame src="frame1.html" name="frame1" frameborder="1">
09      <frameset rows="50%,*">
10      <frame src="frame2.html" name="frame2" frameborder="0">
11        <frame src="frame3.html" name="frame3" frameborder="0">
12      </frameset>
13    </frameset>
14    </html>
```

【运行结果】

在浏览器中打开该网页，显示效果如下图所示。

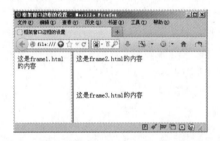

说 明　<frameset> 标签也可以指定 frameborder 属性，但是在 HTML 4.01 当中，只能对 <frame> 标签进行设置。

10.3.3　控制框架的边距

在框架的边缘和框架的内容之间可以出现空白，marginwidth 属性和 marginheight 属性用来定义空白的大小。

marginwidth 属性用来定义左右边缘和框架内容之间的空白大小，marginheight 属性用来定义上下边缘和框架内容之间的空白大小。这两个属性都有默认值，但是默认值大小根据每个浏览器的具体情况不同而不同，所以，为了维护一致的呈现，最好为这两个属性定义明确的值。这两个属性值都必须大于 0，而且最好是像素值。

例如，范例文件 10-3-3-1 将 3 个框架的空白都设置为 50 像素，但是分别做了设置，一个框架仅有 marginwidth 属性，另一个框架仅有 marginheight 属性。

【范例 10.8】 控制框架的边距（范例文件：ch10\10-3-3-1.html）

```
01  <!DOCTYPE HTML PUBLIC "-//W3C//DTD HTML 4.01 Frameset//EN"
"http://www.w3.org/TR/ html4/frameset.dtd">
02  <html>
03  <head>
04  <meta http-equiv="Content-Type" content="text/html; charset=utf-8">
05  <title> 控制框架的边距 </title>
06  </head>
07  <frameset cols="30%,*">
08  <frame src="frame1.html" name="frame1" marginwidth="50"
marginheight="50">
09      <frameset rows="50%,*">
10      <frame src="frame2.html" name="frame2" marginwidth="50">
11        <frame src="frame3.html" name="frame3" marginheight="50">
12      </frameset>
13  </frameset>
14  </html>
```

【运行结果】

在浏览器中打开该网页，显示效果如下图所示。

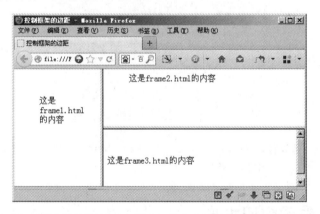

10.3.4 框架的滚动条设置

可以使用 scrolling 属性设置框架视窗的滚动条显示与否，可选的值包括以下几个。

(1) auto：表示浏览器在必要的时候提供滚动条，同时这也是默认值。

(2) yes：表示浏览器始终为框架视窗提供滚动条。

(3) no：表示浏览器始终不为框架视窗提供滚动条。

例如，范例文件 10-3-4-1 定义框架 frame1 不允许显示和使用滚动条，而定义 frame2 和 frame3 始终使用滚动条。

【范例 10.9】 框架的滚动条设置（范例文件：ch10\10-3-4-1.html）

```
01  <!DOCTYPE HTML PUBLIC "-//W3C//DTD HTML 4.01 Frameset//EN"
"http://www.w3.org/TR/ html4/frameset.dtd">
02  <html>
03  <head>
04  <meta http-equiv="Content-Type" content="text/html; charset=utf-8">
05  <title> 框架的滚动条设置 </title>
06  </head>
07  <frameset cols="30%,*">
08  <frame src="frame1.html" name="frame1" scrolling="no">
09    <frameset rows="50%,*">
10    <frame src="frame2.html" name="frame2" scrolling="yes">
11      <frame src="frame3.html" name="frame3" scrolling="yes">
12    </frameset>
13  </frameset>
14  </html>
```

【运行结果】

在浏览器中打开该网页，显示效果如下图所示。

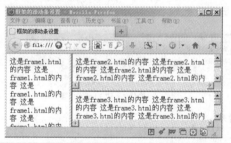

 说 明　为方便测试，建议读者适当添加 frame1.html、frame2.html 及 frame3.html 文档的内容，这样更容易观察测试效果。

10.3.5 改变框架窗口大小

有时我们移动鼠标到框架边框时，可能出现可移动鼠标指针，这时可以按住框架边框线，从而改变各框架视窗的大小。默认设置允许各框架视窗都是可以改变大小的。设置 noresize 属性后就不能拖动改变各框架视窗的大小了，如下面这句代码。

```
<frame src="frame2.html" name="frame2" noresize>
```

 技 巧　noresize 属性是一个逻辑值，也可以不为该属性定义属性值，即上面的代码相当于：
`<frame src="frame2.html" name="frame2" noresize="noresize " >`。

10.4 设置框架之间的链接

 本节视频教学录像：6 分钟

在框架集文档中，可以为每个框架（<frame> 标签）定义一个 name 属性，从而给框架指定一个名称为该框架的标识。我们便可以在别的框架文档中通过别的元素将该框架作为"目标"来指向它。在别的框架文档中，target 属性可以被其他元素用来建立链接（使用 a 元素等），也可以建立图像映射（area 元素）及表单（form 元素）。

例如，范例文件 10-4-1 说明了如何使用 name 属性和 target 属性动态地调整框架的内容。首先，在范例文件 10-4-1 所在的文档中定义一个框架，并且为每一个框架定义 name 属性。

【范例 10.10】 设置框架之间的链接（范例文件：ch10\10-4-1.html）

```
01  <!DOCTYPE HTML PUBLIC "-//W3C//DTD HTML 4.01 Frameset//EN"
    "http://www.w3.org/TR/ html4/frameset.dtd">
02  <html>
03  <head>
04  <meta http-equiv="Content-Type" content="text/html; charset=utf-8">
05  <title> 设置框架之间的链接 </title>
06  </head>
07  <frameset cols="30%,*">
08  <frame src="frame4.html" name="mainFrame">
09    <frameset rows="50%,*">
10      <frame src="frame1.html" name="frame1">
11      <frame src="frame2.html" name="frame2">
12    </frameset>
13  </frameset>
14  </html>
```

【运行结果】

在浏览器中打开该网页，初始化的显示效果如下图所示。

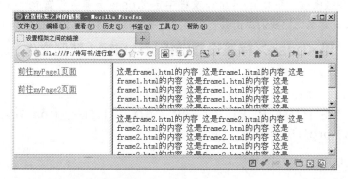

如果在框架 mainFrame 中点击链接文本"前往 myPage1 页面"，那么在框架 frame1 中将会显示 myPage1.html 的网页内容，如下图所示。

同样，当单击"前往 myPage2 页面"链接文本时，那么在框架 frame2 中将会显示 myPage2. html 的网页内容，读者可以自己尝试。

然后在 frame4.html 文档中定义链接使用 target 属性，如范例文件 10-4-2 所示。

【范例 10.11】 定义链接使用 target 属性（范例文件：ch10\10-4-2.html）

```
01  <!DOCTYPE HTML PUBLIC "-//W3C//DTD HTML 4.01 Frameset//EN"
"http://www.w3.org/TR/ html4/frameset.dtd">
02  <html>
03  <head>
04  <meta http-equiv="Content-Type" content="text/html; charset=utf-8">
05  <title> 设置框架之间的链接 </title>
06  </head>
07  <a href="myPage1.html" target="frame1"> 前 往 myPage1 页 面 </
a><br><br>
08  <a href="myPage2.html" target="frame2"> 前往 myPage2 页面 </a>
09  </html>
```

10.4.1 用 <base> 标签设置链接默认目标

第 3 章的 3.2 节介绍过 <base> 标签的基本用法，其实，<base> 标签还有一个 target 属性，本小节将会用到。即当所有文档链接都将同一个框架作为打开目标时，就可以定义一个默认值，而无需再为每一个超链接定义 target 属性。这可以通过为 base 元素定义 target 属性来实现。

将前面的例子稍做修改，在 frame4.html 文档中定义 base 元素并设置 target 属性为 frame1，例如范例文件 10-4-2。那么无论我们点击哪一个链接，被链接的网页都会在框架 frame1 中显示。

【范例 10.12】 用 <base> 标签设置链接默认目标（范例文件：ch10\10-4-1-1.html）

```
01  <!DOCTYPE HTML PUBLIC "-//W3C//DTD HTML 4.01 Transitional//EN"
"http://www.w3.org/TR/ html4/loose.dtd">
02  <html>
03  <head>
04  <meta http-equiv="Content-Type" content="text/html; charset=utf-8">
05  <base target="frame1">
```

```
06   <title>frame4 文档 </title>
07   </head>
08   <body>
09   <a href="myPage1.html" target="frame1"> 前  往 myPage1 页  面 </
a><br><br>
10   <a href="myPage2.html" target="frame2"> 前往 myPage2 页面 </a>
11   </body>
12   </html>
```

10.4.2 名称和框架标识

如果想要在新窗口中打开网页而不是使用框架，那我们应该怎样做？很简单，可以将下列专用名称之一用于 <a> 标签的 target 属性。

(1) _blank 将链接的文档载入一个新的、未命名的浏览器窗口。

(2) _parent 将链接的文档载入包含该链接的框架的父框架或窗口。如果包含的链接没有嵌套，则相当于 _top；链接的文档载入整个浏览器窗口。

(3) _self 将链接的文档载入链接所在的同一框架或窗口，此目标是默认的，所以通常不需要指定。

(4) _top 将链接的文档载入整个浏览器窗口，从而删除所有框架。

注 意 除了上面列出的保留名称，目标名称必须是字母或者以字母开始 (a~z 或者 A~Z)。按照 id 类型的定义，用户浏览器会忽略其他任何目标名称。

例如，范例文件 10-4-2-1 定义了 4 个 <a> 标签，链接到同一个测试文档 test.html，并分别将这 4 个 <a> 标签的 target 属性设置为 _blank、_parent、_self、_top。

【范例 10.13】 名称和框架标识（范例文件：ch10\10-4-2-1.html）

```
01   <!DOCTYPE HTML PUBLIC "-//W3C//DTD HTML 4.01 Transitional//EN"
"http://www.w3.org/TR/ html4/loose.dtd">
02   <html>
03   <head>
04   <meta http-equiv="Content-Type" content="text/html; charset=utf-8">
05   <title> 名称和框架标识 </title>
06   </head>
07   <body>
08   <a href="test.html" target="_blank"> 在新窗口打开链接的网页 </a><br />
09   <a href="test.html" target="_parent"> 在框架父窗口打开链接的网页 </a><br />
10   <a href="test.html" target="_self"> 在当前窗口打开链接的网页 </a><br/>
11   <a href="test.html" target="_top"> 将链接的网页载入整个浏览器窗口 </a>
12   </body>
13   </html>
```

测试页面 test.html 文档的源代码如下所示。

```
01  <!DOCTYPE HTML PUBLIC "-//W3C//DTD HTML 4.01 Transitional//EN"
"http://www.w3.org/TR/ html4/loose.dtd">
02  <html>
03  <head>
04  <meta http-equiv="Content-Type" content="text/html; charset=utf-8">
05  <title> 测试页面 </title>
06  </head>
07  <body>
08  这是测试页面
09  </body>
10  </html>
```

【运行结果】

打开浏览器，显示效果如下图所示。

单击"在新窗口打开链接的网页"链接文本后，显示效果如下图所示。

单击"在当前窗口打开链接的网页"链接文本后，显示效果如下图所示。

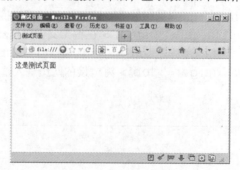

10.5 使用 <iframe></iframe> 标签对创建嵌入式框架

 本节视频教学录像：2 分钟

<iframe> 标签允许网页设计者在一个文本块中插入一个框架，即允许在一个 HTML 文档中插入另一个 HTML 文档，当然也可以设置与围绕的文字对齐等。另外，如果浏览器不支持这种框架，或者设置为不显示为框架，要在 <iframe></iframe> 标签对之间指定要显示的内容。

例如，范例文件 10-5-1 定义了两个嵌入式框架，并为每一个框架定义了名称标志，同时指定浏览器不支持该框架时要显示的内容。

【范例 10.14】 定义两个嵌入式框架（范例文件：ch10\10-5-1.html）

```
01  <!DOCTYPE HTML PUBLIC "-//W3C//DTD HTML 4.01 Transitional//EN"
"http://www.w3.org/TR/ html4/loose.dtd">
02  <html>
03  <head>
04  <meta http-equiv="Content-Type" content="text/html; charset=utf-8">
05  <title> 创建嵌入式框架 </title>
06  </head>
07  <body>
08  这里放其他元素
09  <iframe src="frame1.html" width="100" height="120" name="frame1"> 你的
浏览器不支持 iframe</iframe>
10  <iframe src="frame2.html" width="100" height="120" name="frame2"> 你的
浏览器不支持 iframe</iframe>
11  这里放其他元素
12  </body>
13  </html>
```

【运行结果】

在浏览器中打开该网页，初始化的显示效果如下图所示。

iframe 元素也可以使用 frame 元素的所有属性，实现的功能也相同，读者可以参考前面的介绍。因为嵌入式框架的大小不能改变，所以无需设置 noresize 属性。

 高手私房菜

>>>

技巧 1：框架长度或者宽度的设置

当几个框架的长度或者宽度使用百分比值，如果这些值的总和不等于 100%，那么，每个框架最后占用的真实空间长度或者宽度将会被用户的浏览器自动调整。

(1) 当少于 100% 的时候，剩余的空间会按比列分配给每个视图。

(2) 当超过 100% 的时候，将根据每个视图在总空间中所占的比例进行调整——按比列适当减少。

技巧 2：设置框架边框的注意事项

使用 <frame> 标签的 frameborder 属性可以把边框设置为隐藏，但是框架与框架之间会留下一个平面空间。为了把这个边框完全消除掉，在指定了 <frameset> 标签中的 frameborder 属性之后，还要再指定 Internet Explorer 浏览器独自扩展的 framespacing 属性和 Firefox 独自扩展的 border 属性。不过需要注意的是，使用这些独自扩展的属性时，相应的 HTML 文档就不能按照标准样式来排列了，而且在大多数浏览器上，框架的大小都不能修改。由于存在这些弊端，因此读者要给予注意。

第**11**章

 本章教学录像：16 分钟

网页多媒体设计

Web 页面之所以能在很短的时间内取得如此巨大的成功，其中一个重要的原因就是它对多媒体的支持。在页面中加入适当的多媒体资源和动态效果，可以给浏览者留下深刻的印象。本章将通过具体实例的形式介绍网页多媒体设计。

本章要点（已掌握的在方框中打勾）

☐ 在网页中加入视频

☐ 在网页中加入声音

☐ 在网页中添加 Flash 动画

☐ 在网页中添加滚动文字

11.1 在网页中加入视频

本节视频教学录像：6 分钟

在网页中，我们可以使用链接和嵌入两种方式插入视频，使用浏览器可以播放的视频格式包括 MOV、AVI 等。

11.1.1 添加链接视频

首先，我们可以使用 <a> 标签在 HTML 文档中链接视频文件。当加载完所要链接的文件后，浏览器会调用相应的应用程序来播放该视频文件。

例如，范例文件 11-1-1-1 使用 <a> 标签链接了一个 AVI 格式的视频文件。

【范例 11.1】 添加链接视频（范例文件：ch11\11-1-1-1.html）

```
01  <!DOCTYPE HTML PUBLIC "-//W3C//DTD HTML 4.01 Transitional//EN"
"http://www.w3.org/TR/ html4/loose.dtd">
02  <html>
03  <head>
04  <meta http-equiv="Content-Type" content="text/html; charset=utf-8">
05  <title> 添加链接视频 </title>
06  </head>
07  <body>
08  <a href="sky.avi"> 天空 </a>
09  </body>
10  </html>
```

在浏览器中打开该网页，显示效果如下图所示。

当点击链接文本"天空"时，浏览器将会加载 sky.avi 视频文件，并要求用户选择应用程序，如下图所示。

11.1.2 使用 Windows Media Player 嵌入视频

我们可以使用 <object> 和 <embed> 标签将多媒体嵌入 HTML 文档中。其中，<object> 标签是将多媒体嵌入网页的首选标签，但并不是所有的浏览器都支持 <object> 标签。因此，目前可将 <object> 与 <embed> 这两个标签结合起来使用，以最大程度地与浏览器兼容。

<object> 标签有 3 个常用的属性，分别是 classid、width 及 height 属性。下面分别解释这 3 个属性的作用。

(1) width 属性决定嵌入到网页的播放器窗口的宽度。

(2) height 属性决定嵌入到网页的播放器窗口的高度。

(3) classid 属性设置为一个很长的由字母和数字组成的编号，这个编号是 Windows Media Player 的全局 ID，它告诉 <object> 标签将 Windows Media Player 嵌入网页中以播放视频剪辑。

<object> 标签内有 4 个 <param> 标签，负责制定关于如何播放剪辑的更多细节。每个 <param> 标签都有两个属性——name 和 value，负责将数据（value）同特定设置（name）关联起来。另外，还有一个复杂的参数——type 参数，指定要播放的媒体类型，这里为 Windows Media Player（WMV）文件。媒体类型必须指定为标准的 Internet MIME 类型之一，下面是几种流行的可在网页中使用的 MIME 声音和视频格式。

(1) WAV 音频：audio/x-wav。

(2) SU 音频：audio/basic。

(3) MP3 音频：audio/mpeg。

(4) MID 音频：audio/midi。

(5) WMA 音频：audio/x-ms-wma。

(6) RealAudio：audio/x-pn-realaudio-plugin。

(7) AVI:video/x-msvideo。

(8) WMV:video/x-ms-wmv。

(9) MPEG 视频：video/mpeg。

(10) QuickTime：video/quicktime。

注 意 MIME 类型是唯一标识 Internet 上不同类型的媒体对象的标识符。MIME 是 Multipurpose Internet Mail Extensions（多用途 Internet 邮件扩展）的缩写。之所以取这样的名字，是因为 MIME 类型最初是用于表示电子邮件附件的。

例如，范例文件 11-1-2-1 在网页中嵌入一个视频文件。

【范例 11.2】 使用 Windows Media Player 嵌入视频（范例文件：ch11\11-1-2-1.htlm）

```
01  <!DOCTYPE HTML PUBLIC "-//W3C//DTD HTML 4.01 Transitional//EN"
"http://www.w3.org/TR/ html4/loose.dtd">
02  <html>
03  <head>
04  <meta http-equiv="Content-Type" content="text/html; charset=utf-8">
05  <title> 添加嵌入视频 </title>
06  </head>
07  <body>
08  <object classid="clsid:6BF52A52-394A-11D3-B153-00C04F79FAA6"
width="480" height="320">
09  <param name="type" value="video/x-ms-wmv" />
10    <param name="URL" value="flower.wmv"/>
11    <param name="uiMode" value="full" />
12    <param name="autoStart" value="true" />
13  <embed width="480" height="320" type="video/x-ms-wmv" src="flower.
wmv" controls="All" loop="false" autostart="true"
14  pluginspage="http:/www.microsoft.com/windows/windowsmedia" /></
mbed>
15  </object>
16  </body>
17  </html>
```

在浏览器中打开该网页，显示效果如下图所示。

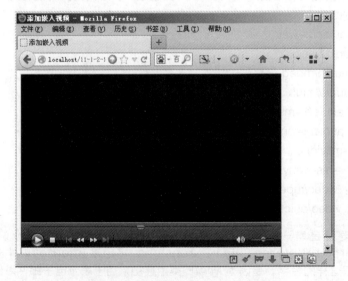

11.2 在网页中加入声音

 本节视频教学录像：7 分钟

在 HTML 页面中加入适当的声音效果会起到画龙点睛的作用。使用浏览器可以播放的声音格式包括 MID、WAV、MP3 等，其中，MP3 格式的文件应用最为广泛。

11.2.1 添加背景声音

背景声音就是当浏览者打开一个网页时播放的声音。读者可以使用 <bgsound> 标记来控制背景声音。<bgsound> 标记的位置在 HTML 文档的 <head> 部分，其格式如下所示。

```
01  <head>
02  … …
03  <bgsound src="" loop="">
04  … …
05  </head>
```

<bgsound> 标签的 src 属性用于设置声音文件的名称和路径；loop 属性用于设置反复播放的次数，属性值为"infinite"时表示在浏览者离开该页面时将持续播放背景音乐；autostart 属性用于设置是否自动播放，属性值为"true"时表示是，属性值为"false"时表示否，默认属性值为"true"。

例如，范例文件 11-2-1-1 设置 loop 属性为 2，即当浏览器打开该页面时，love.mp3 文件将自动播放两次。同时设置 autostart 属性为 true，那么当网页加载时便立刻自动播放背景音乐。

【范例 11.3】 添加背景声音（范例文件：ch11\11-2-1-1.html）

```
01  <!DOCTYPE HTML PUBLIC "-//W3C//DTD HTML 4.01 Transitional//EN"
    "http://www.w3.org/TR/ html4/loose.dtd">
02  <html>
03  <head>
04  <meta http-equiv="Content-Type" content="text/html; charset=utf-8">
05  <title> 添加背景声音 </title>
06  </head>
07  <body>
08  <meta http-equiv="Content-Type" content="text/html; charset=utf-8">
09  <title> 添加背景声音 </title>
10  <bgsound src="love.mp3" loop="2" autostart="true">
11  </head>
12  </body>
13  </html>
```

说 明 <bgsound> 标签仅仅适用于 IE 浏览器。另外，在页面中加入声音时，选择相对美妙的声音是非常重要的，否则将会起到相反的作用。而有些时候并不适合加入声音，比如在一个相对安静的环境中（例如办公场所），多余的声音反而会引起其他人的厌恶或不必要的麻烦，页面也将会马上被关闭。因此，读者在使用背景音乐时要谨慎。

11.2.2 添加链接声音

所谓链接声音，就是将声音添加到网页中的一种简单而有效的方法，而浏览器将根据用户选择利用应用程序来播放声音。例如，范例文件 11-2-2-1 通过 <a> 标签链接到一个音乐文件 love.mp3。

【范例 11.4】 添加链接声音（范例文件：ch11\11-2-2-1.html）

```
01  <!DOCTYPE HTML PUBLIC "-//W3C//DTD HTML 4.01 Transitional//EN"
    "http://www.w3.org/TR/ html4/loose.dtd">
02  <html>
03  <head>
04  <meta http-equiv="Content-Type" content="text/html; charset=utf-8">
05  <title> 添加链接声音 </title>
06  </head>
07  <body>
08  <a href="love.mp3"> 爱的纪念 </a>
09  </body>
10  </html>
```

在浏览器中打开该网页，显示效果如下图（左）所示。当点击链接文本"爱的纪念"时，浏览器将加载 love.mp3 文件，并用相应的应用程序播放该文件（本实例中系统默认媒体播放器是 Windows Media Player），如下图（右）所示。

注 意 应用程序是指网页浏览器用来显示自己不能处理的任何类型文件的外部程序。一般来说，当网页浏览器自己不能显示某种文件类型时将调用与这种文件类型相关联的应用程序，让用户能够在浏览器窗口中直接浏览多媒体内容。

11.2.3 使用 RealPlayer 嵌入声音

11.1.2 节介绍了如何使用 <object> 标签将 Windows Media Player 嵌入到网页中，以便于能够播放视频文件。然而，如果访问网站的用户使用其他媒体播放器，如 RealPlayer 会怎样呢？将 <object> 标签中的 classid 值修改为适当的播放器，就可以使用另一种播放器。

例如，范例文件 11-2-3-1 使用了 <object> 标签和 <embed> 标签在网页中嵌入了 Real Player 播放器，并播放 love.mp3 音乐文件。

【范例 11.5】 使用 RealPlayer 嵌入声音（范例文件: ch11\11-2-3-1.html）

```
01  <!DOCTYPE HTML PUBLIC "-//W3C//DTD HTML 4.01 Transitional//EN"
"http://www.w3.org/TR/ html4/loose.dtd">
02  <html>
03  <head>
04  <meta http-equiv="Content-Type" content="text/html; charset=utf-8">
05  <title> 添加嵌入声音 </title>
06  </head>
07  <body>
08  <object classid="clsid:CFCDAA03-8BE4-11cf-B84B-0020AFBBCCFA"
width="320" height="305">
09  <param name="type" value="audio/x-pn-realaudio-plugin" />
10    <param name="src" value="http://localhost/love.mp3"/>
11    <param name="controls" value="All" />
12    <param name="loop" value="false" />
13    <param name="autoStart" value="true" />
14    <embed src="http://localhost/love.mp3" width="320" type="audio/x-
pn-realaudio-plugin" height="305" controls="All" loop="false" autostart="true"
15    pluginspage="http://www.real.com/player/" /></embed>
16  </object>
17  </body>
18  </html>
```

在浏览器中打开该网页，显示效果如下图所示。

注 意　在该示例中，width 和 height 属性决定嵌入的 RealPlayer 播放器的大小。如果没有设置这两个属性，有些浏览器将自动调整窗口的大小以适应内容，而有些浏览器将不显示内容——因此，要安全地播放，就应将这两个属性设置为多媒体内容播放时的大小。

▌11.3 在网页中添加 Flash 动画

 本节视频教学录像：1 分钟

Flash 是 Adobe 公司出品的"网页三剑客"之一（Dreamweaver、Flash 和 Fireworks），也是当今动画制作软件中最为突出的软件之一，其生成的 SWF 格式动画已成为互联网上矢量动画的实际标准之一。在网页中加入一个适当的 Flash 动画，会使页面增色不少。只要在浏览器中安装相关插件，就可以观看 Flash 动画，如范例文件 11-3-1 所示。

【范例 11.6】 在网页中添加 Flash 动画（范例文件：ch11\11-3-1.html）

```
01  <!DOCTYPE HTML PUBLIC "-//W3C//DTD HTML 4.01 Transitional//EN"
"http://www.w3.org/TR/ html4/loose.dtd">
02  <html>
03  <head>
04  <meta http-equiv="Content-Type" content="text/html; charset=utf-8">
05  <title> 在网页中添加 Flash 动画 </title>
06  </head>
07  <body>
08  <object classid="clsid:D27CDB6E-AE6D-11cf-96B8-444553540000"
09  codebase="http://download.macromedia.com/pub/shockwave/cabs/
flash/swflash.cab#version=6,0,29,0" width="550" height="400">
10  <param name="movie" value="demo.swf">
11  <param name="quality" value="high">
12  <embed src="demo.swf" quality="high" pluginspage="http://www.
macromedia.com/go/getflashplayer" type="application/x-shockwave-flash"
13  width="550" height="400"></embed>
14  </object>
15  </body>
16  </html>
```

在浏览器中打开该网页，显示效果如下图所示。

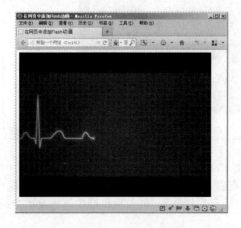

11.4 在网页中添加滚动文字

 本节视频教学录像：2 分钟

在网页中添加适当的滚动文字可以使网页更有动感。在 HTML 文档中，可以使用 <marquee> 标签实现如字幕般的滚动文字效果。下面先了解其语法格式。

```
01   <marquee direction="" behavior="" scrollamount="" loop="">
02   … …
03   </marquee>
```

在上面的语法格式中，direction 属性用来设置文字的滚动方向，取值可以是 up（向上）、down（向下）、left（向左）和 right（向右）。behavior 属性用来设置滚动的方式，其取值可以是 scroll（循环滚动）、slide（只滚动一次）与 alternate（来回滚动）。scrollamount 属性用来设置滚动的速度，loop 用来设置滚动的次数。例如，范例文件 11-4-1 设置文本左右滚动，滚动速度为 2。

【范例 11.7】 在网页中添加滚动文字（范例文件：ch11\11-4-1.html）

```
01   <!DOCTYPE HTML PUBLIC "-//W3C//DTD HTML 4.01 Transitional//EN"
"http://www.w3.org/TR/ html4/loose.dtd">
02   <html>
03   <head>
04   <meta http-equiv="Content-Type" content="text/html; charset=utf-8">
05   <title> 在网页中添加滚动文字 </title>
06   </head>
07   <body>
08   <marquee direction="left" behavior="alternate" scrollamount="2"
loop="2">
09   这里放置滚动文本
10   </marquee>
11   </body>
12   </html>
```

在浏览器中打开该网页，显示效果如下图所示。

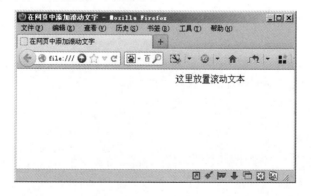

高手私房菜

技巧 1：流式视频与音频

在过去，通过大部分调制解调器下载音频与视频文件都需要花很多分钟甚至上小时，这严重限制了音频与视频在网页中的应用。现在的目标是向流式音频和视频发展，可以一边接收数据一边播放。也就是说，没有完全下载音频或者视频文件时，就可以开始听音频或者看视频了。

现在，流式播放器在大部分媒体播放器中得到了广泛的支持，有独立版本也有插件版本。使用 <object> 标签嵌入媒体对象，支持它的媒体播放器将自动地以流式方式播放媒体文件，当然，前提是这个播放器支持流。

技巧 2：选择合适的音频或者视频格式

在国内，大部分用户使用的都是 Windows 操作系统，通常选择音频格式 WAV/WMV 和视频格式 AVI/WMV。如果跨平台兼容性非常重要，则考虑使用 MP3 作为音频格式，RealVideo/RealAudio 作为视频格式。

第 2 篇

CSS 篇

本篇主要介绍 CSS 3 的相关知识，包括 CSS 3 样式基础、网页样式代码的生成方法、用 CSS 3 设置文本样式、用 CSS 3 设置网页图像特效、用 CSS 3 设置网页背景颜色与背景图像、CSS 3 的高级特性以及 DIV+CSS 3 网页标准化布局等内容。通过本章的学习，读者应能掌握 CSS 3 的使用方法与技巧。

第 12 章

 本章教学录像：24 分钟

CSS 3 样式基础

在本书前 11 章中我们介绍了 HTML 相关的内容，但是这些对于要制作出精美的网页来说是远远不够的，我们还需要学习有关控制网页外观的技术——CSS。本书剩余部分将围绕该话题进行详细的介绍。

本章要点（已掌握的在方框中打勾）

□ 简单的 CSS 实例

□ CSS 样式表的规则

□ 使用 CSS 选择器

□ 在 HTML 中调用 CSS 的方法

12.1 简单的 CSS 示例

 本节视频教学录像：3 分钟

　　CSS 是 Cascading Style Sheets（层叠样式表单）的缩写，它是一种用来表现 HTML 或 XML 等文件样式的计算机语言，用来进行网页风格设计。CSS 能够对网页中对象的位置进行像素级的精确控制，支持几乎所有字体、字号的样式，拥有对网页对象和模型样式编辑的能力，并能够进行初步交互设计。在学习 CSS 技术知识之前，先看一个简单的 CSS 示例，以便于加深读者对 CSS 的感性认识。例如，范例文件 12-1-1 为一个 DIV 容器添加一个彩色图像边框。

【范例 12.1】 为 DIV 容器添加彩色图像边框（范例文件: ch12\12-1-1.html）

```
01  <!DOCTYPE HTML PUBLIC "-//W3C//DTD HTML 4.01 Transitional//EN"
"http://www.w3.org/TR/ html4/loose.dtd">
02  <html>
03  <head>
04  <meta http-equiv="Content-Type" content="text/html; charset=utf-8">
05  <title> 一个简单的 CSS 示例 </title>
06  <style type="text/css">
07  #div1 {
08      margin: 3px;          /* 设置容器外边距为 3px*/
09      height: 104px;           /* 设置容器的高度为 104px*/
10      width: 450px;          /* 设置容器的高度 450px*/
11      padding-top: 20px;     /* 设置容器上方内边距为 20px*/
12      padding-left: 14px;     /* 设置容器左方内边距为 14px*/
13      border:solid 2px blue;      /* 设置容器边框为 2px 宽的实线，颜色为蓝色 */
14      color:red;              /* 设置容器内的文字颜色为红色 */
15  }
16  </style>
17  </head>
18  <body>
19  <div id="div1">
20  测试文本 1<br />
21  测试文本 2<br />
22  测试文本 3<br />
23  </div>
24  </body>
25  </html>
```

　　在浏览器中打开该网页，显示效果如下图所示。

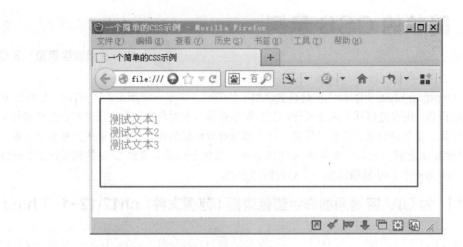

12.2 CSS 样式表的规则

 本节视频教学录像：2 分钟

所有样式表的基础就是 CSS 规则，每一条规则都是一条单独的语句，它确定了应该如何设计样式，以及应该如何应用这些样式。因此，样式表由规则列表组成，浏览器用它来确定页面的显示效果，甚至声音效果。

CSS 由两部分组成——选择器和声明，其中，声明由属性和属性值组成，所以简单的 CSS 规则如下。

body{margin:32px;}

(1) body：选择器。

(2) margin：属性。

(3) 32px：属性值。

(4) {margin:32px;}：声明。

1. 选择器

选择器用于指定对文档中哪个标签进行定义，最简单的选择器类型是"标签选择器"，直接输入元素的名称，便可以进行样式定义。例如，定义 HTML 中的 <p> 标签，只要给出尖括号 "<>" 内的标签名称，用户就可以定义样式了，如下所示。

p{ 属性: 值; }

规则会选择所有 <p> 标签的样式。

2. 声明

声明包含在大括"{}"号中，在大括号中首先给出属性名，接着是冒号，然后是属性值。结尾分号是可选的，但是我们强烈推荐使用结尾分号，简单地说，这样能够增加样式的可读性。

3. 属性

属性由官方 CSS 规范定义。用户可以定义特有的样式效果，与 CSS 3 兼容的浏览器可能会支持这些效果。尽管有些浏览器能够识别非正式语言规范部分的非标准属性，但是大多数浏览器很可能会忽略一些非 CSS 3 规范部分的属性。不要依赖这些专有的扩展属性，因为不识别它们的浏览器只是简单地忽略它们。

4. 属性值

声明的属性值放置在属性名和冒号之后，它确切定义了应该如何设置属性。每个属性值的范围也在 CSS 规范中定义。例如，名为 "color"（颜色）的属性可以采用颜色名或十六进制的代码组成的值，如下所示。

```
01  p{
02  Color:blue;
03  }
```

或者

```
01  p{
02  Color:#0000FF;
03  }
```

该规则声明所有段落标签的内容应该将 color 属性设置为 blue（蓝色），因此所有 <p> 标签里的文本将变成蓝色。

12.3 使用 CSS 选择器

 本节视频教学录像：9 分钟

选择器是 CSS 中极为重要的概念和思想，所有页面元素都是通过不同的选择器进行控制的。在使用中，我们只需要把设置好属性及属性值的选择器绑定到一个个 HTML 标签上，就可以实现各种效果，达到对页面的控制。

在 CSS 中，可以根据选择器的类型把选择器分为基本选择器和复合选择器，复合选择器是建立在基本选择器之上对基本选择器进行组合形成的。本章只对基本选择器进行介绍，第 17 章将会介绍复合选择器。

12.3.1 标签选择器

所谓标签选择器，顾名思义，就是用来对 HTML 中标签进行描述的选择器，通过标签选择器可以把所有标签进行统一描述，统一应用。例如，范例文件 12-3-1-1 定义 <p> 标签内的文本大小为 40 像素，颜色为红色，并以粗体显示。

【范例 12.2】 标签选择器（范例文件：ch12\12-3-1-1.html）

```
01  <!DOCTYPE HTML PUBLIC "-//W3C//DTD HTML 4.01 Transitional//EN"
"http://www.w3.org/TR/ html4/loose.dtd">
02  <html>
03  <head>
04  <meta http-equiv="Content-Type" content="text/html; charset=utf-8">
05  <title> 标签选择器 </title>
06  <style type="text/css">
```

```
07  p{
08     font-size:40px;
09     color:red;
10     font-weight:bold;
11  }
12  </style>
13  </head>
14  <body>
15  <p> 测试文本 1</p>
16  <p> 测试文本 2</p>
17  </body>
18  </html>
```

在浏览器中打开该网页，显示效果如下图所示。

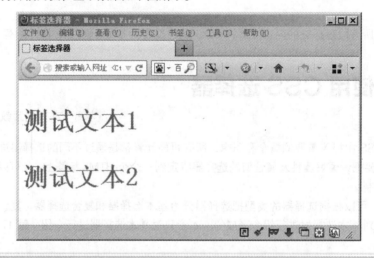

12.3.2 类选择器

在实际应用中，<p> 标签不会全部都是红色。如果仅希望一部分 <p> 标签是红色的，另一部分 <p> 标签是蓝色的，该怎么做呢？这就需要用到类选择器。用户可以为类选择器自由定义名称，然后在具体标签中使用该类名称即可。例如，范例文件 12-3-2-1 通过类选择器将第 2 个 <p> 标签文字更改为蓝色。

【范例 12.3】 类选择器（范例文件: ch12\12-3-2-1.html）

```
01  <!DOCTYPE HTML PUBLIC "-//W3C//DTD HTML 4.01 Transitional//EN"
"http://www.w3.org/TR/ html4/loose.dtd">
02  <html>
03  <head>
04  <meta http-equiv="Content-Type" content="text/html; charset=utf-8">
05  <title> 类别选择器 </title>
```

```
06   <style type="text/css">
07   p{
08      font-size:40px;
09      color:red;
10      font-weight:bold;
11   }
12   .blue{
13      color:blue;
14   }
15   </style>
16   </head>
17   <body>
18   <p> 测试文本 1</p>
19   <p class="blue"> 测试文本 2</p>
20   </body>
21   </html>
```

在浏览器中打开该网页，显示效果如下图所示。

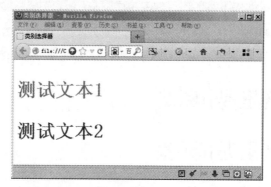

通过本例我们可以看到，类选择器与标签选择器在定义上几乎是一样的，仅需要开发者自己定义一个名称，使用时在需要使用的地方通过设置 "class= 类选择器名称" 就能灵活使用。

另外，类选择器还有一个特点，就是它可以作用在不同标签元素上。例如，范例文件 12-3-2-2 所示为类选择器分别作用于 <p> 标签和 <h> 标签上。

【范例 12.4】 类选择器分别作用于 <p> 标签和 <h> 标签（范例文件: ch12\12-3-2-2.html）

```
01   <!DOCTYPE HTML PUBLIC "-//W3C//DTD HTML 4.01 Transitional//EN"
     "http://www.w3.org/TR/ html4/loose.dtd">
02   <html>
03   <head>
04   <meta http-equiv="Content-Type" content="text/html; charset=utf-8">
05   <title> 类别选择器 </title>
```

```
06    <style type="text/css">
07    .blue{
08        font-size:40px;
09        color:blue;
10        font-weight:bold;
11    }
12    </style>
13    </head>
14    <body>
15    <p class="blue"> 这里是 p 标签 </p>
16    <h1 class="blue">
17        这里是 h 标签
18    </h1>
19    </body>
20    </html>
```

在浏览器中打开该网页，显示效果如下图所示。

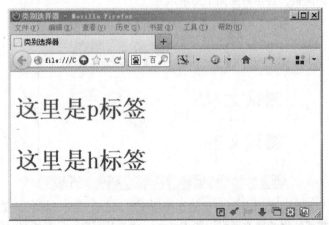

最后，关于类选择器还有一种情况，即在一个标签中使用多个类选择器，达到复合使用的效果，如范例文件 12-3-2-3 所示。

【范例 12.5】 在一个标签中使用多个类选择器（范例文件: ch12\12-3-2-3.html）

```
01    <!DOCTYPE HTML PUBLIC "-//W3C//DTD HTML 4.01 Transitional//EN"
"http://www.w3.org/TR/ html4/loose.dtd">
02    <html>
03    <head>
04    <meta http-equiv="Content-Type" content="text/html; charset=utf-8">
05    <title> 类别选择器 </title>
06    <style type="text/css">
07    .red{
08        color:#F00;
```

```
09    }
10    .big{
11        font-size:32px;
12    }
13    </style>
14    </head>
15    <body>
16    <p> 不使用类别选择器 </p>
17    <p class="red"> 使用 red 选择器 </p>
18    <p class="big"> 使用 big 选择器 </p>
19    <p class="red big"> 同时使用 red 和 big 选择器 </p>
20    </body>
21    </html>
```

在浏览器中打开该网页，显示效果如下图所示。

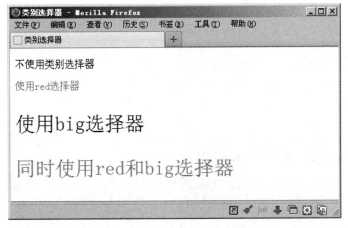

从运行结果中我们可以看到，第一行没有使用任何类选择器；第二行使用了 red 类选择器，文字颜色变为红色；第三行使用 big 类选择器，改变了字体的大小；第四行同时使用 red 类和 big 类选择器，文字的颜色和字体的大小同时发生了改变。

技 巧　本例仅对颜色同时使用了两种类选择器，实际上可以更多类选择器的同时使用。

12.3.3　id 选择器

id 选择器是根据 DOM 文档对象模型原理所出现的选择器类型，对于一个网页而言，其中的每一个标签均可以使用 id="" 的形式，对 id 属性进行一个名称的指派。可以将 id 理解为一个标识，在网页中，每个 id 名称只能使用一次。

需要注意的是，在 CSS 样式中，id 选择器使用 "#" 标识。例如，范例文件 12-3-3-1 定义了一个 id 选择器。

【范例 12.6】 定义一个 id 选择器（范例文件：ch12\12-3-3-1.html）

```
01  <!DOCTYPE HTML PUBLIC "-//W3C//DTD HTML 4.01 Transitional//EN"
"http://www.w3.org/TR/ html4/loose.dtd">
02  <html>
03  <head>
04  <meta http-equiv="Content-Type" content="text/html; charset=utf-8">
05  <title>id 选择器 </title>
06  <style type="text/css">
07      #red{
08          color:red;
09      }
10      #blue{
11          color:blue;
12      }
13  </style>
14  </head>
15  <body>
16      <p id="red"> 这里是红色文本 </p>
17      <p id="blue"> 这里是蓝色文本 </p>
18  </body>
19  </html>
```

在浏览器中打开该网页，显示效果如下图所示。

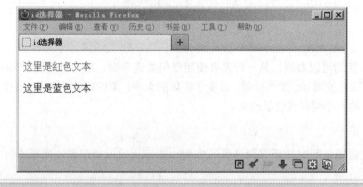

 注意 id 选择器的基本作用是对每个页面中出现的唯一元素进行定义，如可以将导航条命名为 "nav"，将网页头部和底部命名为 "header" 和 "footer"。对于在页面中只出现一次的元素，使用 id 进行命名具有唯一性的指派含义，有助于代码阅读及使用。

12.4 在 HTML 中调用 CSS 的方法

 本节视频教学录像：10 分钟

掌握了选择器的基本知识之后，就可以使用 CSS 对页面进行控制了。那么，怎样才能在页面中使用 CSS 样式呢？根据样式表不同的分类，有 4 种插入方法。

(1) 内联式样式：直接写在 HTML 标签中。

(2) 内嵌式样式表：用 <style></style> 标签嵌入到 HTML 文档的头部。

(3) 链接式外部样式表：以 .css 为扩展名，在 <head> 内使用样式表链接到 HTML 文档内。

(4) 导入外部 CSS 样式。

12.4.1 内联式 CSS 样式

所谓内联式样式，顾名思义就是通过元素的 style 属性在开始标签内直接书写样式规则，如范例文件 12-4-1-1 所示。

【范例 12.7】 内联式 CSS 样式（范例文件: ch12\12-4-1-1.html）

```
01  <!DOCTYPE HTML PUBLIC "-//W3C//DTD HTML 4.01 Transitional//EN"
"http://www.w3.org/TR/ html4/loose.dtd">
02  <html>
03  <head>
04  <meta http-equiv="Content-Type" content="text/html; charset=utf-8">
05  <title> 内联样式 </title>
06  </head>
07  <body>
08      <p style="font-size:10px;color:red;"> 段落 1 内的文本内容 </p>
09      <p style="font-size:14px;color:green;"> 段落 2 内的文本内容 </p>
10      <p style="font-size:18px;color:blue;"> 段落 3 内的文本内容 </p>
11  </body>
12  </html>
```

在浏览器中打开该网页，显示效果如下图所示。

从实例中看到内联式样式是通过 style 元素进行定义的，并且对于每个 <p> 标签都可以使用。可想而知，如果在一个大的应用中，所有标签都使用内联式样式，那么后期维护费用的投入是很大的。从这方面上来说，应尽量避免使用内联式样式。

12.4.2 内嵌式 CSS 样式

内嵌式就是把样式表写在 <head></head> 标签对中，并用 <style> 标签声明。到本节为止，本书所使用的大部分样式均为内嵌方式。下面来看一个使用内嵌式 CSS 样式的示例，如范例文件 12-4-2-1 所示。

【范例 12.8】 内嵌式 CSS 样式（范例文件: ch12\12-4-2-1.html）

```
01  <!DOCTYPE HTML PUBLIC "-//W3C//DTD HTML 4.01 Transitional//EN"
"http://www.w3.org/TR/ html4/loose.dtd">
02  <html>
03  <head>
04  <meta http-equiv="Content-Type" content="text/html; charset=utf-8">
05  <title> 内嵌样式 </title>
06  <style type="text/css">
07     .red{
08        color:red;
09     }
10     .green{
11        color:green;
12     }
13  </style>
14  </head>
15  <body>
16     <p class="red"> 红颜色显示文本 1</p>
17     <p class="green"> 黄颜色显示文本 1</p>
18     <p class="red"> 红颜色显示文本 2</p>
19     <p class="green"> 黄颜色显示文本 2</p>
20  </body>
21  </html>
```

在浏览器中打开该网页，显示效果如下图所示。

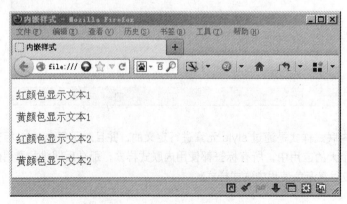

采用内嵌方式书写 CSS 样式明显比使用内联式产生的代码少，并且维护工作量也会减少。但是，如果在网站中有好多页面都有同样的标签属性值，使用内嵌式就意味着需要在每个这样的页面都进行同样的输入和维护，显然很不合适，所以内嵌方式比较适合那些单页面信息具有独特风格的页面。

12.4.3　链接式 CSS 样式

链接式是在页面文件中引入一个单独 CSS 样式文件，即页面文件和样式文件是不同的两个文件，而是分离的。这样做的好处是显而易见的——用户可以在任何页面链入自己所要的样式表文件，实现多个页面共用一个 CSS 样式表，提高维护效率。链接式是通过在 <head></head> 标签对中使用 <link> 标签进行声明的，如范例文件 12-4-3-1 所示。

【范例 12.9】　链接式 CSS 样式（范例文件: ch12\12-4-3-1.html）

```
01  <!DOCTYPE HTML PUBLIC "-//W3C//DTD HTML 4.01 Transitional//EN" "http://www.w3.org/TR/ html4/loose.dtd">
02  <html>
03  <head>
04  <meta http-equiv="Content-Type" content="text/html; charset=utf-8">
05  <title> 链接式样式表 </title>
06  <link rel="stylesheet" type="text/css" href="color.css" />
07  </head>
08  <body>
09     <p class="red"> 红颜色显示文本 </p>
10     <p class="green"> 黄颜色显示文本 </p>
11  </body>
12  </html>
```

另外，color.css 样式表中的文件内容如下。

```
01  .red{
02     color:red;
03  }
04  .green{
05     color:green;
06  }
```

在浏览器中打开该网页，显示效果如下图所示。

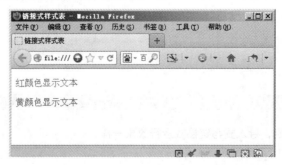

从这个例子看，其实链接式就是把嵌入式中的样式文件单独分离出来，作为一个样式表文件进行存储。因为链接式在减少代码书写和减少维护工作方面都非常突出，所以链接式是最常用的一种方法。另外，链接式也可以实现在一个页面中链接多个文件。

12.4.4　导入外部 CSS 样式

导入式与链接式在使用上非常相似，都实现了页面与样式的文件分离，区别在于导入式在页面初始化时把样式文件导入到页面中，这样就变成了内嵌式；而链接式仅是发现页面中有标签需要格式时才以链接方式引入，比较看来还是链接式最为合理。

导入式是通过 @import 在 <style> 标签中进行声明的，如范例文件 12-4-4-1 所示，样式表文件是 12.4.3 小节的 color.css 样式文件。

【范例 12.10】　导入外部 CSS 样式（范例文件: ch12\12-4-4-1.html）

```
01  <!DOCTYPE HTML PUBLIC "-//W3C//DTD HTML 4.01 Transitional//EN"
"http://www.w3.org/TR/ html4/loose.dtd">
02  <html>
03  <head>
04  <meta http-equiv="Content-Type" content="text/html; charset=utf-8">
05  <title> 导入外部 CSS 样式表 </title>
06  <style type="text/css">
07      @import url(color.css);
08  </style>
09  </head>
10  <body>
11      <p class="red"> 红颜色显示文本 </p>
12      <p class="green"> 黄颜色显示文本 </p>
13  </body>
14  </html>
```

在浏览器中打开该网页，显示效果如下图所示。

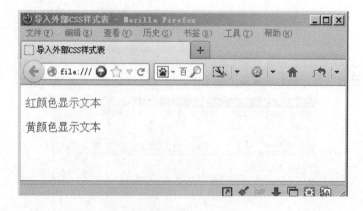

从运行结果中可以看到，导入式与链接式运行效果一样。

12.4.5　CSS 样式生效的优先级问题

　　所谓CSS样式生效的优先级，即是指CSS样式在浏览器中被解析的先后顺序。既然样式有优先级，那么就会有一个规则来约定这个优先级，而这个"规则"就是重点。

　　样式表允许以多种方式规定样式信息，样式可以规定在单个的网页元素中、在网页的头元素中或在一个外部的 CSS 文件中，甚至可以在同一个网页中引用多个外部样式表。当同一个网页元素被不止一个样式定义时，会使用哪个样式呢？在前面的章节当中介绍过 4 种样式表，分别是导入样式、链接样式、嵌入式样式、内联样式，它们的优先关系是：

　　内联样式 > 嵌入式样式 > 导入样式 > 链接样式

　　例如，范例文件 12-4-5-1 对同一个元素分别以内联式和嵌入式定义文本颜色，定义的这两种颜色值不相同。

【范例 12.11】　对同一个元素分别以内联式和嵌入式定义文本颜色（范例文件：ch12\12-4-5-1.html）

```
01  <!DOCTYPE HTML PUBLIC "-//W3C//DTD HTML 4.01 Transitional//
EN""http://www.w3.org/TR/ html4/loose.dtd">
02  <html>
03  <head>
04  <meta http-equiv="Content-Type" content="text/html; charset=utf-8">
05  <title> 导入外部 CSS 样式表 </title>
06  <style type="text/css">
07    p{
08       color:red;
09    }
10  </style>
11  </head>
12  <body>
13    <p style="color:green;"> 这里是文本 </p>
14    <p> 这里是文本 </p>
15  </body>
16  </html>
```

在浏览器中打开该网页，显示效果如下图所示。

观察上图可以发现，虽然我们使用内嵌式定义网页中 <p> 标签内的文本颜色为红色，即 color:red，但是在第一个 <p> 标签中，我们又使用了内联式定义该标签的文本颜色为绿色，即 color:green，因为内联式样式规则的优先级大于内嵌式样式规则，所以第一个 <p> 标签内的文本颜色 为绿色，第二个 <p> 标签的文本颜色才为红色。

 高手私房菜

>>

技巧：使用全局选择器

在实际网页制作中，经常会遇到某些页面中的所有标记都用同一种 CSS 3 样式，如弹出的小 对话框和上传附件的小窗口等。如果逐个声明会很麻烦，这时可以利用全局选择器 "*" 进行声明， 代码如下。

```
01  <!DOCTYPE HTML PUBLIC "-//W3C//DTD HTML 4.01 Transitional//EN"
"http://www.w3.org/TR/ html4/loose.dtd">
02  <html>
03  <head>
04  <meta http-equiv="Content-Type" content="text/html; charset=utf-8">
05  <title> 使用全局选择器 *</title>
06  <style type="text/css">
07    *{
08       color:red;
09       font-size:14px;
10    }
11  </style>
12  </head>
13  <body>
14    <p> 段落一段落一段落一段落一段落一段落一 </p>
15    <p> 段落二段落二段落二段落二段落二段落二 </p>
16  </body>
17  </html>
```

第 **13** 章

 本章教学录像：20 分钟

网页样式代码的生成方法

学习了第 12 章对 CSS 3 基础知识的介绍后，我们就可以动手实践了。本章分别通过手工与借助 Dreamweaver 工具编写的方式介绍如何完成一个使用 CSS 技术的网页，目的是为了让读者对 CSS 技术的使用流程有一个正确的认识。

本章要点（已掌握的在方框中打勾）

☐ 手工编写代码

☐ 使用 Dreamweaver 辅助工具创建页面

☐ 在 Dreamweaver 中新建 CSS 样式

☐ 在 Dreamweaver 中编辑 CSS 样式

☐ 为图像创建 CSS 样式

13.1 从零开始手工编写

本节视频教学录像：9 分钟

首先创建一个 HTML 文档，建立基本的网页框架，如范例文件 13-1-1 所示。

【范例 13.1】 建立基本的网页框架（范例文件：ch13\13-1-1.html）

```
01  <!DOCTYPE HTML PUBLIC "-//W3C//DTD HTML 4.01 Transitional//EN"
"http://www.w3.org/TR/ html4/loose.dtd">
02  <html>
03  <head>
04  <meta http-equiv="Content-Type" content="text/html; charset=utf-8">
05  <title> 从零开始手工编写 </title>
06  </head>
07  <body>
08  <h1>iPhone 手机介绍 </h1>
09  <img src="iphone.jpg" title="iPhone" alt="iPhone" />
10  <p class="p1">
11  iPhone 是结合照相手机、个人数码助理、媒体播放器以及无线通信设备的掌上智能手机，由史蒂夫·乔布斯在 2007 年 1 月 9 日举行的 Macworld 宣布推出，2007 年 6 月 29 日在美国上市。
12  iPhone 是一部 4 频段的 GSM 制式手机，支持 EDGE 和 802.11b/g 无线上网，支持电邮、移动通话、短信、网络浏览以及其他的无线通信服务。
13  </p>
14  <p class="p2">
15  2007 年 6 月 29 日 18:00 iPhone（即 iphone1 代）在美国上市，2008 年 7 月 11 日，苹果公司推出 3G iPhone。2010 年 6 月 8 日凌晨 1 点乔布斯发布了 iPhone 4 。2011 年 10 月 5 日凌晨，iPhone 4S 发布。2012 年 9 月 13 日凌晨（美国时间 9 月 12 日上午）iPhone 5 发布。
16  </p>
17  </body>
18  </html>
```

在浏览器中打开该网页，显示效果如下图所示。

观察上图，由于页面文件没有经过 CSS 3 控制，排版布局比较混乱，很不美观。下面我们就通过 CSS 3 来美化网页。

13.1.1 编写标题样式代码

首先处理标题。为了让标题更加醒目，给它添加一个绿色背景，使用红色字体，居中，并与正文保持一定的间距。在 <head> 标签中加入 <style> 标签，并书写 h1 的 CSS 3 应用规则，如范例文件 13-1-1-1 所示。

【范例 13.2】 编写标题样式代码（范例文件：ch13\13-1-1-1.html）

```
01  <style type="text/css">
02  h1{
03      color:red;            /* 设置文字颜色 */
04      background-color:#49ff01;        /* 设置背景色 */
05      text-align:center;          /* 设置文本居中 */
06      padding:20px;         /* 设置内容内边距 */
07  }
08  </style>
```

在浏览器中打开该网页，显示效果如下图所示。

观察上图，我们可以发现标题已经非常醒目和突出了。

注　意　本章所有示例中的 HTML 代码均与范例文件 13-1-1 相同，为了节省篇幅，我们预定在本章的范例文件部分只展示 CSS 样式代码，读者可以在附带的光盘中找到完整源文件。

13.1.2 编写图片控制代码

接着开始处理图片，使图片与文字的排列更加协调，如范例文件 13-1-2-1 所示。

【范例 13.3】 编写图片控制代码（范例文件: ch13\13-1-2-1.html）

```
01   <style type="text/css">
02   h1{
03      color:red;          /* 设置文字颜色 */
04      background-color:#49ff01;          * 设置背景色 */
05      text-align:center;          /* 设置文本居中 */
06      padding:20px;          /* 设置内容内边距 */
07   }
08   img{
09      float:left;          /* 居左显示 */
10      border:2px #F00 solid;          /* 设置边框 */
11      margin:5px;          /* 设置外边距 */
12   }
13   </style>
```

再次在浏览器中打开该网页，显示效果如下图所示。

观察上图，可以看见图片与正文文字产生图文混排的效果。

13.1.3 设置网页正文

从上图中可以看出，文字排列过于紧密，需要调整，同时需要改变字体大小，如范例文件 13-1-3-1 所示。

【范例 13.4】 设置网页正文（范例文件: ch13\13-1-3-1.html）

```
01   <style type="text/css">
```

```
02  h1{
03  color:red;          /* 设置文字颜色 */
04  background-color:#49ff01;      /* 设置背景色 */
05  text-align:center;        /* 设置文本居中 */
06  padding:20px;         /* 设置内容内边距 */
07  }
08  img{
09  float:left;         /* 居左显示 */
10  border:2px #F00 solid;       /* 设置边框 */
11  margin:5px;         /* 设置外边距 */
12  }
13  p{
14  font-size:12px;        /* 设置正文字体 */
15  text-indent:2em;        /* 设置字间距 */
16  line-height:1.5;       /* 设置行间距 */
17  padding:5px;         /* 设置段落之间边距 */
18  }
19  </style>
```

在浏览器中打开该网页，显示效果如下图所示。

13.1.4　设置整体页面样式

设置完标题图片和正文之后是不是就意味着工作已经做完了呢？当然不是，接下来还有两项工作要做，就是设置整体页面效果和对段落的控制。下面先介绍如何设置整体页面效果。

我们在网络上经常看到一些网站有红色、蓝色等背景色，这是通过设置页面的 <body> 标签样式实现的，如范例文件 13-1-4-1 所示。

【范例 13.5】 设置整体页面样式（范例文件：ch13\13-1-4-1.html）

```
01  body{
02     margin:0px;
```

```
03    background-color:#099;
04  }
05  h1{
06    color:red;          /* 设置文字颜色 */
07    background-color:#49ff01;        /* 设置背景色 */
08    text-align:center;        /* 设置文本居中 */
09    padding:20px;          /* 设置内容内边距 */
10  }
11  img{
12    float:left;        /* 居左显示 */
13    border:2px #F00 solid;  /* 设置边框 */
14    margin:5px;          /* 设置外边距 */
15  }
16  p{
17    font-size:12px;        /* 设置正文字体 */
18    text-indent:2em;        /* 设置字间距 */
19    line-height:1.5;        /* 设置行间距 */
20    padding:5px;          /* 设置段落之间边距 */
21  }
22  </style>
```

再次在浏览器中打开该网页，显示效果如下图所示。

13.1.5　定义段落样式

对段落的设置就是调整段落文字效果和段落的表现，比如为第一段文字加下划线，为第二段文字加分割边线，如范例文件 13-1-5-1 所示。

【范例 13.6】　定义段落样式（范例文件：ch13\13-1-5-1.html）

```
01  <style type="text/css">
02  body{
```

```
03     margin:0px;
04     background-color:#099;
05  }
06  h1{
07     color:red;           /* 设置文字颜色 */
08     background-color:#49ff01;           /* 设置背景色 */
09     text-align:center;           /* 设置文本居中 */
10     padding:20px;           /* 设置内容内边距 */
11  }
12  img{
13     float:left;           /* 居左显示 */
14     border:2px #F00 solid;           /* 设置边框 */
15     margin:5px;           /* 设置外边距 */
16  }
17  p{
18     font-size:12px;           /* 设置正文字体 */
19     text-indent:2em;           /* 设置字间距 */
20     line-height:1.5;           /* 设置行间距 */
21     padding:5px;           /* 设置段落之间边距 */
22  }
23  .p1{
24     text-decoration:underline;           /* 下划线 */
25  }
26  .p2{
27     border-bottom:1px #FF0000 dashed;           /* 加边框线 */
28  }
29  </style>
```

在浏览器中打开该网页，显示效果如下图所示。

13.1.6 完整的代码

至此，通过手工编写完成一个内容页的 CSS 样式实现，其完整代码如范例文件 13-1-6-1 所示。

【范例 13.7】 完整的代码（范例文件: ch13\13-1-6-1.html）

```
01  <!DOCTYPE HTML PUBLIC "-//W3C//DTD HTML 4.01 Transitional//EN"
    "http://www.w3.org/TR/ html4/loose.dtd">
02  <html>
03  <head>
04  <meta http-equiv="Content-Type" content="text/html; charset=utf-8">
05  <title> 从零开始手工编写 </title>
06  <style type="text/css">
07  body{
08      margin:0px;
09      background-color:#099;
10  }
11  h1{
12      color:red;          /* 设置文字颜色 */
13      background-color:#49ff01;          /* 设置背景色 */
14      text-align:center;          /* 设置文本居中 */
15      padding:20px;          /* 设置内容内边距 */
16  }
17  img{
18      float:left;          /* 居左显示 */
19      border:2px #F00 solid;          /* 设置边框 */
20      margin:5px;          /* 设置外边距 */
21  }
22  p{
23      font-size:12px;          /* 设置正文字体 */
24      text-indent:2em;          /* 设置字间距 */
25      line-height:1.5;          /* 设置行间距 */
26      padding:5px;          /* 设置段落之间边距 */
27  }
28  .p1{
29      text-decoration:underline;          /* 下划线 */
30  }
31  .p2{
32      border-bottom:1px #FF0000 dashed;          /* 加边框线 */
33  }
34  </style>
35  </head>
36  <body>
```

```
37   <h1>iPhone 手机介绍 </h1>
38   <img src="iphone.jpg" title="iPhone" alt="iPhone" />
39   <p class="p1">
40    iPhone 是结合照相手机、个人数码助理、媒体播放器以及无线通信设备的掌上智能手
机，由史蒂夫·乔布斯在 2007 年 1 月 9 日举行的 Macworld 宣布推出，2007 年 6 月 29 日在
美国上市。
41    iPhone 是一部 4 频段的 GSM 制式手机，支持 EDGE 和 802.11b/g 无线上网，支持
电邮、移动通话、短信、网络浏览以及其他的无线通信服务。
42   </p>
43   <p class="p2">
44    2007 年 6 月 29 日 18:00 iPhone（即 iphone1 代） 在美国上市，2008 年 7 月 11
日，苹果公司推出 3G iPhone。2010 年 6 月 8 日凌晨 1 点乔布斯发布了 iPhone 4 。2011
年 10 月 5 日凌晨，iPhone 4S 发布。2012 年 9 月 13 日凌晨（美国时间 9 月 12 日上午）
iPhone 5 发布。
45   </p>
46   </body>
47   </html>
```

在浏览器中打开该网页，显示效果如下图所示。

13.2 使用 Dreamweaver 辅助工具创建页面

 本节视频教学录像：3 分钟

在通过手工编写制作页面的时候，会遇到这样的问题，就是要求用户对各个标签属性进行准确的记忆才能熟练编写，这对于刚接触 CSS 3 的新手来说显然很吃力。那么有没有不通过识记这些属性就能快速上手的方法呢？回答是肯定的。那就是通过工具软件辅助，这里介绍的是 Dreamweaver CS6。

❶ 打开 Dreamweaver CS6，单击【文件】▶【新建】命令，创建新的 HTML 文档，并保存为 13-2-1.html, 更改 <title> 标签内容为"使用 Dreamweaver 创建实例"，如下图所示。

精通 HTML+CSS——100% 网页设计与布局密码

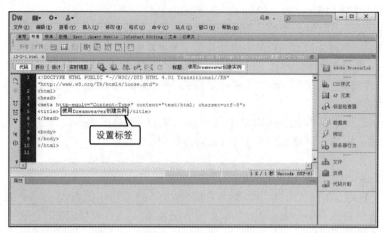

❷ 选择拆分模式，把光标定位到右边设计框里，输入 3 段文字信息，在段落结束处按【Enter】键，结果如下图所示。

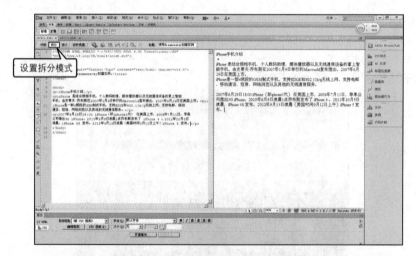

❸ 选中第一行，在上面的下拉菜单中选择"文本"模式，然后选择"h1"，结果如下图所示。

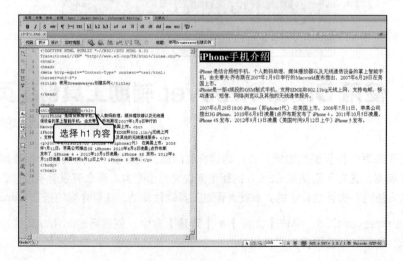

❹ 在标题下新增加一行，选择【插入】▶【图像】命令，结果如下图所示。

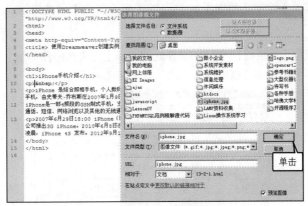

❺ 选择图片后单击【确定】按钮，在 Dreamweaver 中的效果如下图所示。

说　明

至此我们通过 Dreamweaver 工具实现了 13.1 节中的效果。

13.3 在 Dreamweaver 中新建 CSS 样式

 本节视频教学录像：3 分钟

上节已经通过工具实现了基本的网页框架，接下来需要考虑怎样建立 CSS 规则，步骤如下。

❶ 在【CSS 样式】标签框中单击鼠标右键并选择【新建】命令，如下图所示。

技 巧 也可以在菜单中选择【格式】▶【CSS】▶【新建】创建规则。

❷ 打开【新建 CSS 规则】对话框，在【为 CSS 规则选择上下文选择器类型】下拉框中选项"标签"，在【选择或输入选择器名称】下拉框中输入"h1"，如下图所示。

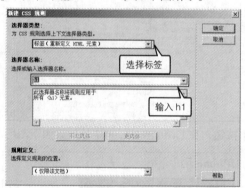

❸ 在【新建 CSS 规则】对话框右上方单击【确定】按钮，弹出【h1 的 CSS 规则定义】窗口，如下图所示。

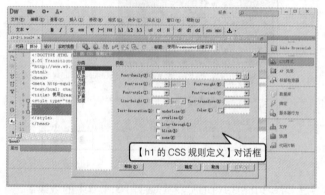

❹ 单击选择类型区域，在类型设置区域中单击【Color】选项后的文本框，在弹出的颜色对话框中选择红色，把标题字体设为红色，如下图所示。

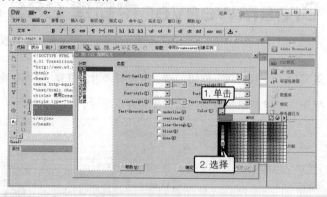

技 巧 颜色值可以选择一个十六进制的值，也可以输入手工制作时的"red"、"blue"等颜色字符串。

❺ 选择【h1 的 CSS 规则定义】▶【分类】▶【背景】选项，如下图所示。

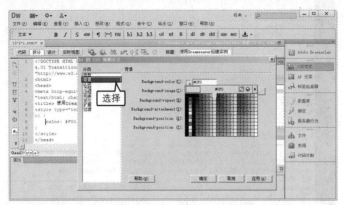

❻ 选择【h1 的 CSS 规则定义】▶【分类】▶【区块】选项，如下图所示。

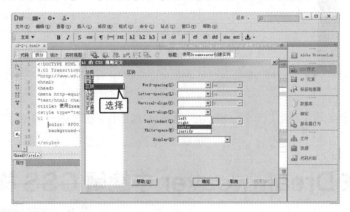

❼ 选择【Text-align】为居中，实现把标题文字居中。

❽ 选择【h1 的 CSS 规则定义】▶【分类】▶【方框】选项，在右边方框设置 Padding 为全部相同，Top 值为 20，如下图所示。

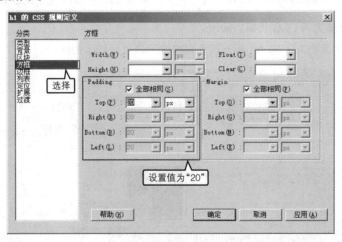

❾ 当上面的所有步骤操作完成后，单击【确定】按钮，则 Dreamweaver 软件自动在 HTML 文档中生成相应的 CSS 规则，如下图所示。

```
1   <!DOCTYPE HTML PUBLIC "-//W3C//DTD HTML 4.01 Transitional//EN"
    "http://www.w3.org/TR/html4/loose.dtd">
2   <html>
3   <head>
4   <meta http-equiv="Content-Type" content="text/html; charset=utf-8">
5   <title> 使用Dreamweaver创建实例</title>
6   <style type="text/css">
7   h1 {
8       color: #F00;
9       background-color: #0F0;
10      text-align: center;
11      padding: 20px;
12  }
13  </style>
14  </head>
15
16  <body>
17  <h1>iPhone手机介绍</h1>
18  <p><img src="iphone.jpg" width="400" height="250"></p>
19  <p>iPhone 是结合照相手机、个人数码助理、媒体播放器以及无线通信设备的掌上智能
    手机，由史蒂夫·乔布斯在2007年1月9日举行的Macworld宣布推出，2007年6月29日在美国上市。<br>
20  iPhone是一部4频段的GSM制式手机，支持EDGE和802.11b/g无线上网，支持电邮、移动
    通话、短信、网络浏览以及其他的无线通信服务。</p>
21  <p>2007年6月29日18:00 iPhone（即iphone1代） 在美国上市，2008年7月11日，苹果
    公司推出3G iPhone。2010年6月8日凌晨1点乔布斯发布了 iPhone 4 。2011年10月5日
    凌晨，iPhone 4S 发布。2012年9月13日凌晨（美国时间9月12日上午）iPhone 5 发布。</p>
22  </body>
23  </html>
24
```

最终效果

说明　通过这个实践过程可以知道，使用工具可以实现与手工输入一致的效果。

13.4 在 Dreamweaver 中编辑 CSS 样式

　本节视频教学录像：2 分钟

在上一节中我们学会了怎么设置 <h1> 标签的属性，如果我们认为某一属性设置不合理需要修改时，应该怎样操作呢？在 Dreamweaver CS6 中有 3 种方式可以实现对 CSS 规则的编辑。

❶ 在代码区域内直接进行 CSS 代码的修改。

❷ 在 CSS 样式区内单击 h1，在 h1 标签属性框中进行修改，如下图所示。

修改属性

❸ 选中【CSS 样式】中的 h1，单击鼠标右键点【编辑】，如下图所示，打开【h1 的 CSS 规则定义】窗口。

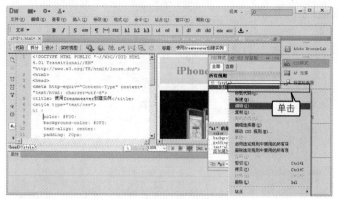

13.5 为图像创建 CSS 样式

 本节视频教学录像：3 分钟

最后我们来给图像创建 CSS 规则，具体步骤如下。

❶ 在 CSS 样式中单击【新建】按钮，打开【新建 CSS 规则】对话框，在【选择器类型】中选择"标签"，在【选择器的名称】中选择"img"，单击【确定】按钮，如下图所示。

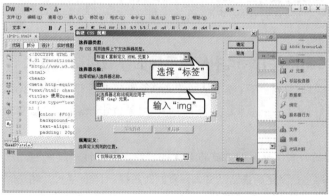

❷ 打开【img 的 CSS 规则定义】选择方框，在【Float】选项中选择"left"，设置【Margin】为"全部相同"，值设为 5，如下图所示。

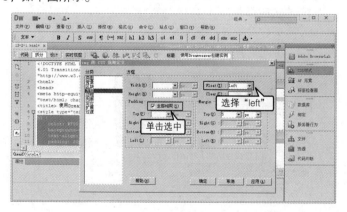

❸ 点击【img 的 CSS 规则定义】左侧分类中的边框，设置边框右侧属性为全部相同，"style"值设为"solid"，"width"值设为 2，color 值设为 #F00。至此，图像 CSS 规则设置完毕，单击【确定】按钮，关闭规则编辑框，如下图所示。

说 明　　<p> 标签的设置过程与 <h1>、<img> 标签基本相同，要设置哪些内容只需要在相应分类框选择卡中设置即可，这里不再详述。

 高手私房菜

>>

技巧 1：在 Dreamweaver 中使用不同的复制和粘贴方式

实际工作中，页面排版的内容多是从别的文档复制文本到 Dreamweaver 中的，经常会发现段落挤成一团，不好处理。在这种情况下，我们要知道 Dreamweaver 复制和粘贴文本的方式其实有两种。

第一种是标准的方式，标准的方式将对象连同对象的属性一起复制，把剪贴板的内容作为 HTML 代码。第二种方式仅复制或粘贴文本，复制时忽视 HTML 格式，粘贴时则把 HTML 代码作为文本粘贴。多按一个【Shift】（Ctrl+Shift+C/Ctrl+Shift+V）键即按后一种方式操作，例如，当按【Ctrl +Shift+V】组合键时会弹出如下图所示的对话框。读者可根据需要选择合适的处理方式。

技巧 2：使用 Dreamweaver 生成 CSS 3 样式表并链接到当前文档

❶ 在使用 Dreamweaver 打开要编辑的 HTML 文档后，选择【文件】▶【新建】，打开【新建文档】对话框，并在【页面类型】选项中选择"CSS"，如下图所示。

❷ 单击【创建】按钮，将生成一个 CSS 样式表文件，如下图所示。

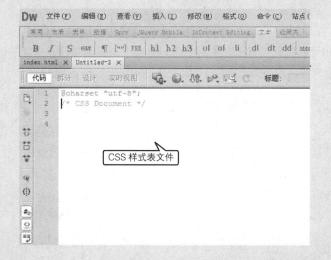

❸ 选择 Dreamweaver 的菜单项【文件】▶【保存】选项，打开【另存为】对话框，为当前 CSS 文件设置文件名，并设置保存地址。例如，我们将 CSS 文件命名为"style.css"，并设置保存在和当前 HTML 文档相同的文件夹下。

❹ 单击【保存】按钮，CSS 文件则会成功保存，然后切换到要将样式表链接到的 HTML 文档。在 Dreamweaver 软件右侧的【CSS 样式】选项卡下，鼠标指针指向"附加样式表"图标，如下图所示。

❺ 单击鼠标，弹出【链接外部样式表】对话框，单击【浏览】按钮，查找并选择要链接到当前文档的 CSS 样式表文件，如下图所示。

❻ 在【选择样式表文件】对话框中单击【确定】按钮，选中该样式表文件，回到【链接外部样式表】对话框，最后单击【确定】按钮，即可将外部样式表链接到当前 HTML 文档中。

第 **14** 章

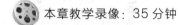 本章教学录像：35 分钟

用 CSS 3 设置文本样式

在网站页面设计中，文本内容的样式设计占据着重要的地位。成功的文本样式设计不但可以使页面整齐美观，而且能方便用户管理和更新。本章重点介绍有关文本内容的样式设计。

本章要点（已掌握的在方框中打勾）

☐ 样式的参数单位

☐ 设置网页文本的基本样式

☐ 设置网页文本的行高与间距

☐ 设置网页文本的对齐方式

☐ 设置文字与背景的颜色

☐ 其他网页文本样式设置

14.1 样式的参数单位

 本节视频教学录像：6 分钟

在指定 CSS 属性值时，我们需要知道每一个 CSS 属性的值均有两种指定形式，一种是指定范围，如 float 属性，只可能取 left、right、none 3 种值；另一种为数值，如 width 能够使用 0~9999 像素或其他数学单位。本小节我们分别对长度单位和颜色单位进行介绍。

14.1.1 长度单位

在本书的示例中，我们经常看到 "px" 单位值，它就是本节要讲的长度单位之一。在网页中，无论是图片的长宽、文字的大小，通常都用像素或百分比进行设置。在 CSS 3 中，长度单位可以分为两类——相对类型和绝对类型，下面分别进行介绍。

(1) 相对类型长度单位：CSS 相对长度单位中的 "相对" 二字，表明了其长度单位会随着它的参考值的变化而变化，即不是固定的，下表所示为相对类型单位。

CSS 相对长度单位	说明
em	元素的字体高度
ex	字母 x 的高度
px	像素
%	百分比

(2) 绝对类型：绝对长度单位是一个固定的值，例如常用的 mm，就是毫米的意思。下表所示为绝对类型的单位。

CSS 绝对长度单位	说明
in	英寸 (1 英寸 = 2.54 厘米)
cm	厘米
mm	毫米
pt	点 (1 点 = 1/72 英寸)
pc	皮卡 (1 皮卡 = 12 点)

14.1.2 颜色单位

在网页设计中，我们通常会见到用十六进制或者浏览器支持的颜色名称表示颜色。使用 RGB 表示法定义颜色，需要知道颜色中包含了多少红色、绿色和蓝色。每一种 RGB 颜色都是由红色、绿色和蓝色 3 种颜色混合而成的。例如，将红色和绿色进行混合，即可得到黄色。

让人困惑的是 RGB 颜色的编写方法，所有的 RGB 颜色基于 0~255 标度进行度量。它们通常使用十六进制计数，即使用以 16 为计数的数字系统，其中的数字有 0、1、2、3、4、5、6、7、8、9、A、B、C、D、E 和 F，数字 32 写作 20 (两个 16 和零个 1)，数字 111 是 6F (6 个 16 和 15 个 1)。

　　CSS 3 提供了 4 种方法表示 RGB 值，第一种方法使用简单的十六进制表示，表示为 6 位数字，如范例文件 14-1-2-1 所示，表示前景色应该具有红色值 CC（255 当中的 204，或者 80%），绿色值 66（它是 102，或者 40%），蓝色值 FF（它是 255，或者 100%）。这是一种淡紫色，离白色（#FFFFFF）越近，颜色越淡，当混合大量蓝色和红色时，得到紫色效果。

【范例 14.1】 紫色效果（范例文件：ch14\14-1-2-1.html）

```
01  <!DOCTYPE HTML PUBLIC "-//W3C//DTD HTML 4.01 Transitional//EN"
"http://www.w3.org/TR/ html4/loose.dtd">
02  <html>
03  <head>
04  <meta http-equiv="Content-Type" content="text/html; charset=utf-8">
05  <title> 用十六进制表示颜色值 </title>
06  <style type="text/css">
07  body{
08  color:#CC66FF;
09  }
10  </style>
11  </head>
12  <body>
13  网页文本内容
14  </body>
15  </html>
```

在浏览器中打开该网页，显示效果如下图所示。

　　也可以用短十六进制表示法编写，这是 3 位十六进制数字，要将 3 位 RGB 代码转换为 6 位代码，只需要重复每个字母即可，因此，同样的样式规则可以编写如下。

```
01  <style type="text/css">
02     body{
03        color:#C6F;
04     }
05  </style>
```

RGB 还提供了另两种设置颜色的方法，一种方法是提供三元的 RGB 数字，范围为 0~255，由逗号隔开，另一种方法是给出百分比。例如，范例文件 14-1-2-2 用另外两种方式制定淡紫色的颜色值。

【范例 14.2】 两种方式制定淡紫色的颜色值（范例文件: ch14\14-1-2-2.html）

```
01   <!DOCTYPE HTML PUBLIC "-//W3C//DTD HTML 4.01 Transitional//EN"
"http://www.w3.org/TR/ html4/loose.dtd">
02   <html>
03   <head>
04   <meta http-equiv="Content-Type" content="text/html; charset=utf-8">
05   <title> 用三元 RGB 数字或者百分比表示颜色值 </title>
06   <style type="text/css">
07     .p1{
08        color:rgb(204,102,255);
09     }
10     .p2{
11        color:rgb(80%,40%,100%);
12     }
13   </style>
14   </head>
15   <body>
16     <p class="p1"> 这是 p1 的文本内容，文本颜色为淡紫色，采用三元的 RGB 数字
</p>
17     <p class="p2"> 这是 p2 的文本内容，文本颜色为淡紫色，采用百分比 </p>
18   </body>
19   </html>
```

在浏览器中打开该网页，显示效果如下图所示。

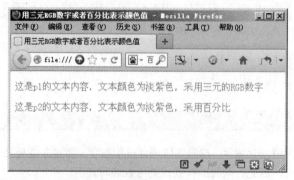

另外，需要注意的是，当在 CSS 中设置任何颜色时（不止是 color 属性），可以使用这些颜色值。例如，可以用任何一种类型值设置 background-color 或者 border。

技巧　在颜色设计中，建议使用十六进制颜色代码，以保持各浏览器能统一解析。另外，在有效的颜色设计中需要使用颜色图，否则要频繁地试验 RGB 值。使用的颜色图可以是放置在计算机旁边的颜色图打印件，也可以是参考电子文件，或者两者都匹配。

14.2 设置网页文本的基本样式

 本节视频教学录像：8 分钟

前面介绍过样式的参数单位，下面介绍怎样为文本设置具体的样式，这主要包括定义文本的显示颜色、文本采用的字体、文字的倾斜效果及加粗效果等。

14.2.1 网页文本颜色的定义

首先介绍怎样定义文本的显示颜色，通过为文本定义显示时的颜色，可以使设计出来的网页色彩更加鲜艳，重点内容更加突出。这需要通过 CSS 样式的 color 属性进行设置，该属性的值为颜色对应的英文单词，如 blue、red 等，或者为十六进制表示的颜色，如 #0000FF、#FF0000 等。

读者可能发现本书在介绍 CSS 的基础知识时已经不止一次使用过 color 属性，下面我们再来看一个实例。例如，范例文件 14-2-1-1 设置 p1 类选择器的 color 属性为红色，设置 p2 类选择器的 color 属性为蓝色。

【范例 14.3】 color 属性设置文本颜色（范例文件：ch14\14-2-1-1.html）

```
01  <!DOCTYPE HTML PUBLIC "-//W3C//DTD HTML 4.01 Transitional//EN"
    "http://www.w3.org/TR/ html4/loose.dtd">
02  <html>
03  <head>
04  <meta http-equiv="Content-Type" content="text/html; charset=utf-8">
05  <title> 文本颜色定义 </title>
06  <style type="text/css">
07  .p1 {
08      font-size: 18px;
09      color: #F00;
10  }
11  .p2 {
12      font-size: 10mm;
13      color: #0F0;
14  }
15  </style>
16  </head>
17  <body>
18      <p class="p1"> 这是第一段文本 </p>
19      <p class="p2"> 这是第二段文本 </p>
20  </body>
21  </html>
```

在浏览器中打开该网页，显示效果如下图所示。

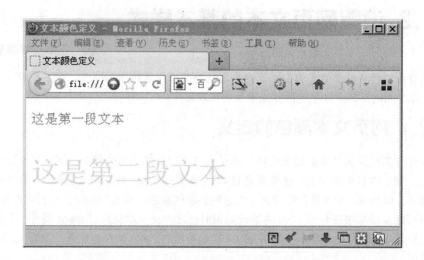

说 明 在没有使用 color 属性时，大部分浏览器会默认为文字是黑色的，并使用白色的底色背景。

14.2.2 设置具体文字的字体

网页中提供了设置字体样式的功能，HTML 语言中的文字样式是通过 `<font face=" 字体名称 ">` 来设置的；而在 CSS 中，字体是通过 font-family 属性进行控制的，如范例文件 14-2-2-1 所示。

【范例 14.4】 font-family 属性设置字体 (范例文件: ch14\14-2-2-1.html)

```
01  <!DOCTYPE HTML PUBLIC "-//W3C//DTD HTML 4.01 Transitional//EN"
"http://www.w3.org/TR/ html4/loose.dtd">
02  <html>
03  <head>
04  <meta http-equiv="Content-Type" content="text/html; charset=utf-8">
05  <title> 设置具体文字的字体 </title>
06  <style type="text/css">
07    .p1{
08      font-family: 黑体 , 幼圆 , 宋体 ,Arial,sans-serif;
09    }
10  </style>
11  </head>
12  <body>
13    <p class="p1"> 本段采用特定的字体显示 </p>
14    <p> 本段字体采用默认的字体显示 </p>
15  </body>
16  </html>
```

在浏览器中打开该网页，显示效果如下图所示。

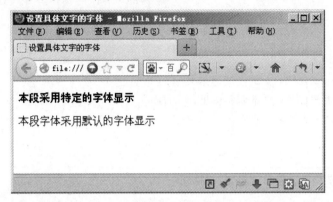

在本示例中，声明采用类选择器 p1 标签内的字体样式，分别为黑体、幼圆、宋体和 Arial。整句代码的意思是，让浏览器在用户的计算机中按顺序依次查询输入的字体样式，如果 font-family 所输入的字体样式在浏览者的计算机中没有记载，那么浏览器会自动使用默认字体。

注　意　一些字体的名称中间会出现空格，这时需要将其用双引号引起来，例如"Arial Rounded MT Bold"。

14.2.3　设置文字的倾斜效果

在 CSS 中使用 font-style 定义文字倾斜效果，该属性对应的值有 3 个，分别为 normal（正常）、oblique（斜体）、italic（偏斜体），系统默认的是 normal（正常），例如，范例文件 14-2-3-1 定义了 3 种不同的斜体效果。

【范例 14.5】　设置文字的倾斜效果（范例文件：ch14\14-2-3-1.html）

```
01  <!DOCTYPE HTML PUBLIC "-//W3C//DTD HTML 4.01 Transitional//EN"
"http://www.w3.org/TR/ html4/loose.dtd">
02  <html>
03  <head>
04  <meta http-equiv="Content-Type" content="text/html; charset=utf-8">
05  <title> 设置文字的倾斜效果 </title>
06  <style type="text/css">
07    p{
08      color:#F00;
09    }
10    .p1{
11      font-style:normal;    /* 设置文字正常 */
12    }
13    .p2{
14      font-style:oblique;    /* 设置文字偏斜体 */
15    }
16    .p3{
```

```
17          font-style:italic;     /* 设置文字斜体 */
18     }
19  </style>
20  </head>
21  <body>
22    <p class="p1"> 文本正常显示 </p>
23    <p class="p2"> 文本偏斜体显示 </p>
24    <p class="p3"> 文本斜体显示 </p>
25  </body>
26  </html>
```

在浏览器中打开该网页，显示效果如下图所示。

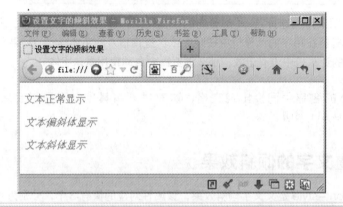

说　明　斜体（italic）指的是斜体字，可以理解为使用文字的斜体，一般只有一些英文才具有这个属性，而偏斜体 (oblique) 可以理解为强制文字进行斜体。并不是每一种文字都具有斜体属性，不具备斜体属性的文字需要通过设置偏斜体 (oblique) 强行进行斜体设置。

14.2.4 设置文字的粗细效果

在 CSS 中可以通过 font-weight 属性将文字的粗细进行细致的划分，不仅能将文字加粗，而且还可以将文字细化，下表列出了 font-weight 的属性值及说明。

font-weight 的属性值	说明
normal	正常的字体，相当于属性值为 400
bold	粗体，相当于属性值为 700
bolder	特粗体
lighter	细体
inhert	继承
100~900	通过 100~900 的数值来控制文字的粗细

例如，范例文件 14-2-4-1 定义了两种不同的加粗效果样式。

【范例 14.6】 设置文字的加粗效果（范例文件：ch14\14-2-4-1.html）

```
01  <!DOCTYPE HTML PUBLIC "-//W3C//DTD HTML 4.01 Transitional//EN"
"http://www.w3.org/TR/ html4/loose.dtd">
02  <html>
03  <head>
04  <meta http-equiv="Content-Type" content="text/html; charset=utf-8">
05  <title> 设置文字的加粗效果 </title>
06  <style type="text/css">
07    .font01{
08      font-weight:bold;
09    }
10    .font02{
11      font-weight:normal;
12    }
13  </style>
14  </head>
15  <body>
16    <p class="font01"> 文本加粗显示 </p>
17    <p class="font02"> 文本正常显示 </p>
18  </body>
19  </html>
```

在浏览器中打开该网页，显示效果如下图所示。

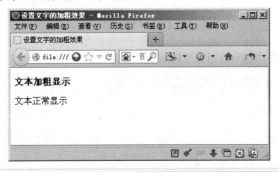

 注 意 在设置文字的粗细时，将文字加粗或者细化是有一定限制的，不会出现无限加粗或细化的状况，这个范围是 100~900。如果超过最大值或低于最小值，文字粗细以最大值 900 或最小值 100 为准。

14.3 设置网页文本的行高与间距

 本节视频教学录像：5 分钟

在设计网页文本时，我们通常需要设置文本的行高和文字之间的间距，以便于网页表达的信息更容易被阅读。

14.3.1 设置网页文字间间距

在 CSS 中也可以灵活设置字母或单词之间的距离。字母之间距离的控制使用 letter-spacing，单词之间的距离通过 word-spacing 实现，这两个属性的属性值均可用本章开头介绍的长度单位作为值。例如，范例文件 14-3-1-1 定义"font01"类选择器，使第一段的英文字母间距变大，单词间的距离也增加。

【范例 14.7】 设置网页文字间间距（范例文件：ch14\14-3-1-1.html）

```
01  <!DOCTYPE HTML PUBLIC "-//W3C//DTD HTML 4.01 Transitional//EN"
"http://www.w3.org/TR/ html4/loose.dtd">
02  <html>
03  <head>
04  <meta http-equiv="Content-Type" content="text/html; charset=utf-8">
05  <title> 设置网页文字间距 </title>
06  <style type="text/css">
07    .font01{
08        letter-spacing:5px;
09        word-spacing:20px;
10    }
11  </style>
12  </head>
13  <body>
14    <p class="font01">The first piece of text</p>
15    <p>The second piece of text</p>
16  </body>
17  </html>
```

在浏览器中打开该网页，显示效果如下图所示。

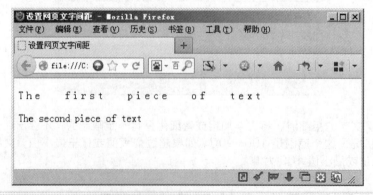

14.3.2 设置网页文字行间高

在使用 CSS 设置网页文字行间高时，我们需要知道在 HTML 中无法控制段落内部的行高，而 CSS 使用 line-height 属性控制段内行高，如范例文件 14-3-2-1 所示。

【范例 14.8 】 设置网页文字行间高（范例文件：ch14\14-3-2-1.html ）

```
01  <!DOCTYPE HTML PUBLIC "-//W3C//DTD HTML 4.01 Transitional//EN"
    "http://www.w3.org/TR/ html4/loose.dtd">
02  <html>
03  <head>
04  <meta http-equiv="Content-Type" content="text/html; charset=utf-8">
05  <title> 设置网页文字行间高 </title>
06  <style type="text/css">
07      .font01{
08          line-height:30px;
09          color:red;
10      }
11  </style>
12  </head>
13  <body>
14      <p class="font01">
15      段落 1 内的文本段落 1 内的文本段落 1 内的文本段落 1 内的文本
16      段落 1 内的文本段落 1 内的文本段落 1 内的文本段落 1 内的文本
17      段落 1 内的文本段落 1 内的文本段落 1 内的文本段落 1 内的文本
18      </p>
19      <p>
20      段落 2 内的文本段落 2 内的文本段落 2 内的文本段落 2 内的文本
21      段落 2 内的文本段落 2 内的文本段落 2 内的文本段落 2 内的文本
22      段落 2 内的文本段落 2 内的文本段落 2 内的文本段落 2 内的文本
23      </p>
24  </body>
25  </html>
```

在浏览器中打开该网页，显示效果如下图所示。

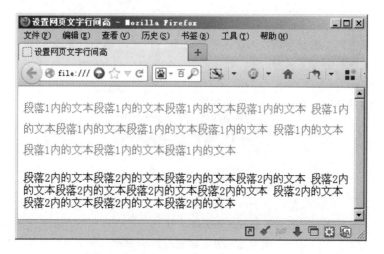

14.3.3 设置网页文字段落间距

CSS 作为强大的网页版式控制语言，不仅能控制行与行之间的距离，只要灵活运用也可以控制段与段之间的距离。通过分析代码可以知道，改变段与段之间的距离实际上就是加大两个 `<p>` 标签盒子上下边距之间的距离，margin 属性可以解决这一问题，如范例文件 14-3-3-1 所示。

【范例 14.9】 设置网页文字段落间距（范例文件：ch14\14-3-3-1.html）

```
01  <!DOCTYPE HTML PUBLIC "-//W3C//DTD HTML 4.01 Transitional//EN"
    "http://www.w3.org/TR/ html4/loose.dtd">
02  <html>
03  <head>
04  <meta http-equiv="Content-Type" content="text/html; charset=utf-8">
05  <title> 设置网页文字段落间距 </title>
06  <style type="text/css">
07      .font01{
08          margin:40px 0px;
09      }
10      .font02{
11          color:#F00;
12      }
13  </style>
14  </head>
15  <body>
16      <p> 第一行文本第一行文本第一行文本第一行文本第一行文本 </p>
17      <p class="font01 font02"> 第二行文本第二行文本第二行文本第二行文本第二行
    文本 </p>
18      <p> 第三行文本第三行文本第三行文本第三行文本第三行文本 </p>
19      <hr>
20      <p> 第一行文本第一行文本第一行文本第一行文本第一行文本 </p>
21      <p class="font02"> 第二行文本第二行文本第二行文本第二行文本第二行文本 </
    p>
22      <p> 第三行文本第三行文本第三行文本第三行文本第三行文本 </p>
23  </body>
24  </html>
```

在浏览器中打开该网页，显示效果如下图所示。

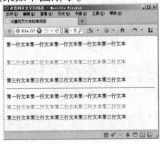

▌14.4 设置网页文本的对齐方式

 本节视频教学录像：6 分钟

段落是由一个个文字组合而成的，所以设置文字的方法同样适用于段落。但在大多数情况下，控制文字样式只能对少数文字起作用。对于文字段落来说，还需要通过专门的样式进行控制。

14.4.1 控制文本的水平对齐方式

在 CSS 中，段落的水平对齐方式是通过 text-align 属性控制的，可以设置段落的对齐方式为左对齐、水平居中对齐、右对齐与两端对齐。

(1) 通过设置 text-align 属性为 left、center、right，可以分别控制文本左对齐、水平居中对齐、右对齐，如范例文件 14-4-1-1 所示。

【范例 14.10】 控制文本的水平对齐方式（范例文件：ch14\14-4-1-1.html）

```
01  <!DOCTYPE HTML PUBLIC "-//W3C//DTD HTML 4.01 Transitional//EN"
    "http://www.w3.org/TR/ html4/loose.dtd">
02  <html>
03  <head>
04  <meta http-equiv="Content-Type" content="text/html; charset=utf-8">
05  <title> 控制文本的水平对齐方式 </title>
06  <style type="text/css">
07    .p1{
08        text-align:left;
09    }
10    .p2{
11        text-align:center;
12    }
13    .p3{
14        text-align:right;
15    }
16  </style>
17  </head>
18  <body>
19    <p class="p1"> 左对齐 left</p>
20    <p class="p2"> 居中水平对齐 center</p>
21    <p class="p3"> 右对齐 right</p>
22  </body>
23  </html>
```

在浏览器中打开该网页，显示效果如下图所示。

两端对齐不同于其他 3 种对齐方式，其他 3 种对齐方式可以对英文字母及汉字起作用，而两端对齐只对英文字母起作用。

(2) 通过设置 text-align 的属性值为 justify，可以控制英文文本两端对齐，如范例文件 14-4-1-2 所示。

【范例 14.11】 控制英文文本两端对齐（范例文件：ch14\14-4-1-2.html）

```
01  <!DOCTYPE HTML PUBLIC "-//W3C//DTD HTML 4.01 Transitional//EN"
"http://www.w3.org/TR/ html4/loose.dtd">
02  <html>
03  <head>
04  <meta http-equiv="Content-Type" content="text/html; charset=utf-8">
05  <title> 控制文本的两端对齐 </title>
06  <style type="text/css">
07    .p1{
08       text-align:justify;
09    }
10  </style>
11  </head>
12  <body>
13    <p>
14       Whatever is worth doing is worth doing well Whatever is worth
doing is worth doing well Whatever is worth doing is worth doing well
Whatever is worth doing is worth doing well Whatever is worth doing is worth
doing well
15    </p>
16    <p class="p1">
17       Whatever is worth doing is worth doing well Whatever is worth
doing is worth doing well Whatever is worth doing is worth doing well
Whatever is worth doing is worth doing well Whatever is worth doing is worth
doing well
18    </p>
19  </body>
20  </html>
```

在浏览器中打开该网页，显示效果如下图所示。

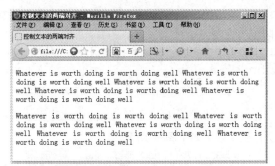

观察上图，可以看到在两段相同的英文文本中，由于第二段使用了两段对齐样式，所以右侧的文本非常整齐，而第一段的文本就显得比较凌乱。

说　明
两端对齐是美化文字段落的一种方法，可以使段落的两端与边界对齐。但该对齐方式只对整段英文起作用，因为为保留单词的完整性，英文段落在换行时整个单词会一起换行，所以会出现段落两端不对齐的情况。而中文段落由于每一个文字与符号的宽度相同，在换行时段落是对齐的，因此自然不需要使用两端对齐。

14.4.2　设置文本的垂直对齐方式

在 CSS 中，段落的垂直对齐是通过 vertical-align 属性来控制的，可以设置段落的垂直对齐方式为顶端对齐、垂直对齐和底端对齐。

例如，范例文件 14-4-2-1 分别定义了顶端对齐和底端对齐。

【范例 14.12】 设置文本的垂直对齐方式（范例文件：ch14\14-4-2-1.html）

```
01  <!DOCTYPE HTML PUBLIC "-//W3C//DTD HTML 4.01 Transitional//EN"
"http://www.w3.org/TR/ html4/loose.dtd">
02  <html>
03  <head>
04  <meta http-equiv="Content-Type" content="text/html; charset=utf-8">
05  <title> 设置文本的垂直对齐方式 </title>
06  <style type="text/css">
07    .font01{
08       vertical-align:top;
09    }
10    .font02{
11       vertical-align:bottom;
12    }
13    img{
14       width:60px;
15       height:60px;
16    }
17  </style>
18  </head>
```

```
19   <body>
20     <p><span class="font01"> 顶 部 对 齐 </span><img src="iphone.jpg"
alt="iphone" title="iphone" /></p>
21     <p><span class="font02"> 底 部 对 齐 </span><img src="iphone.jpg"
alt="iphone" title="iphone" /></p>
22   </body>
23   </html>
```

在浏览器中打开该网页，显示效果如下图所示。

 注 意 使用 CSS 3 为文字设置垂直对齐，必须要先选择一个参照物，也就是行内元素，但由于文字并不属于行内元素，所以 DIV（块级元素）中无法对文字进行垂直对齐，只能对元素中的图片设置对齐方式，以达到对齐效果。

14.5 设置文字与背景的颜色

 本节视频教学录像：2 分钟

我们可以使用 color、background-color、background-image 3 个属性分别设置文字的颜色、背景颜色及背景图像。background-color 与 color 的使用方法是一样的，属性值可以为数值或百分比。background-image 也与它们的使用方式相似，只是它的属性值是个字符串。

例如，范例文件 14-5-1 使用 color 将标题文字设置为红色，使用 background-color 将标题文字背景设置为蓝色，使用 background-image 为整个页面添加背景图片。

【范例 14.13】 设置文字与背景的颜色（范例文件：ch14\14-5-1.html）

```
01   <!DOCTYPE HTML PUBLIC "-//W3C//DTD HTML 4.01 Transitional//EN"
"http://www.w3.org/TR/ html4/loose.dtd">
02   <html>
03   <head>
04   <meta http-equiv="Content-Type" content="text/html; charset=utf-8">
05   <title> 设置文字与背景的颜色 </title>
06   <style type="text/css">
07     body{
08         background-image:url(iphone.jpg);
09     }
10     h1{
11         background-color:#0F0;
```

```
12        }
13        .font01{
14          color:#F00;
15        }
16    </style>
17    </head>
18    <body>
19        <h1>iPhone 介绍 </h1>
20        <p class="font01">iPhone 是结合照相手机、个人数码助理、媒体播放器以及无
线通信设备的掌上智能手机，由史蒂夫·乔布斯在 2007 年 1 月 9 日举行的 Macworld 宣布推出，
2007 年 6 月 29 日在美国上市。</p>
21    </body>
22    </html>
```

在浏览器中打开该网页，显示效果如下图所示。

14.6　其他网页文本样式设置

 本节视频教学录像：8 分钟

上一节介绍了经常用到的有关文本的样式规则，本节我们继续介绍一些还会用到的有关文本的样
式规则。

14.6.1　英文字母大小写自动转换的实现

在实际网页制作中经常遇到英文的大小写转换，使用 font-variant 可以实现英文字母从小写变为大
写，但是不能实现英文大写字母到小写字母的转换。如果要实现英文字母大小写转换，需要借助 text-
transform，如范例文件 14-6-1-1 所示。

【范例 14.14】　英文字母大小写自动转换（范例文件：ch14\14-6-1-1.html）

```
01    <!DOCTYPE HTML PUBLIC "-//W3C//DTD HTML 4.01 Transitional//EN"
"http://www.w3.org/TR/ html4/loose.dtd">
02    <html>
03    <head>
04    <meta http-equiv="Content-Type" content="text/html; charset=utf-8">
05    <title> 英文字母大小写自动转换的实现 </title>
```

```
06   <style type="text/css">
07     .font01{
08        text-transform:uppercase;    /* 全部转为大写 */
09     }
10     .font02{
11        text-transform:capitalize;   /* 单词首字母大写 */
12     }
13     .font03{
14        text-transform:lowercase;    /* 全部转为小写 */
15     }
16   </style>
17   </head>
18   <body>
19     <p class="font01"> 英文单词全部字母大写 uppercase</p>
20     <p class="font02"> 英文单词首字母大写 capitalize</p>
21     <p class="font03"> 英文单词全部小写 LOWERCASE</p>
22   </body>
23   </html>
```

在浏览器中打开该网页，显示效果如下图所示。

 将属性值设置为 capitalize，可以设置英文单词首字母大写。但需要注意的是，两个单词之间若有标点符号，如逗号、句号、冒号等，标点符号后的英文字母不能实现首字母大写。如果想让某些单词实现首字母大写的效果，可以在该单词前加一个空格，这样就可以实现首字母大写了。

14.6.2 控制文字的大小

通过控制网页中文字的大小可以达到突出主题的目的。在 CSS 3 中可以通过 font-size 属性控制文字的大小，文字可以是相对大小，也可以是绝对大小。本章开始已经介绍过 CSS 3 中的单位值，绝对大小的设置需要使用绝对单位，不管是何种分辨率的显示器，显示出来的大小都是相同的，不会发生改变。

另外，在设置文字的绝对大小时，CSS 3 还提供了使用关键字设置文字绝对大小的方法，一共有9 种值，设置文字从小到大分别为：xx-small、x-small、smaller、small、medium、large、x-large、xx-large。不过需要注意的是，使用关键字设置文字绝对大小的好处在于比较容易记忆，但缺点是，相同大小的文字在不同的浏览器中显示效果却不一样。

　　相比通过绝对大小设置文字的方法，使用相对大小方法设置文字大小具有更大的灵活性，所以一直受到许多网页设计者的喜爱。例如，像素（px）表示具体的像素，使用像素设置的文字大小与显示器的大小及分辨率有关，百分比或 em 都是相对于父标记而言的比例。

　　例如，范例文件 14-6-2-1 使用相对大小和绝对大小分别设置网页文字的显示大小。

【范例 14.15】 控制文字的大小（范例文件：ch14\14-6-2-1.html）

```
01  <!DOCTYPE HTML PUBLIC "-//W3C//DTD HTML 4.01 Transitional//EN"
"http://www.w3.org/TR/ html4/loose.dtd">
02  <html>
03  <head>
04  <meta http-equiv="Content-Type" content="text/html; charset=utf-8">
05  <title> 控制文字的大小 </title>
06  <style type="text/css">
07    .font01{
08       font-size:5mm;
09    }
10    .font02{
11       font-size:20px;
12    }
13  </style>
14  </head>
15  <body>
16    <p class="font01"> 文字以 5mm 的绝对大小显示 </p>
17    <p class="font02"> 文字以 20px 的相对大小显示 </p>
18  </body>
19  </html>
```

在浏览器中打开该网页，显示效果如下图所示。

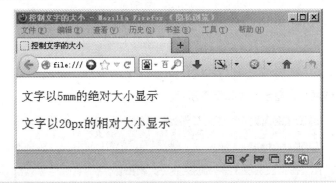

 说　明　这里所说的相对于父标记是指当前输入文字最近一级元素所设置的字体大小，该元素中的父标记会影响当前使用百分比或 em 设置的文字的相对大小，而像素（px）则不会受此影响。如果未设置父标记，则会按照浏览器默认的显示比例，也就是 1em=16px 的比例显示。

14.6.3 网页文字的装饰效果

在日常办公使用的 Office 中可以为文字设置下划线进行修饰，在 CSS 3 中使用 text-decoration 属性同样可以实现这一效果。通过为 text-decoration 属性设置 underline、line-through、overline，可以为文本添加下划线、删除线及顶划线。

例如，范例文件 14-6-3-1 分别定义了 3 种样式，为应用样式的文本添加下划线、删除线和顶划线。

【范例 14.16】 网页文字的装饰效果（范例文件：ch14\14-6-3-1.html）

```
01  <!DOCTYPE HTML PUBLIC "-//W3C//DTD HTML 4.01 Transitional//EN"
"http://www.w3.org/TR/ html4/loose.dtd">
02  <html>
03  <head>
04  <meta http-equiv="Content-Type" content="text/html; charset=utf-8">
05  <title> 网页文字的装饰效果 </title>
06  <style type="text/css">
07    .font01{
08       text-decoration:underline;
09    }
10    .font02{
11       text-decoration:line-through;
12    }
13    .font03{
14       text-decoration:overline;
15    }
16  </style>
17  </head>
18  <body>
19    <p class="font01"> 为文字添加下划线 </p>
20    <p class="font02"> 为文字添加删除线 </p>
21    <p class="font03"> 为文字添加顶划线 </p>
22  </body>
23  </html>
```

在浏览器中打开该网页，显示效果如下图所示。

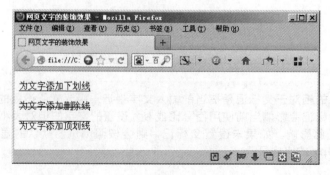

有些时候希望文字不仅有下划线，而且还有顶划线或者删除线，可以将 underline 和 overline 的值同时赋给 text-decoration 属性，可以写为如下形式。

text-decoration：underline overline

14.6.4 设置段落首行缩进效果

在文本段落编排中，首行一般都需要空两格，在 CSS 3 中通过 text-indent 属性值完成这一设置。通常设置 text-indent 值为"35px"，这样就能达到缩进两个当前汉字大小的状态，如范例文件 14-6-4-1 所示。

【范例 14.17】 设置段落首行缩进效果（范例文件：ch14\14-6-4-1.html）

```
01    <!DOCTYPE HTML PUBLIC "-//W3C//DTD HTML 4.01 Transitional//EN"
"http://www.w3.org/TR/ html4/loose.dtd">
02    <html>
03    <head>
04    <meta http-equiv="Content-Type" content="text/html; charset=utf-8">
05    <title> 设置段落首行缩进效果 </title>
06    <style type="text/css">
07       .font01{
08           text-indent:35px;
09       }
10    </style>
11    </head>
12    <body>
13       <p class="font01"> 本段文字首行缩进本段文字首行缩进本段文字首行缩进本段
文字首行缩进本段文字首行缩进本段文字首行缩进本段文字首行缩进本段文字首行缩进本段文
字首行缩进 </p>
14       <p> 本段文字未采用任何样式本段文字未采用任何样式本段文字未采用任何样式本
段文字未采用任何样式本段文字未采用任何样式本段文字未采用任何样式本段文字未采用任何
样式 </p>
15    </body>
16    </html>
```

在浏览器中打开该网页，显示效果如下图所示。

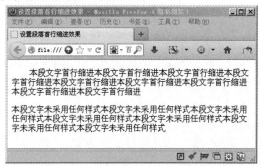

观察上图能够发现，第一段文字首行缩进了两个文字的长度，而第二段文字没有缩进。

高手私房菜

>>>

技巧 1：通过滤镜属性设置文字效果

在互联网上常常能看到一些很炫酷的文字效果，它们是怎样实现的呢？可以通过滤镜这一属性实现这种文字效果，下面是几种常用的滤镜效果。

（1）发光效果：

```
<font style="FILTER: glow(color=#FF0000,strength=3); HEIGHT: 1px;" face="楷体"    color="#ffffff" size="4"> 天生我材必有用 </font>
```

（2）阴影效果：

```
<FONT style="COLOR: #990099; FILTER: shadow(color=blue); FONT-FAMILY:方正舒体; FONT-SIZE: 20pt; WIDTH: 100%"><B> 人不是为失败而生的 </B></FONT>
```

（3）渐变效果：

```
<font style="font-size:30pt;filter:alpha(opacity=100,style=1);width:100%;color:red;
line-height:100%;font-family: 华文行楷 "><b> 为伊消得人憔悴 </b></font></P>
```

技巧 2：为网页中字体大小设置合适的样式

在 CSS 3 中有许多与字体有关的选项，但哪一种最适合在网络应用中使用呢？

首先可以使用绝对大小，但是绝对大小有许多缺陷，特别是在一致性、灵活性与访问性方面存在问题。与绝对字体大小相比，在使用相对大小时，任何视力有缺陷的用户可使用相对字体大小来扩大页面中的文字，这样更便于阅读。因此，开发者经常使用相对大小。

像素是最通用的大小值，被多数浏览器支持。像素的一个缺点是它忽略或否定了用户的喜好，且不能在 IE 中调整大小。

最常用的方法是使用 em 或百分比大小。em 可在所有支持尺寸调整的浏览器中进行调整，em 还与用户偏爱的默认大小有关，但在 IE 中应用 em 的结果难以预料，在 IE 中最好使用百分比来设定文本大小。

第 15 章

 本章教学录像：25 分钟

用 CSS 3 设置网页图像特效

在 HTML 部分学习图片 <img> 标签时，我们知道在 HTML 文档中直接对图片进行控制不仅制作繁琐，而且在后期对图片属性进行修改时也会非常麻烦。设计者在制作网页页面时不仅要考虑如何才能实现图片的特殊效果，而且要考虑在制作完成后如何才能对图片进行修改。使用 CSS 控制图片不仅可以解决以上问题，而且可以实现一些在 HTML 页面中无法实现的特殊效果。本章将为读者讲解使用 CSS 3 控制图片样式的方法。

本章要点（已掌握的在方框中打勾）

□ 设置图片边框

□ 图片缩放功能的实现

□ 设置图片与文字的对齐方式

□ 图文混排

□ CSS 3 中边框的新增属性

15.1 设置图片边框

 本节视频教学录像：8 分钟

CSS 3 在控制图片边框方面也有很大变化。在 HTML 中，使用 border 添加图片的边框，属性值为边框的粗细，这种方法存在很大的局限性，比如不能更换边框的颜色，或者改变边框的线型等。本节介绍使用 CSS 3 为图像设置边框。

15.1.1 图像边框基本属性

在 CSS 3 中使用 border-style 属性设置边框的样式，如实线、点画线，丰富了边框的表现形式。边框具有 3 个子属性。

(1) border-width：设置边框的粗细。

(2) border-color：设置边框的颜色。

(3) border-style：设置边框的线型。

下表列出了这 3 个属性及可用的属性值。

属性	描述	可用值	注释
border-width	用于设置元素边框的粗细	Thin	定义细边框
		Medium	定义中等边框（默认）
		Thick	定义粗边框
		Length	自定义边框宽度
border-style	用于设置元素边框样式	None	定义无边框
		Hidden	与 None 相同，对于表而言，用于解决冲突
		Dotted	定义点状边框，在大多数浏览器中显示为实线
		Dashed	定义虚线，在大多数浏览器中显示为虚线
		Solid	定义实线
		Double	定义双线，双线宽度等于 border-width
		Groove	定义 3D 凹槽边框，其效果取决于 border-color 的值
		Ridge	同上
border-color	用于设置元素边框颜色	Inset	同上
		Outset	
		Color_name	规定颜色值为颜色名称的边框颜色（如 red）
		Hex_number	规定颜色值为十六进制值的边框颜色（如 #00F）
		Rgb_number	规定颜色值的 RGB 代码的边框颜色（如 rgb(0,0,0)）
		transparent	默认值，边框颜色为透明

下面使用这些属性来编写一个实例，如范例文件 15-1-1-1 所示，定义两个类选择器，分别设置图片的边框样式、边框的粗细及边框的颜色。

【范例 15.1】 设置图片边框的基本属性（范例文件：ch15\15-1-1-1.html）

```
01  <!DOCTYPE HTML PUBLIC "-//W3C//DTD HTML 4.01 Transitional//EN"
"http://www.w3.org/TR/ html4/loose.dtd">
02  <html>
03  <head>
04  <meta http-equiv="Content-Type" content="text/html; charset=utf-8">
05  <title> 图片边框基本属性 </title>
06  <style type="text/css">
07     .pic1{
08       border-style:dotted;     /* 点画线 */
09      border-color:#F00;        /* 边框颜色 */
10      border-width:4px;         /* 边框粗细 */
11     }
12     .pic2{
13       border-style:dashed;     /* 虚线 */
14       border-color:#00F;       /* 边框颜色 */
15       border-width:2px;        /* 边框粗细 */
16     }
17  </style>
18  </head>
19  <body>
20    <img src="panda.jpg" class="pic1"/>
21    <img src="panda.jpg" class="pic2"/>
22  </body>
23  </html>
```

在浏览器中打开该网页，显示效果如下图所示。

观察上图，能够发现第一幅图片的边框为红色点划线，而第二幅图片的边框为蓝色虚线。

15.1.2 为不同的边框分别设置样式

在 CSS 3 中还可以为图像的 4 条边框分别设置不同的样式。这样，就需要分别设置上边框 (border–top)、右边框 (border–right)、下边框 (border–bottom)、左边框 (border–left) 的样式，如范例文件 15–1–2–1 所示。

【范例 15.2】 为不同的边框分别设置样式（范例文件：ch15\15-1-2-1.html）

```
01   <!DOCTYPE HTML PUBLIC "-//W3C//DTD HTML 4.01 Transitional//EN"
"http://www.w3.org/TR/ html4/loose.dtd">
02   <html>
03   <head>
04   <meta http-equiv="Content-Type" content="text/html; charset=utf-8">
05   <title> 为不同的边框分别设置样式 </title>
06   <style type="text/css">
07     .pic1{
08        border-left-style:dotted;      /* 左点画线 */
09        border-left-color:#C0F;           /* 左边框颜色为紫 */
10        border-left-width:3px;          /* 左边框粗细 */
11        border-right-style:dashed;      /* 右虚线 */
12        border-right-color:#00F          /* 右边框为蓝色 */
13        border-right-width:2px;          /* 右边框粗细 */
14        border-top-style:solid;         /* 上实线 */
15        border-top-color:#F00;           /* 上边框颜色为红色 */
16        border-top-width:2px;           /* 上边框粗细 */
17        border-bottom-style:groove;     /* 下 3D 凹槽边框 */
18        border-bottom-color:#FF0;       /* 下边框的颜色为黄色 */
19        border-bottom-width:6px;        /* 下边框的粗细 */
20     }
21   </style>
22   </head>
23   <body>
24     <img src="panda.jpg" class="pic1"/>
25   </body>
26   </html>
```

在浏览器中打开该网页，显示效果如下图所示。

观察上图，能够发现 4 条边框的样式、颜色各不相同。

以上两种设置图片边框的方法是代码的完整写法。设置图片边框的方法有多种，下面是设置边框的一种简写方法。

```
01  <!DOCTYPE HTML PUBLIC "-//W3C//DTD HTML 4.01 Transitional//EN"
    "http://www.w3.org/TR/ html4/loose.dtd">
02  <html>
03  <head>
04  <meta http-equiv="Content-Type" content="text/html; charset=utf-8">
05  <title> 设置图像边框的简写方法 </title>
06  <style type="text/css">
07     .pic1{
08        border:dotted 3px #C0F;
09     }
10  </style>
11  </head>
12  <body>
13     <img class="pic1" src="panda.jpg" title=" 熊猫图片 " alt=" 熊猫 " />
14  </body>
15  </html>
```

使用该类选择器的图片边框就会以 3 像素的紫色点线显示，如下图所示。

15.2 图片缩放功能的实现

 本节视频教学录像：5 分钟

在 CSS 3 中控制图片的缩放是通过 width 和 height 两个属性来实现的，网页设计者可以通过将这两个属性设置为相对数值或绝对数值来达到图片缩放的效果。例如，范例文件 15-2-1 采用绝对数值来控制一副宽 400 像素、高 250 像素图片的缩放效果。

【范例 15.3】 采用绝对数值实现图片缩放效果（范例文件: ch15\15-2-1.html）

```
01  <!DOCTYPE HTML PUBLIC "-//W3C//DTD HTML 4.01 Transitional//EN"
    "http://www.w3.org/TR/ html4/loose.dtd">
```

```
02   <html>
03   <head>
04   <meta http-equiv="Content-Type" content="text/html; charset=utf-8">
05   <title> 绝对数值来控制图片的缩放 </title>
06   <style type="text/css">
07     .pic1{
08        width:200px;
09        height:80px;
10     }
11     .font01{
12        vertical-align:top;
13        color:#F00;
14     }
15   </style>
16   </head>
17   <body>
18     <p>
19        <span class="font01"> 原图（400px X 250px）: </span>
20        <img src="iphone.jpg" title=" 原图 " alt=" 原图 "/>
21     </p>
22     <hr>
23     <p>
24        <span class="font01"> 缩放后图（200px X 80px）: </span>
25        <img src="iphone.jpg" class="pic1" title=" 缩放后图 " alt=" 缩放后图 " />
26     </p>
27   </body>
28   </html>
```

在浏览器中打开该网页，显示效果如下图所示。

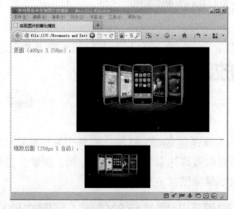

认真观察上图，能够发现图片虽然达到了缩放效果，但是却发生了变形。怎么才能使图片等比缩放呢？答案很简单，即只设置图片的 width、height 两种属性其中的一个就能实现等比缩放。下面对上一个示例稍做修改，使显示的第二幅图片能够实现等比缩放，如范例文件 15-2-2 所示。

【范例 15.4】 实现图片等比缩放效果（范例文件：ch15\15-2-2.html）

```
01  <!DOCTYPE HTML PUBLIC "-//W3C//DTD HTML 4.01 Transitional//EN"
"http://www.w3.org/TR/ html4/loose.dtd">
02  <html>
03  <head>
04  <meta http-equiv="Content-Type" content="text/html; charset=utf-8">
05  <title> 实现图片的等比缩放 </title>
06  <style type="text/css">
07    .pic1{
08        width:200px;
09    }
10    .font01{
11        vertical-align:top;
12        color:#F00;
13    }
14  </style>
15  </head>
16  <body>
17    <p>
18      <span class="font01"> 原图（400px X 250px）：</span>
19      <img src="iphone.jpg" title=" 原图 " alt=" 原图 "/>
20    </p>
21    <hr>
22    <p>
23      <span class="font01"> 缩放后图（200px X 自动）：</span>
24        <img src="iphone.jpg" class="pic1" title=" 等比缩放后图 " alt=" 等比缩
放后图 " />
25    </p>
26  </body>
27  </html>
```

在浏览器中打开该网页，显示效果如下图所示。

除了可以采用绝对数值对图片进行缩放外，还可以通过相对数值来控制图片的缩放。使用绝对数值对图片进行缩放后，图片的大小是固定的，不能够随浏览器界面的变化而变化；而使用相对数值来控制，可以实现图片随浏览器的变化而变化，如范例文件 15-2-3 所示。

【范例 15.5】 采用相对数值实现图片缩放效果（范例文件: ch15\15-2-3.html）

```
01   <!DOCTYPE HTML PUBLIC "-//W3C//DTD HTML 4.01 Transitional//EN"
"http://www.w3.org/TR/ html4/loose.dtd">
02   <html>
03   <head>
04   <meta http-equiv="Content-Type" content="text/html; charset=utf-8">
05   <title> 相对数值来控制图片的等比缩放 </title>
06   <style type="text/css">
07      .pic1{
08         width:50%;
09      }
10   </style>
11   </head>
12   <body>
13      <img src="iphone.jpg" class="pic1" title=" 原图 " alt=" 原图 "/>
14   </body>
15   </html>
```

在浏览器中打开该网页，显示效果如下图所示。

认真观察上图，可以发现图片的宽度是浏览器显示窗口宽度的一半。如果读者自己做这个测试，当改变浏览器的窗口时，会发现图片的宽度也会随着发生改变。但无论怎么改变，图片的宽度总是浏览器窗口宽度的一半。

说 明　百分比指基于包含该图片的块级对象的百分比，这里的块级对象就是整个页面。如果将图片元素置于其他 DIV 元素中，图片的块级对象就是包含该图片的 DIV 元素。

在使用相对数值控制图片缩放效果时需要注意，图片的宽度可以随相对数值的变化而发生变化，但高度不会随相对数值的变化而发生改变。所以在使用相对数值对图片设置缩放效果时，只需要设置图片宽度的相对数值即可。

15.3 设置图片与文字的对齐方式

 本节视频教学录像：3 分钟

当图片与文字同时出现在页面上的时候，图片的对齐方式就变得很重要。如何合理地将图片对齐到理想的位置就成为页面是否整体协调统一的重要因素。

15.3.1 横向对齐方式

图片水平对齐与文字水平对齐的方式均是通过对 text-align 属性进行设置来实现的，可以设置图片左、中、右 3 种对齐效果。与文字水平对齐方式不同的是——图片的对齐方式需要通过为其父元素设置定义的 text-align 样式达到效果。

例如，范例文件 15-3-1-1 定义 3 种设置图片对齐方式的样式规则，然后在不同的 <p> 标签中采用不同的样式规则。

【范例 15.6】 设置图片与文字的横向对齐方式（范例文件: ch15\15-3-1-1.html）

```
01  <!DOCTYPE HTML PUBLIC "-//W3C//DTD HTML 4.01 Transitional//EN"
"http://www.w3.org/TR/ html4/loose.dtd">
02  <html>
03  <head>
04  <meta http-equiv="Content-Type" content="text/html; charset=utf-8">
05  <title> 横向对齐方式 </title>
06  <style type="text/css">
07    .p1{
08       text-align:left;
09    }
10    .p2{
11       text-align:center;
12    }
13    .p3{
14       text-align:right;
15    }
16  </style>
17  </head>
18  <body>
19    <p class="p1"><img src="at.png"></p>
20    <p class="p2"><img src="at.png"></p>
21    <p class="p3"><img src="at.png"></p>
22  </body>
23  </html>
```

在浏览器中打开该网页，显示效果如下图所示。

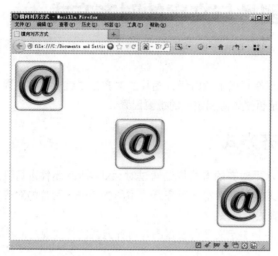

观察上图，能够看到 3 张相同的图片分别以左对齐、居中对齐、右对齐 3 种方式显示。

15.3.2 纵向对齐方式

图片竖直方向对齐与文本竖直方向对齐也是相似的，而且用到了本身的属性，如范例文件 15-3-2-1 所示。

【范例 15.7】 设置图片与文字的纵向对齐方式（范例文件: ch15\15-3-2-1.html）

```
01  <!DOCTYPE HTML PUBLIC "-//W3C//DTD HTML 4.01 Transitional//EN"
"http://www.w3.org/TR/ html4/loose.dtd">
02  <html>
03  <head>
04  <meta http-equiv="Content-Type" content="text/html; charset=utf-8">
05  <title> 横向对齐方式 </title>
06  <style type="text/css">
07    p{
08      font-size:15px;
09      border:1px red solid;
10    }
11    img{
12      width:50px;
13      border: 1px solid #000055;
14    }
15  </style>
16  </head>
17  <body>
18    <p> 竖 直 对 齐 方 式 :baseline<img src="wugui.jpg" style="vertical-
align:baseline;"> 方式 </p>
19    <p> 竖直对齐方式 :top<img src="wugui.jpg" style="vertical-align:top">
```

方式 </p>
```
20        <p> 竖 直 对 齐 方 式 :middle<img src="wugui.jpg" style="vertical-
align:middle;"> 方式 </p>
21        <p> 竖 直 对 齐 方 式 :bottom<img src="wugui.jpg" style="vertical-
align:bottom;"> 方式 </p>
22        <p> 竖直对齐方式 :text-bottom<img src="wugui.jpg" style="vertical-
align:text-bottom;"> 方式 </p>
23        <p> 竖 直 对 齐 方 式 :text-top<img src="wugui.jpg" style="vertical-
align:text-top;"> 方式 </p>
24        <p> 竖直对齐方式 :sub<img src="wugui.jpg" style="vertical-align:sub;">
方式 </p>
25        <p> 竖 直 对 齐 方 式 :super<img src="wugui.jpg" style="vertical-
align:super;"> 方式 </p>
26   </body>
27   </html>
```

在浏览器中打开该网页，显示效果如下图所示。

 注 意　相同的对齐方式在不同的浏览器中的显示效果也会有所不同，读者在选用图片垂直对齐方式时，应该选择在不同浏览器中显示效果尽量相同的属性。

15.4 图文混排

 本节视频教学录像：3 分钟

在网页中通过使用 CSS 可以实现图文混排的效果。图文混排效果与上一章所讲的设置段落样式的方法一样，都是通过对不同属性进行设置来实现的一种特殊的排版效果。本节将为读者介绍设置图文混排的方法。

15.4.1 文字环绕

文字环绕图片是网页排版中应用非常广泛的一种排版方式，在 CSS 中可以通过 float 属性实现文字环绕效果，可以向左浮动，即 float:left；也可以向右浮动，即 float:right。例如，范例文件 15-4-1-1 设置图片向左浮动，从而可以达到图片在左面的文字环绕效果。

【范例 15.8】 设置文字环绕图片（范例文件：ch15\15-4-1-1.html）

```
01  <!DOCTYPE HTML PUBLIC "-//W3C//DTD HTML 4.01 Transitional//EN"
"http://www.w3.org/TR/ html4/loose.dtd">
02  <html>
03  <head>
04  <meta http-equiv="Content-Type" content="text/html; charset=utf-8">
05  <title> 文字环绕图片 </title>
06  <style type="text/css">
07      .pic{
08          float:left;
09      }
10  </style>
11  </head>
12  <body>
13      <p>
14          <img src="iphone.jpg" width="200px" class="pic"/>iPhone 是结合照
相手机、个人数码助理、媒体播放器以及无线通信设备的掌上智能手机，由史蒂夫·乔布斯在
2007 年 1 月 9 日举行的 Macworld 宣布推出，2007 年 6 月 29 日在美国上市。iPhone 是一
部 4 频段的 GSM 制式手机，支持 EDGE 和 802.11b/g 无线上网，支持电邮、移动通话、短信、
网络浏览以及其他的无线通信服务。2007 年 6 月 29 日 18:00 iPhone（即 iphone1 代） 在
美国上市，2008 年 7 月 11 日，苹果公司推出 3G iPhone。2010 年 6 月 8 日凌晨 1 点乔布
斯发布了 iPhone 4 。2011 年 10 月 5 日凌晨，iPhone 4S 发布。2012 年 9 月 13 日凌晨（美
国时间 9 月 12 日上午）iPhone 5 发布。
15      </p>
16  </body>
17  </html>
```

在浏览器中打开该网页，显示效果如下图所示。

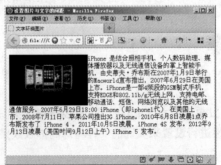

文本混排的效果可以随 float 属性的改变而发生变化，可以将 float 的值设置为 right，此时，图片将会移动至页面的右边，从而可以形成文字在左边环绕的效果。

15.4.2　设置图片与文字的间距

在上例中，文字紧密地环绕在图片周围，这样的表现形式很不美观，怎样能让图片本身和文字有一定的距离呢？前面介绍过，img 是一个特殊的盒子对象，所以它还具有 margin 和 padding 属性，通过设置 margin 或者 padding 属性可以调整图片和文字的距离。例如，范例文件 15-4-2-1 设置图片的右外边距为 40 像素，下外边距为 10 像素。

【范例 15.9】　设置图片与文字的间距（范例文件：ch15\15-4-2-1.html）

```
01  <!DOCTYPE HTML PUBLIC "-//W3C//DTD HTML 4.01 Transitional//EN"
"http://www.w3.org/TR/ html4/loose.dtd">
02  <html>
03  <head>
04  <meta http-equiv="Content-Type" content="text/html; charset=utf-8">
05  <title> 设置图片与文字的间距 </title>
06  <style type="text/css">
07    .pic{
08       float:left;
09       margin-right:40px;
10       margin-bottom:10px;
11    }
12  </style>
13  </head>
14  <body>
15    <p>
16        <img src="iphone.jpg" width="200px" class="pic"/>iPhone 是结合照
相手机、个人数码助理、媒体播放器以及无线通信设备的掌上智能手机，由史蒂夫·乔布斯在
2007 年 1 月 9 日举行的 Macworld 宣布推出，2007 年 6 月 29 日在美国上市。iPhone 是一
部 4 频段的 GSM 制式手机，支持 EDGE 和 802.11b/g 无线上网，支持电邮、移动通话、短信、
网络浏览以及其他的无线通信服务。2007 年 6 月 29 日 18:00 iPhone（即 iphone1 代） 在
美国上市，2008 年 7 月 11 日，苹果公司推出 3G iPhone。2010 年 6 月 8 日凌晨 1 点乔布
斯发布了 iPhone 4 。2011 年 10 月 5 日凌晨，iPhone 4S 发布。2012 年 9 月 13 日凌晨（美
国时间 9 月 12 日上午）iPhone 5 发布。
17    </p>
18  </body>
19  </html>
```

在浏览器中打开该网页，显示效果如下图所示。

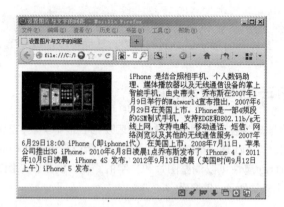

15.5　CSS 3 中边框的新增属性

 本节视频教学录像：6 分钟

CSS 3 中新增了 4 种有关边框 (border) 控制的属性，分别是 border-image、border-radius、border-color 和 box-shadow，本节将对这 4 种新增的边框控制属性进行简单的介绍。

15.5.1　border-image

border-image 属性用来实现使用图像作为对象的边框效果。注意，如果 <table> 标签设置了 border-collapse：collapse，则 border-image 属性设置无效，其定义的语法如下。

border-image:none|<image>|<number>|<percentage>|{1,4}[/<border-width>{1,4}]?[stretch|repeat|round]{0,2}

相关属性：

border-image:border-top-image,border-right-image,border-bottom-image,border-left-image

border-corner-image:border-top-left-image,border-top-right-image,
　　　　　　　　border-bottom-left-image,border-bottom-right-image

(1) none：默认值，无边框的图像。

(2) <image>：使用绝对或相对 URL 地址指定边框图像。

(3) <percentage>：边框宽度用百分比表示。

(4) <stretch | repeat | round>：拉伸 | 重复 | 平铺（其中，stretch 是默认值）。

针对不同的浏览器类型，border-image 属性要写为不同的形式，如下表所示。

浏览器类型	Firefox	Safari 或 Chrome	Opera
border-image	-moz-border-image	-webkit-border-image	border-image

不同浏览器对 border-image 属性的支持情况不同，IE 浏览器不支持该属性，Firefox 3.5+ 版本、Chrome 1.0+ 及 Safari 3.1+ 支持该属性。在使用该属性时，应该注意在不同的浏览器中进行测试。

【范例 15.10】 用一副图片实现边框背景图效果（范例文件: ch15\15-5-1-1.html）

```
01  <!DOCTYPE HTML PUBLIC "-//W3C//DTD HTML 4.01 Transitional//EN"
"http://www.w3.org/TR/ html4/loose.dtd">
02  <html>
03  <head>
04  <meta http-equiv="Content-Type" content="text/html; charset=utf-8">
05  <title> 用一副图片实现边框背景图效果 </title>
06  <style type="text/css">
07    div{
08      width:400px;
09      height:130px;
10      padding:10px;
11       -webkit-border-image:url(background.png) 10 10 10 10 /10px
stretch stretch;
12    }
13  </style>
14  </head>
15  <body>
16    <div>
17    示例文字
18  </div>
19  </body>
20  </html>
```

在浏览器中打开该网页，显示效果如下图所示。

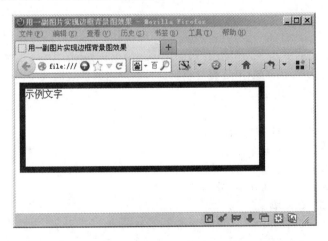

15.5.2 border-radius

border-radius 属性可以用来实现圆角的边框效果，其定义的语法如下。

---

border-radius:nonel<length>{1,4}[/<length>{1,4}]?

相关属性：

border–top–right–radius,border–bottom–right–radius,border–bottom–left–radius,–border–top–left–radius

(1) <length>：由浮点数和单位标识符组成的长度值，不可以为负值。

(2) border–top–left–radius：由浮点数字和单位标识符组成的长度值，不可以为负值。

 说明 第一个值是水平半径值。若第二个值省略，则它等于第一个值，即一个 1/4 圆角。如果任意一个值为 0，则这个角是矩形。所设置的角不允许为负值。

针对不同的浏览器类型，border–radius 属性要写为不同的形式，如下表所示。

浏览器类型	Firefox	Safari 或 Chrome	Opera
border-radius	–moz–border–radius	–webkit–border–radius	–o–border–radius

不同浏览器对 border–radius 属性的支持情况不同，IE 浏览器同样不支持该属性，Firefox 3.0+ 版本、Chrome 1.0+ 及 Safari 3.1+ 支持该属性。在使用该属性时，应该在不同的浏览器中进行测试。

例如，范例文件 15–5–2–1 创建了一个 DIV 元素，使用 border–radius 属性将其边框绘制为圆角边框，圆角半径为 20 像素，边框颜色为蓝色，DIV 元素的背景色为浅蓝色。

【范例 15.11】 使用 border–radius 属性绘制圆角边框（范例文件: ch15\15–5–2–1.html）

```
01  <!DOCTYPE HTML PUBLIC "-//W3C//DTD HTML 4.01 Transitional//EN"
"http://www.w3.org/TR/ html4/loose.dtd">
02  <html>
03  <head>
04  <meta http-equiv="Content-Type" content="text/html; charset=utf-8">
05  <title> 使用 border-radius 属性将其边框绘制为圆角边框 </title>
06  <style type="text/css">
07     div{
08        border:solid 5px blue;
09        border-radius:20px;
10        -moz-border-radius:20px;
11        background-color:skyblue;
12        padding:20px;
13        width:180px;
14     }
15  </style>
16  </head>
17  <body>
18     <div>
```

```
19      示例文字
20  </div>
21  </body>
22  </html>
```

在浏览器中打开该网页，显示效果如下图所示。

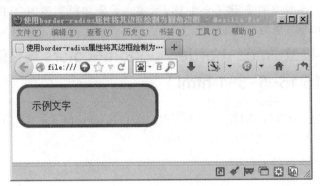

在 CSS 3 中，如果使用了 border-radius 属性但是边框设定为不显示的时候，浏览器将把背景的 4 个角绘制成圆角。例如，针对上个示例，如果把样式规则 border:solid 5px blue 去掉，则在浏览器中的显示效果如下图所示。

15.5.3　border-color

border-color 属性可以用来设置对象边框的颜色，CSS 3 中增强了该属性的功能。如果设置 border 的宽度为 X 像素（这里的 X 指代一个整数），那么就可以在这个 border 上使用 X 种颜色，每种颜色显示为 1 像素的宽度。如果所设置的 border 的宽度为 10 像素，但只声明了 5 或 6 种颜色，那么最后一种颜色将被添加到剩下的宽度中，其语法格式如下。

```
border-color:<color>
```

相关属性如下：

border-top-color,border-right-color,border-bottom-color,border-left-color

<color>：颜色值。

针对不同的浏览器类型，border-color 属性要写为不同的形式，如下表所示。

浏览器类型	Firefox	Safari 或 Chrome	Opera
border-radius	-moz-border-color		

不同浏览器对 border-color 属性的支持情况不同，IE 浏览器同样不支持该属性，Firefox 3.0+ 版本、Chrome 1.0+ 及 Safari 3.1+ 支持该属性。在使用该属性时，应该在不同的浏览器中进行测试。

例如，范例文件 15-5-3-1 创建了一个 DIV 元素，设置边框宽度为 20 像素，并设置 -moz-border-bottom-colors 属性值为 6 种颜色值。

【范例 15.12】 设置 -moz-border-bottom-colors 属性值为 6 种颜色值（范例文件：ch15\15-5-3-1.html）

```
01  <!DOCTYPE HTML PUBLIC "-//W3C//DTD HTML 4.01 Transitional//EN"
"http://www.w3.org/TR/ html4/loose.dtd">
02  <html>
03  <head>
04  <meta http-equiv="Content-Type" content="text/html; charset=utf-8">
05  <title> 使用 border-color 属性设置边框颜色 </title>
06  <style type="text/css">
07      div{
08          border:solid 20px #000;
09          -moz-border-bottom-colors:#F00 #000000 #FFF #06C #FF0 #30C;
10          width:200px;
11          height:100px;
12      }
13  </style>
14  </head>
15  <body>
16      <div>
17      示例文字
18  </div>
19  </body>
20  </html>
```

在浏览器中打开该网页，显示效果如下图所示。

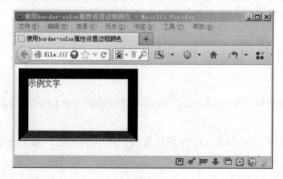

15.5.4　box-shadow

box-shadow 属性可以用来实现块的阴影效果，其定义语法如下。

box-shadow:\<length\>\<length\>\<length\>||\<color\>

其中，\<length\>\<length\>\<length\>||\<color\> 表示阴影水平偏移值（可以取正负值）；阴影垂直偏移值（可以取正、负值）；阴影模糊值；阴影颜色。

到目前为止，该属性得到了 Safari 浏览器和 Firefox 浏览器的支持。针对这两种浏览器类型，box-shadow 属性要写为不同的形式，如下表所示。

浏览器类型	Firefox	Safari
box-shadow	-moz-box-shadow	-webkit-box-shadow

例如，范例文件 15-5-4-1 所示为 box-shadow 属性的一个使用示例。在该示例中，对一个橘色的 DIV 盒子使用了灰色阴影，box-shadow 的前 3 个参数均设置为 10 像素。

【范例 15.13】　设置 box-shadow 属性（范例文件：ch15\15-5-4-1.html）

```
01  <!DOCTYPE HTML PUBLIC "-//W3C//DTD HTML 4.01 Transitional//EN"
"http://www.w3.org/TR/ html4/loose.dtd">
02  <html>
03  <head>
04  <meta http-equiv="Content-Type" content="text/html; charset=utf-8">
05  <title> 使用 box-shadow 属性实现块的阴影效果 </title>
06  <style type="text/css">
07    div{
08      background-color:#FFAA00;
09      box-shadow:10px 10px 10px gray;
10      -moz-box-shadow:10px 10px 10px gray;
11      -webkit-box-shadow:10px 10px 10px gray;
12      width:200px;
13      height:100px;
14    }
15  </style>
16  </head>
17  <body>
18    <div>
19    示例文字
20  </div>
21  </body>
22  </html>
```

在浏览器中打开该网页，显示效果如下图所示。

如果将 box-shadow 的第 3 个参数设置为 0，将绘制不向外模糊的阴影。将上例中的 box-shadow 属性进行如下设置。

```
box-shadow:10px 10px 0 gray;
```

在浏览器中再次打开该网页，显示效果如下图所示。

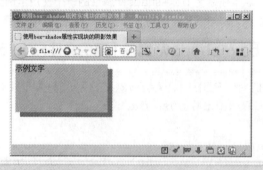

注意 可以将阴影离开文字的横向距离或阴影离开文字的纵向距离设定为负值。将阴影离开文字的横向距离设定为负值时，向左绘制阴影；将阴影离开文字的纵向距离设定为负值时，阴影将向上绘制。

 # 高手私房菜

>>

技巧：图片超出撑破 DIV

在设计制作网页时，我们可能会碰到图片大小超出包含元素的大小的问题，此时的解决办法是用 CSS 控制对象 <img> 标签宽度即可。假如该对象宽度为 500 像素，那我们就只需设置 img{max-width:500px;}。但是，在 IE6 中，max-width 是失效的，此时最好的解决办法是在上传的图片的时候便设置好宽度，让图片本身宽度小于设置宽度即可。虽然这种做法比较麻烦，但是很多大的网站都是这样解决的，这也是最保险的做法，可以避免撑破设置宽度，还可以降低图片大小让浏览器更快地打开网页。

第 **16** 章

本章教学录像：14 分钟

用 CSS 3 设置网页背景颜色与背景图像

设置背景颜色与图像对于一个网站的整体效果来说起到锦上添花的作用。绝大多数网站都要进行这样的设置，这也是初学者能够调整好网页整体效果的难点。

本章要点（已掌握的在方框中打勾）

☐ 设置背景颜色

☐ 设置背景图像

☐ 设置背景图像平铺

☐ 设置背景图像的位置

☐ 设置背景图片位置固定

☐ 设置标题的图像替换

☐ 使用滑动门技术的标题

▌16.1 设置背景颜色

 本节视频教学录像：3 分钟

CSS 3 的背景设置是很强大的，background-color 属性可以作用在所有元素上，其属性值为某种颜色。

例如，范例文件 16-1-1 中包含一个标题和一段文字，分别为标题和文字设置不同的背景颜色。

【**范例 16.1**】 **设置背景颜色（范例文件：ch16\16-1-1.html）**

```
01  <!DOCTYPE HTML PUBLIC "-//W3C//DTD HTML 4.01 Transitional//EN"
"http://www.w3.org/TR/ html4/loose.dtd">
02  <html>
03  <head>
04  <meta http-equiv="Content-Type" content="text/html; charset=utf-8">
05  <title> 设置背景颜色 </title>
06  <style type="text/css">
07  h1{
08  font-family: 黑体 ;
09  background-color:blue;
10  color:red;
11  }
12  p{
13  font-family: Arial, "Times New Roman";
14  background-color:#CCC;
15  }
16  </style>
17  </head>
18  <body>
19  <h1>MySQL 数据库 </h1>
20  <p>
21  MySQL 是一个关系型数据库管理系统，由瑞典 MySQL AB 公司开发，目前属于
Oracle 公司。MySQL 是一种关联数据库管理系统，关联数据库将数据保存在不同的表中，
而不是将所有数据放在一个大仓库内，这样就增加了速度并提高了灵活性。MySQL 的 SQL 语
言是用于访问数据库的最常用标准化语言。
22  </p>
23  </body>
24  </html>
```

在浏览器中打开该网页，显示效果如下图所示。

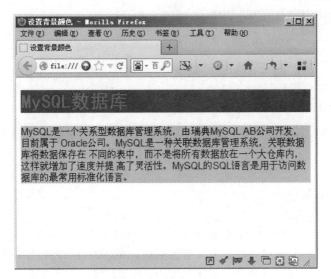

CSS 代码中，background-color 属性只为标题（<h1>）和段落（<p>）设置了背景色，如果要给整个页面设置背景色，只需要在样式表中设置如下代码即可。

```
body{background-color:#CCC;}
```

说 明 设置背景颜色对网页的表现效果起到很重要的作用，如果一篇较长的文章使用白色背景，长时间的阅读会引起眼睛疲劳，而使用深色背景可以避免这种情况的发生。

16.2 设置背景图像

 本节视频教学录像：2 分钟

在 CSS 3 中，不仅能给网页设置简单的背景颜色，而且可以使用 background-images 属性给网页设置丰富多彩的背景图像。背景图像的设置方式与背景颜色一样，区别在于背景颜色的属性值是个有效的颜色值，而背景图像的属性值是一个图片文件路径。绝大多数元素都可以使用这个属性，为文本添加背景图像，如范例文件 16-2-1 所示。

【范例 16.2】 为文本添加背景图片（范例文件：ch16\16-2-1.html）

```
01  <!DOCTYPE HTML PUBLIC "-//W3C//DTD HTML 4.01 Transitional//EN"
    "http://www.w3.org/TR/ html4/loose.dtd">
02  <html>
03  <head>
04  <meta http-equiv="Content-Type" content="text/html; charset=utf-8">
05  <title> 设置背景图像 </title>
06  <style type="text/css">
07    h1{
08      font-family: 黑体 ;
```

```
09          background-color:blue;
10          color:red;
11      }
12      .div1{
13          width:500px;
14          background-image:url("background1.jpg");
15      }
16  </style>
17  </head>
18  <body>
19  <h1>MySQL 数据库 </h1>
20  <div class="div1">
21      MySQL 是一个关系型数据库管理系统，由瑞典 MySQL AB 公司开发，目前属于
Oracle 公司。MySQL 是一种关联数据库管理系统，关联数据库将数据保存在不同的表中，
而不是将所有数据放在一个大仓库内，这样就增加了速度并提高了灵活性。MySQL 的 SQL 语
言是用于访问数据库的最常用标准化语言。
22  </div>
23  </body>
24  </html>
```

在浏览器中打开该网页，显示效果如下图所示。

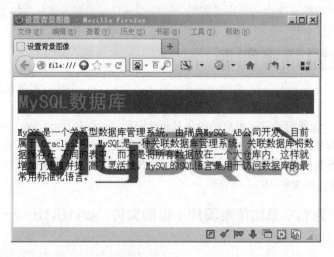

16.3 设置背景图像平铺

 本节视频教学录像：2 分钟

上例的文字比较短，图片尺寸不需要很大就可以给整段文字加上背景了。设想，如果一段文字比较长，是不是就意味着需要给它做一个超大尺寸的背景图片呢？CSS 研发者考虑得很周到，规定可以使用 background-repeat 属性对图像进行平铺，自动适应页面的大小。下表所示为 background-repeat 的可用属性值。

属性值	说明
repeat-x	背景图像在横向上平铺
repeat-y	背景图像在纵向上平铺
repeat	背景图像在横向和纵向平铺
no-repeat	背景图像不平铺
round	背景图像自动缩放，直到适应且填充满整个容器（CSS 3）
space	背景图像以相同的间距平铺且填充满整个容器或某个方向（CSS 3）

　　为方便测试，我们把范例 16.2 的背景图像换成一幅小图片，并设置该图片在横向上能够平铺显示，如范例文件 16-3-1 所示。

【范例 16.3】　设置背景图像平铺（范例文件：ch16\16-3-1.html）

```
01  <!DOCTYPE HTML PUBLIC "-//W3C//DTD HTML 4.01 Transitional//EN"
"http://www.w3.org/TR/ html4/loose.dtd">
02  <html>
03  <head>
04  <meta http-equiv="Content-Type" content="text/html; charset=utf-8">
05  <title> 设置背景图像平铺 </title>
06  <style type="text/css">
07    h1{
08        font-family: 黑体 ;
09        background-color:blue;
10        color:red;
11    }
12    .div1{
13        width:500px;
14        background-image:url("background.gif");
15    }
16  </style>
17  </head>
18  <body>
19  <h1>MySQL 数据库 </h1>
20  <div class="div1">
21  MySQL 是一个关系型数据库管理系统，由瑞典 MySQL AB 公司开发，目前属于
Oracle 公司。MySQL 是一种关联数据库管理系统，关联数据库将数据保存在不同的表中，
而不是将所有数据放在一个大仓库内，这样就增加了速度并提高了灵活性。MySQL 的 SQL 语
言是用于访问数据库的最常用标准化语言。
22  </div>
23  </body>
```

24 </html>

在浏览器中打开该网页，显示效果如下图所示。

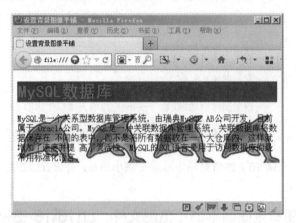

16.4 设置背景图像的位置

 本节视频教学录像：2 分钟

在实际的网页制作中，还会遇到这样一种情况，就是有一段文字和一个小图，而又不想对小图进行平铺，设置其效果类似给文字加上水印一样，这种情况应该怎样处理呢？ CSS 提供了一个解决这种问题的属性——background-position，下表列出了该属性的可用值。

属性值	说明
<percentage>	用百分比指定背景图像填充的位置，可以为负值
<length>	用长度值指定背景图像填充的位置，可以为负值
center	背景图像横向和纵向居中
left	背景图像在横向上填充从左边开始
right	背景图像在横向上填充从右边开始
top	背景图像在纵向上填充从顶部开始
bottom	背景图像在纵向上填充从底部开始

例如，范例文件 16-4-1 设置了一个小的背景图片居中显示不重复。

【范例 16.4】 设置背景图像位置（范例文件：ch16\16-4-1.html）

01 <!DOCTYPE HTML PUBLIC "-//W3C//DTD HTML 4.01 Transitional//EN" "http://www.w3.org/TR/ html4/loose.dtd">
02 <html>
03 <head>
04 <meta http-equiv="Content-Type" content="text/html; charset=utf-8">

```
05    <title> 设置背景图像位置 </title>
06    <style type="text/css">
07      h1{
08         font-family: 黑体 ;
09         background-color:blue;
10         color:red;
11      }
12      .div1{
13         width:500px;
14         background-image:url("background.gif");
15         background-repeat:no-repeat;
16         background-position:center;
17      }
18    </style>
19    </head>
20    <body>
21    <h1>MySQL 数据库 </h1>
22    <div class="div1">
23    MySQL 是一个关系型数据库管理系统，由瑞典 MySQL AB 公司开发，目前属于
Oracle 公司。MySQL 是一种关联数据库管理系统，关联数据库将数据保存在不同的表中，
而不是将所有数据放在一个大仓库内，这样就增加了速度并提高了灵活性。MySQL 的 SQL 语
言是用于访问数据库的最常用标准化语言。
24    </div>
25    </body>
26    </html>
```

在浏览器中打开该网页，显示效果如下图所示。

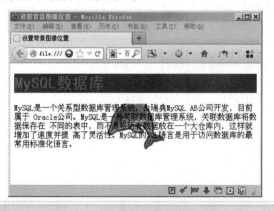

为了防止图片背景自动平铺，需要使用 background-repeat:no-repeat。

注 意

在本节实例中设置了图片位置居中显示，当然还可以设置图片位置居左或者居右显示，只需要将
样式的属性值修改为 left 或 right 即可。

16.5 设置背景图片位置固定

 本节视频教学录像：2 分钟

在网页上设置背景图片，有时候背景图片在浏览器中会随着滚动条的移动一起移动，这时可以通过 background-attachment 属性把背景图像设置成不随滚动条滚动的固定不变的效果。下表列出了 background-attachment 属性可用的属性值。

属性值	说明
fixed	背景图像相对于窗体固定
scroll	背景图像相对于元素固定，也就是说背景图像会随元素的滚动而滚动，这是因为背景图像总是跟着元素本身，但会随元素的祖先元素或窗体滚动
local	背景图像相对于元素内容固定，也就是说背景图像不会随元素的滚动而滚动，这是因为背景图像总是跟着元素内容（CSS 3）

只需要将 background-attachment 的属性值设为 fixed，即可设置背景图片相对于窗体固定。例如，范例文件 16-5-1 定义了 <body> 标签的背景图片，并设置背景图片位置固定。

【范例 16.5】 设置背景图片位置固定（范例文件：ch16\16-5-1.html）

```
01  <!DOCTYPE HTML PUBLIC "-//W3C//DTD HTML 4.01 Transitional//EN"
"http://www.w3.org/TR/ html4/loose.dtd">
02  <html>
03  <head>
04  <meta http-equiv="Content-Type" content="text/html; charset=utf-8">
05  <title> 设置背景图片位置固定 </title>
06  <style type="text/css">
07    body{
08      background-image:url("background.jpg");
09      background-repeat:no-repeat;
10      background-attachment:fixed;
11    }
12    h1{
13      font-family: 黑体 ;
14      color:red;
15    }
16    .div1{
17      width:450px;
18      height:600px;
19    }
20  </style>
```

```
21  </head>
22  <body>
23  <h1>MySQL 数据库 </h1>
24  <div class="div1">
```

25　MySQL 是一个关系型数据库管理系统，由瑞典 MySQL AB 公司开发，目前属于 Oracle 公司。MySQL 是一种关联数据库管理系统，关联数据库将数据保存在不同的表中，而不是将所有数据放在一个大仓库内，这样就增加了速度并提高了灵活性。MySQL 的 SQL 语言是用于访问数据库的最常用标准化语言。MySQL 是一个关系型数据库管理系统，由瑞典 MySQL AB 公司开发，目前属于 Oracle 公司。MySQL 是一种关联数据库管理系统，关联数据库将数据保存在不同的表中，而不是将所有数据放在一个大仓库内，这样就增加了速度并提高了灵活性。MySQL 的 SQL 语言是用于访问数据库的最常用标准化语言。

```
26  </div>
27  </body>
28  </html>
```

在浏览器中打开该网页，显示效果如下图所示。

在浏览器中移动滚动条，观察背景图片的位置，显示效果如下图所示。

技　巧　　为方便测试，读者打开网页后可以缩小浏览器的尺寸，这样移动滚动条时就可以看到明显的效果。

▌16.6 设置标题的图像替换

 本节视频教学录像：1 分钟

在本书之前的例子中，标题始终是以文字的形式存在的。由于字体环境的限制，使用文字标题时只能选择那些大部分计算机环境都存在的字体，这样便极大地限制了标题的丰富性。通过标题的图像替换可以很好地解决只能用文本设置标题的问题。

例如，范例文件 16-6-1 为 <h1> 标题定义替换文本的图像，用图片代替文本。

【范例 16.6】 设置标题的图像替换（范例文件：ch16\16-6-1.html）

```
01  <!DOCTYPE HTML PUBLIC "-//W3C//DTD HTML 4.01 Transitional//EN"
"http://www.w3.org/TR/ html4/loose.dtd">
02  <html>
03  <head>
04  <meta http-equiv="Content-Type" content="text/html; charset=utf-8">
05  <title> 设置标题的图像替换 </title>
06  <style type="text/css">
07    h1{
08       height:60px;
09       background-image:url(title.png);
10       background-repeat:no-repeat;
11       background-position:center;
12    }
13    .div1{
14       margin:0 auto;
15       width:450px;
16    }
17  </style>
18  </head>
19  <body>
20  <h1><span>MySQL 数据库 </span></h1>
21  <div class="div1">
22  MySQL 是一个关系型数据库管理系统，由瑞典 MySQL AB 公司开发，目前属于
Oracle 公司。MySQL 是一种关联数据库管理系统，关联数据库将数据保存在不同的表中，
而不是将所有数据放在一个大仓库内，这样就增加了速度并提高了灵活性。MySQL 的 SQL 语
言是用于访问数据库的最常用标准化语言。
23  </div>
24  </body>
25  </html>
```

在浏览器中打开该网页，显示效果如下图所示。

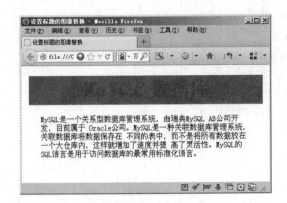

16.7 使用滑动门技术的标题

 本节视频教学录像：2 分钟

灵活设置图片背景能产生意想不到的效果，滑动门技术就是灵活运用背景的一个典型示例。滑动门是指两个嵌套的元素，各自使用一个背景图像，二者中间部分重叠，两端不重叠。这样，左右两端的背景都可以被显示出来，中间部分的宽度可以自动适应。因此，宽度变化时，依然可以保证左右两端的图案不变。"滑动门"这个名称很形象地描述了这种方法的本质，两个图像就像两扇门，二者可以滑动，当宽度小的时候就多重叠一些，宽度大的时候就少重叠一些。

例如，范例文件 16-7-1 给 <h1> 标签和 <span> 标签都设置了同样的背景，这时 h1 的宽度为 500 像素。

【范例 16.7】 使用滑动门技术的标题（范例文件：ch16\16-7-1.html）

```
01  <!DOCTYPE HTML PUBLIC "-//W3C//DTD HTML 4.01 Transitional//EN" "http://www.w3.org/TR/ html4/loose.dtd">
02  <html>
03  <head>
04  <meta http-equiv="Content-Type" content="text/html; charset=utf-8">
05  <title> 使用滑动门技术的标题 </title>
06  <style type="text/css">
07    h1{
08       height:60px;
09       background-image:url(hdm1.png);
10       background-repeat:no-repeat;
11       text-align:center;
12       padding-left:80px;
13    }
14    .div1{
15       margin:0 auto;
16       width:450px;
17    }
18    span{
```

```
19        display:block;
20        height:60px;
21        padding-right:60px;
22        background-image:url(hdm2.png);
23        background-repeat:no-repeat;
24        background-position:right;
25      }
26  </style>
27  </head>
28  <body>
29  <h1><span>MySQL 数据库 </span></h1>
30  <div class="div1">
31    MySQL 是一个关系型数据库管理系统，由瑞典 MySQL AB 公司开发，目前属于
Oracle 公司。MySQL 是一种关联数据库管理系统，关联数据库将数据保存在不同的表中，
而不是将所有数据放在一个大仓库内，这样就增加了速度并提高了灵活性。MySQL 的 SQL 语
言是用于访问数据库的最常用标准化语言。
32  </div>
33  </body>
34  </html>
```

在浏览器中打开该网页，显示效果如下图所示。

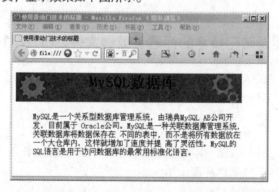

接着更改标题样式，增加标题长度，将 width 设置为 500 像素，运行结果如下图所示。

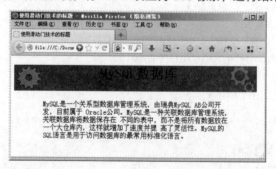

从上图中可以看出，标题的宽度增加了，标题两边的底纹仍然保持与上图一样的效果，这就是滑动门的效果。

高手私房菜

>>>

技巧 1：为网页内容添加水印

可以通过 background-repeat 的属性值 no-repeat 和 background-position 的属性值 center center，将暗淡的图像用作水印。例如，下面的代码设置了网页文本内容的水印。

```
01  <!DOCTYPE HTML PUBLIC "-//W3C//DTD HTML 4.01 Transitional//EN"
"http://www.w3.org/TR/ html4/loose.dtd">
02  <html>
03  <head>
04  <meta http-equiv="Content-Type" content="text/html; charset=utf-8">
05  <title> 添加水印 </title>
06  <style type="text/css">
07    h1{
08        font-family: 黑体 ;
09        background-color:blue;
10        color:red;
11    }
12    .div1{
13        width:500px;
14        padding:20px;
15        background-image:url("sy.png");
16        background-position:center center;
17        background-repeat:no-repeat;
18    }
19  </style>
20  </head>
21  <body>
22  <h1>MySQL 数据库 </h1>
23  <div class="div1">
24  MySQL 是一个关系型数据库管理系统，由瑞典 MySQL AB 公司开发，目前属于
Oracle 公司。MySQL 是一种关联数据库管理系统，关联数据库将数据保存在不同的表中，
而不是将所有数据放在一个大仓库内，这样就增加了速度并提高了灵活性。MySQL 的 SQL 语
言是用于访问数据库的最常用标准化语言。
25  </div>
26  </body>
27  </html>
```

打开网页，显示效果如下图所示。

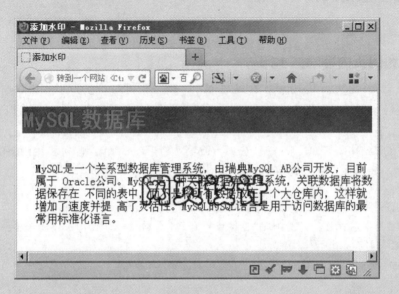

技巧 2: 使用 background-position 属性设置背景图片居中显示

一张背景图片经过上面的设置后效果还不够理想，因为使用上面的不重复显示设置后，图片只显示在页面的左上角，而不会显示在其他地方。如果希望背景图片在中间或者其他地方出现，可以使用 background-position 属性。该属性用来显示图片相对于左上角的位置，由两个值来设定，中间用空格来隔开 (默认值 0% 0%)。其属性值主要包括 leftlcenterlright 和 toplcenterlbottom，也可以用百分数值指定相对位置，或用一个值来指定绝对位置，如 50% 表示位置在中心，而 50 像素的水平值则表示图片距左上角区域水平移动 50 像素单位。这里要特别指出的是：

(1) 当设置值时只提供一个值，则相当于只指定水平位置，垂直自动设置为 50%。

(2) 当设置的值是负数时，表示背景图片超出边界。

第 **17** 章

 本章教学录像：12 分钟

CSS 3 的高级特性

本章介绍 CSS 3 的高级特性——复合选择器、继承和层叠。在设计网页样式时使用复合选择器不仅可以精确地设置元素在浏览器中的显示效果，还可以提高网页样式设计的效率。

本章要点（已掌握的在方框中打勾）

☐ 复合选择器

☐ CSS 的继承特性

☐ CSS 的层叠特性

▌17.1 复合选择器

 本节视频教学录像：6 分钟

所谓复合选择器，其实是由基本选择器的不同连接方式组合形成的，按照连接方式的不同，把复合选择器分为交集选择器、并集选择器及后代选择器。

17.1.1 交集选择器

交集选择器由两个选择器直接连接构成，其结果是选中二者各自元素范围的交集。其中，第 1 个必须是标签选择器，第 2 个必须是类选择器或 id 选择器，这两个选择器之间不能有空格，必须连续书写。这种方式构成的选择器将选中同时满足前后二者定义的元素，也就是前者所定义的标签类型，并且指定了后者的类别或者 id 的元素，因此被称为交集选择器，如范例文件 17-1-1-1 所示。

【范例 17.1】 交集选择器（范例文件：ch17\17-1-1-1.html）

```
01   <!DOCTYPE HTML PUBLIC "-//W3C//DTD HTML 4.01 Transitional//EN"
"http://www.w3.org/TR/ html4/loose.dtd">
02   <html>
03   <head>
04   <meta http-equiv="Content-Type" content="text/html; charset=utf-8">
05   <title> 交集选择器 </title>
06   <style type="text/css">
07      p{color:blue;font-size:18px;}
08      p.p1{color:red;font-size:24px;}   /* 交集选择器 */
09      .p1{ color:black; font-size:30px}
10   </style>
11   </head>
12   <body>
13      <p> 使用 p 标记 </p>
14      <p class="p1"> 指定了 p.p1 类别的段落文本 </p>
15      <h3 class="p1"> 指定了 .p1 类别的标题 </h3>
16   </body>
17   </html>
```

在浏览器中打开该网页，显示效果如下图所示。

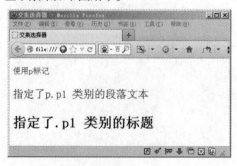

17.1.2 并集选择器

并集选择器是由多个选择器通过逗号连接而成的，这些选择器分别是标签选择器、类选择器或 id 选择器等，它的结果是同时选中各个基本选择器所选择的范围。任何形式的选择器（包括标记选择器、类选择器、id 选择器）都可以作为并集选择器的一部分。

如果某些选择器的风格是完全相同的，便可以利用并集选择器，同时声明风格相同的 CSS 选择器，如范例文件 17-1-2-1 所示。

【范例 17.2】 并集选择器（范例文件：ch17\17-1-2-1.html）

```
01  <!DOCTYPE HTML PUBLIC "-//W3C//DTD HTML 4.01 Transitional//EN"
"http://www.w3.org/TR/h tml4/loose.dtd">
02  <html>
03  <head>
04  <meta http-equiv="Content-Type" content="text/html; charset=utf-8">
05  <title> 并集选择器 </title>
06  <style type="text/css">
07     h1,h2,h3,p,span{
08        color:red;
09        font-size:12px;
10        font-weight:bold;
11     }
12  </style>
13  </head>
14  <body>
15     <p> 这里是 p 标签 </p>
16     <h1> 这里是 h1 标签 </h1>
17     <h2> 这里是 h2 标签 </h2>
18     <h3> 这里是 h3 标签 </h3>
19     <span> 这里是 span 标签 </span>
20  </body>
21  </html>
```

在浏览器中打开该网页，显示效果如下图所示。

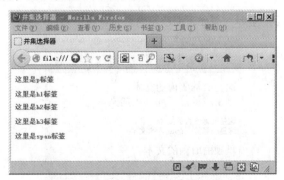

在本例中，为页面中所有 <h1>、<h2>、<h3>、<p> 及 <span> 标签指定了相同的样式规则，这样做的好处是，页面中需要使用相同样式时，只需要书写一次样式表即可实现，从而减少了代码量，改善了 CSS 代码的结构。

17.1.3 后代选择器

在实际编写 CSS 样式时，我们可能需要只对某一个标签的子标签使用样式，这时后代选择器就派上用场了。后代选择器是指选择符组合中前一个选择器包含后一个选择器，选择器之间使用空格作为分隔符，如范例文件 17-1-3-1 所示。

【范例 17.3】 后代选择器（范例文件：ch17\17-1-3-1.html）

```
01  <!DOCTYPE HTML PUBLIC "-//W3C//DTD HTML 4.01 Transitional//EN"
"http://www.w3.org/TR/ html4/loose.dtd">
02  <html>
03  <head>
04  <meta http-equiv="Content-Type" content="text/html; charset=utf-8">
05  <title> 后代选择器 </title>
06  <style type="text/css">
07     h1 span{
08        color:red;
09        }
10  </style>
11  </head>
12  <body>
13     <h1> 这是 h1 标签内的文本 <br><span> 这是 h1 标签下 span 内的文本 </span></h1>
14     <h2> 这是 h2 标签内的文本 <br><span> 这是 h2 标签下 span 内的文本 </span></h2>
15     <h2></h2>
16     <h1> 单独的 h1 内的文本 </h1>
17  <span> 单独的 span 内的文本 </span>
18  </body>
19  </html>
```

在浏览器中打开该网页，显示效果如下图所示。

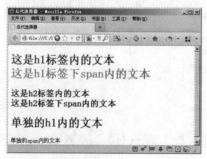

在本例中，只有 <h1> 标签下的 <span> 标签才会应用 color:red 的样式设置。注意，该样式仅对有此结构的标签有效，对于单独存在的 <h1> 或是单独存在的 <span> 及其他非 <h1> 标签下属的 <span> 均不会应用此样式。这样做能避免过多的 id 及 class 的设置，直接对所需要的元素进行设置。后代选择器除了可以两者包含，也可以多级包含，如下面的选择器。

```
01  body h1 span{
02  color:red;
03  }
```

17.2 CSS 的继承特性

 本节视频教学录像：3 分钟

如果读者曾经学习过面向对象的编程语言，那么一定很熟悉"继承"的概念，即使没接触过也没关系，CSS 中的继承特性比较简单。CSS 的继承特性具体来说就是指定的 CSS 属性向下传递给子孙元素的过程。我们可以参照 CSS 的实例来理解继承的概念，如范例文件 17-2-1 所示。

【范例 17.4】 CSS 的继承特性（范例文件：ch17\17-2-1.html）

```
01  <!DOCTYPE HTML PUBLIC "-//W3C//DTD HTML 4.01 Transitional//EN"
"http://www.w3.org/TR/ html4/loose.dtd">
02  <html>
03  <head>
04  <meta http-equiv="Content-Type" content="text/html; charset=utf-8">
05  <title>CSS 的继承特性 </title>
06  <style type="text/css">
07    p{
08      color:red;
09    }
10  </style>
11  </head>
12  <body>
13    <p> 嵌套使 <span> 用 CSS</span> 标记的方法 </p>
14  </body>
15  </html>
```

在实例中，<p> 标签里嵌套了一个 <span> 标签，可以说，<p> 是 <span> 的父标签，在样式的定义中只定义 <p> 标签的样式。打开该网页，显示效果如下图所示。

观察上图，能够看到 <span> 标签中的字也变成了红色，这是由于 <span> 继承了 <p> 的样式。

17.2.1 继承关系

在 CSS 中不是所有的属性都支持继承，以下属性是可以被继承的。

(1) 文本相关的属性是可以被继承的。

例如：font-family、font-size、font-style、font-weight、font、line-height、text-align、text-indent、word-spaceing

(2) 列表相关的属性是可以被继承的。

例如：list-style-image、list-style-position、list-style-type、list-style

(3) 颜色相关的属性是可以被继承的。

例如：color

17.2.2 CSS 继承的运用

下面通过一个例子深入理解继承的应用，如范例文件 17-2-2-1 所示。

【范例 17.5】 CSS 继承的运用（范例文件：ch17\17-2-2-1.html）

```
01  <!DOCTYPE HTML PUBLIC "-//W3C//DTD HTML 4.01 Transitional//EN"
"http://www.w3.org/TR/ html4/loose.dtd">
02  <html>
03  <head>
04  <meta http-equiv="Content-Type" content="text/html; charset=utf-8">
05  <title>CSS 继承的运用 </title>
06  <style type="text/css">
07     h1{
08        color:#C3C;                    /* 颜色 */
09        text-decoration:underline;    /* 下划线 */
10     }
11     em{
12        color:red;                  /* 颜色 */
13     }
14     li{
15        font-weight:bold;
16     }
17  </style>
18  </head>
19  <body>
20     <h1> 继承 <em> 关系 </em> 应用实例 </h1>
21     <ul>
22        <li> 第一层行一
23           <ul>
24              <li> 第二层行一 </li>
25              <li> 第二层行二
```

```
26          <ul>
27          <li> 第二层行二下第三层行一 </li>
28            <li> 第二层行二下第三层行二 </li>
29            <li> 第二层行二下第三层行三 </li>
30          </ul>
31          </li>
32          <li> 第二层行三 </li>
33        </ul>
34      </li>
35      <li> 第一层行二：
36        <ol>
37          <li> 第一层行二下第二层行一 </li>
38          <li> 第一层行二下第二层行二 </li>
39          <li> 第一层行二下第二层行三 </li>
40        </ol>
41      </li>
42    </ul>
43 </body>
44 </html>
```

在浏览器中打开该网页，显示效果如下图所示。

观察上图，能够发现 <em> 标签继承了 <h1> 的下划线，所有 <li> 都继承了加粗属性。

17.3 CSS 的层叠特性

 本节视频教学录像：3 分钟

CSS 本意就是层叠样式表，所以"层叠"是 CSS 一个最为重要的特征。"层叠"可以被理解为覆盖，是 CSS 中样式冲突的一种解决方法。这一点可以通过两个实例进行说明。

同一选择器被多次定义，如范例文件 17-3-1 所示。

【范例 17.6】 CSS 的层叠特性（范例文件：ch17\17-3-1.html）

01 <!DOCTYPE HTML PUBLIC "-//W3C//DTD HTML 4.01 Transitional//EN"

```
   "http://www.w3.org/TR/ html4/loose.dtd">
02 <html>
03 <head>
04 <meta http-equiv="Content-Type" content="text/html; charset=utf-8">
05 <title> 层叠实例一 </title>
06 <style type="text/css">
07    h1{
08       color:blue;      /* 定义一级标题为蓝色 */
09    }
10    h1{
11       color:red;       /* 定义一级标题为红色 */
12    }
13    h1{
14       color:green;     /* 定义一级标题为绿色 */
15    }
16 </style>
17 </head>
18 <body>
19    <h1> 层叠实例一 </h1>
20 </body>
21 </html>
```

在代码中，为 <h1> 标签定义了 3 次颜色，分别是蓝、红、绿。这时就产生了冲突，在 CSS 规则中最后有效的样式将覆盖前边的样式，具体到本例就是最后的绿色生效。在浏览器中打开该网页，显示效果如下图所示。

同一标签运用不同类型选择器，如范例文件 17-3-2 所示。

【范例 17.7】 同一标签运用不同类型选择器（范例文件：ch17\17-3-2.html）

```
01 <!DOCTYPE HTML PUBLIC "-//W3C//DTD HTML 4.01 Transitional//EN"
   "http://www.w3.org/TR/ html4/loose.dtd">
02 <html>
03 <head>
04 <meta http-equiv="Content-Type" content="text/html; charset=utf-8">
```

```
05    <title> 层叠实例二 </title>
06    <style type="text/css">
07       p{
08          color:black;
09       }
10       .red{
11          color:red;
12       }
13       .purple {
14          color:purple;
15       }
16       #p1{
17          color:blue;
18       }
19    </style>
20    </head>
21    <body>
22       <p> 这是第 1 行文本 </p>
23       <p class="red"> 这是第 2 行文本 </p>
24       <p id="p1" class="red"> 这是第 3 行文本 </p>
25       <p style="color:green;" id="p1"> 这是第 4 行文本 </p>
26       <p class="purple red"> 这是第 5 行文本 </p>
27    </body>
28    </html>
```

在浏览器中打开该网页，显示效果如下图所示。

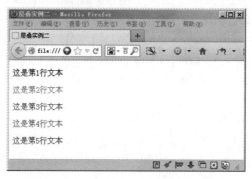

　　在上述代码中有 5 个 <p> 标签，并声明了 4 个选择器，第一行 <p> 标签没有使用类选择器或者 id 选择器，所以第一行的颜色是 <p> 标签选择器确定的颜色，为黑色。第二行使用了类选择器，这就与 <p> 标签选择器产生了冲突，将根据优先级的先后确定到底显示哪种颜色。由于类选择器优先于标签选择器，所以第二行的颜色就是红色。由于 id 选择器优先于类选择器，所以第三行显示为蓝色。由于内联样式优先于 id 选择器，所以第四行显示为绿色。第五行中有两个类选择器，它们的优先级是一样的，这时候就按照层叠覆盖处理，显示颜色依据样式表中最后定义的那个选择器，所以显示为紫色。

高手私房菜

>>>

技巧：CSS 选择器的特殊性

特殊性规定了不同规则的权重，当多个规则都可以应用同一元素时，权重高的样式会被优先采用，如下面的代码所示。

```
01  ……          /* 此处代码省略 */
02  <title> 选择器的特殊性 </title>
03  <style type="text/css">
04      .font{
05          color:red;
06      }
07      p{
08          color:blue;
09      }
10  </style>
11  </head>
12  <body>
13      <p class="font01"> 文本内容 </p>
14  ……          /* 此处代码省略 */
```

那么，<p> 标签内的文本究竟应该是什么颜色呢？根据规范，一个简单的选择器（例如 p）具有特殊性 1。而类选择器具有特殊性 10，id 选择器器具有特殊性 100。因此，此例中 <p> 标签内的文本显示为红色。需要注意的是，继承的属性具有特殊性 0，因此，后面的任何定义都会覆盖元素继承来的样式。另外，特殊性还可以叠加，如下面的代码所示。

```
01  h1{
02      color:blue;        /* 特殊性 =1 */
03  }
04  p em{
05      color:yellow;      /* 特殊性 =2 */
06  }
07  .font01{
08      color:red;         /* 特殊性 =10 */
09  }
10  p.note em.dark{
11      color:gray;        /* 特殊性 =22 */
12  }
13  #main{
14      color:black;       /* 特殊性 =100 */
15  }
```

第18章

第 **18** 章 本章教学录像：40 分钟

DIV+CSS 3 网页标准化布局

　　在设计网页时，能否控制好各个模块在页面中的位置是非常关键的。在前面的章节中已经充分介绍了 CSS 的基础知识，本章将在此基础上对 CSS 定位及 DIV 进行详细的介绍，讲解利用 DIV+CSS 3 对页面元素进行定位的方法。

本章要点（已掌握的在方框中打勾）

□ 定义 DIV

□ CSS 布局定位

□ 可视化模型

□ CSS 布局方式

□ CSS 3 中盒模型的新增属性

18.1 定义 DIV

 本节视频教学录像：8 分钟

DIV 与其他 HTML 标签一样，是 HTML 所支持的标签。在使用表格时，与应用 <table></table> 结构一样，DIV 同样以 <div></div> 的形式出现。

18.1.1 什么是 DIV

DIV 是一个容器。HTML 页面中的每一个标签对象几乎都可以称为一个容器，例如使用 p 段落标签对象。

<p> 文档内容 </p>

<p></p> 标签对作为一个容器，其中放入了内容。同样地，DIV 也是一个容器，能够放置内容，例如：

<div> 文档内容 </div>

DIV 是 HTML 中指定的专门用于布局设计的容器对象。在传统表格式的布局当中之所以能够进行页面的排版布局设计，完全依赖于表格对象 table。在页面中绘制一个由多个单元格组成的表格，然后在相应的表格中放置内容，并通过对表格单元格位置的控制实现布局的目的，这些是表格式布局的核心。本章要介绍的是一种全新的布局方式——CSS 布局。DIV 是这种布局方式的核心对象，使用 CSS 3 布局的页面不需要依赖表格，仅从 DIV 的使用上说，做一个简单的布局只需要依赖 DIV 与 CSS 3，因此也可以称为 DIV+CSS 3 布局。

18.1.2 在 HTML 文档中应用 DIV

与其他 HTML 对象一样，只需要在 HTML 文档中编写 <div></div> 这样的标签形式，将内容放置其中，便可以应用 DIV 标签，如下面的代码所示。

<div> 文本内容 </div>

需要理解的是，DIV 标签只是一种标识，其作用是把内容标识成一个区域，并不负责其他事情。DIV 只是 CSS 布局工作的第一步，需要通过 DIV 将页面中的内容元素标识出来，而为内容添加样式则由 CSS 来完成。

DIV 对象除了可以直接放入文本和其他标签之外，还可以将多个 DIV 标签进行嵌套使用，其最终目的是合理地标识出页面的区域。

与其他 HTML 对象一样，使用 DIV 对象时可以加入其他属性，如 id、class、align 和 style 等。而在 CSS 布局方面，为了实践内容与表现内容的分离，不应当将 align 对齐属性与 style 内联样式表属性编写在 HTML 页面的 DIV 标签中，因此 DIV 代码只可能有以下两种形式。

<div id=" id 名称"> 内容 </div> 及 <div class=" class 名称"> 内容 </div>

使用 id 属性可以为当前 DIV 指定一个 id 名称，在 CSS 3 中使用 id 选择符进行样式编写。同样，也可以使用 class 属性，在 CSS 3 中使用 class 选择符进行样式编写。

注 意 在当前 HTML 页面中，不管是应用到 DIV 还是其他对象的 id 中，同一名称的 id 值只允许使用一次，而 class 名称则可以重复使用。

在一个没有 CSS 应用的页面中，即使应用了 DIV，也没有任何实际效果，这就如同直接输入了 DIV 中的内容一样。那么该如何理解 DIV 在布局上带来的不同呢？

首先将表格与 DIV 进行比较。在用表格布局时，使用表格设计的左右分栏或上下分栏效果都能够在浏览器预览中直接看到，如范例文件 18-1-2-1 所示。

【范例 18.1】 使用表格布局（范例文件：ch18\18-1-2-1.html）

```
01  <!DOCTYPE HTML PUBLIC "-//W3C//DTD HTML 4.01 Transitional//EN"
"http://www.w3.org/TR/ html4/loose.dtd">
02  <html>
03  <head>
04    <meta http-equiv="Content-Type" content="text/html; charset=utf-8">
05    <title> table 分栏效果 </title>
06  </head>
07  <body>
08    <table border="1" width="100%">
09    <tr>
10    <td> 左栏 </td><td> 右栏 </td>
11    </tr>
12  </table>
13  </body>
14  </html>
```

在浏览器中打开该网页，就可以看到如下图所示的显示效果。

表格自身的代码形式决定了在浏览器中显示时两块内容分别在左右单元格之中，因此不管是否应用了表格线，都可以明确地知道内容存在于两个单元格之中，也达到了分栏的效果。下面介绍如何使用 DIV 达到相同效果的布局，如范例文件 18-1-2-2 所示。

【范例 18.2】 使用 DIV 布局（范例文件：ch18\18-1-2-2.html）

```
01  <!DOCTYPE HTML PUBLIC "-//W3C//DTD HTML 4.01 Transitional//EN"
"http://www.w3.org/TR/ html4/loose.dtd">
02  <html>
```

```
03    <head>
04    <meta http-equiv="Content-Type" content="text/html; charset=utf-8">
05    <title>DIV 分栏效果 </title>
06    </head>
07    <body>
08      <div> 左栏 </div>
09      <div> 右栏 </div>
10    </body>
11    </html>
```

在浏览器中打开该网页，就可以看到如下图所示的显示效果。

从表格与 DIV 布局的比较中可以看出，DIV 对象本身就是一种占据整行的对象，它不允许其他对象与其在同一行中并列显示，实际上 DIV 就是一个"块状对象 (block)"。

DIV 在页面中并非用于类似于文本的行间排版，而是用于大面积、大区域的块状排版。另外，从页面的效果中可以发现，网页中除了文字之外没有任何其他效果，两个 DIV 之间的关系只是前后关系，并没有出现类似表格田字型的组织形式。因此可以说，DIV 本身与样式没有任何关系，样式需要通过编写 CSS 来实现，应该说 DIV 对象从本质上实现了与样式的分离。这样做的好处是，由于 DIV 与样式分离，网页的最终样式由 CSS 来完成。这种与样式无关的特性使得 DIV 在设计中拥有巨大的可伸缩性，用户可以根据自己的想法改变 DIV 的样式，而不再拘泥于单元格固定模式的束缚。因此，CSS 布局所需要的工作可以简单归结两个步骤，首先使用 DIV 将内容标记起来，然后为 DIV 编写所需的 CSS 样式。

说 明

HTML 中的所有对象几乎都默认为两种对象类型。

block 块状对象——指当前对象显示为一个方块，在默认的显示状态下将占据整行，其他对象在下一行显示。

in-line 行内对象——正好和 block 相反，它允许下一个对象与其本身在同一行中显示。

18.1.3 DIV 的嵌套和固定格式

DIV 可以进行多层嵌套，目的是为了实现更为复杂的页面排版。例如，当设计一个网页时，首先需要有整体布局，需要产生头部，这也许会产生一个复杂的 DIV 结构。

```
01      <div id="top"> 顶部 </div>
02      <div id="main">
03        <div id="left"> 左 </div>
04        <div id="right"> 右 </div>
```

```
05        </div>
06        <div id="bottom"> 底部 </div>
```

在上述代码中，每个 DIV 都定义了 id 名称以供识别。可以看到，id 为 top、main 和 bottom 的 3 个对象属于并列关系。在网页的布局结构中，垂直方向布局代表的是如下面左图所示的一种布局关系。而在 main 中，为了内容需要，有可能使用左右栏的布局，因此 main 中增加了 id 分别为 left 与 right 的两个 DIV。这两个 DIV 本身是并列关系，而它们都处于 main 中，因此它们与 main 形成了一种嵌套关系。如果 left 与 right 被样式控制为左右显示，它们最终的布局关系如下面右图所示。

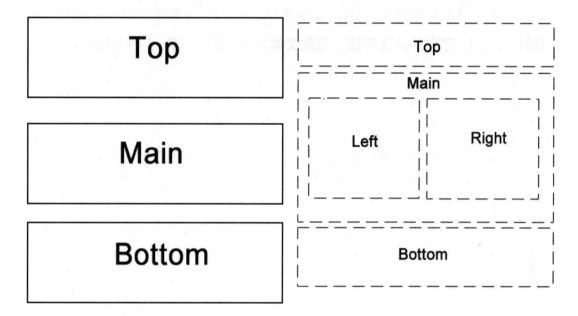

网页布局则由这些嵌套的 DIV 构成。无论是多么复杂的布局方法，都可以使用 DIV 之间的并列与嵌套实现。

18.2 CSS 布局定位

 本节视频教学录像：10 分钟

CSS 排版是一种比较新的排版理念，有别于传统排版方式。它首先将页面在整体上进行 <div> 标记的分块，然后对各个块进行 CSS 定位，最后在各个块中添加相应的内容。通过 CSS 排版的页面十分容易更新，甚至页面的拓扑结构都可以通过修改 CSS 属性来重新定位。

18.2.1 浮动定位

浮动定位是 CSS 排版中非常重要的手段。浮动的框可以左右移动，直到其外边缘碰到包含框或另一个浮动框的边缘。因为浮动框不在文档的普通流中，所以文档流中的块框看起来如同浮动框不存在一样。float 的可选参数如下表所示。

属性	描述	可用值	说明
float	用于设置对象是否浮动显示，以及设置其具体浮动的方式	none	不浮动
		left	左浮动
		right	右浮动

（1）left：文本或图像会移至父元素的左侧。

（2）right：文本或图像会移至父元素的右侧。

（3）none：默认值，文本或者图像会显示于它在文档中出现的位置。

下面介绍几种常见的浮动形式。例如，范例文件 18-2-1-1 定义了普通文档流的 CSS 样式。

【范例 18.3】 定义普通文档流（范例文件：ch18\18-2-1-1.html）

```
01  <!DOCTYPE HTML PUBLIC "-//W3C//DTD HTML 4.01 Transitional//EN"
"http://www.w3.org/TR/ html4/loose.dtd">
02  <html>
03  <head>
04  <meta http-equiv="Content-Type" content="text/html; charset=utf-8">
05  <title> 普通文档流的 CSS 样式 </title>
06  <style type="text/css">
07    #box{
08      width:650;
09      border:dashed 2px #000000;
10    }
11    #left{
12      width:150px;
13      height:150px;
14      border:dashed 2px #000000;
15      margin:10px;
16      background-color:#FFF;
17    }
18    #main{
19      width:150px;
20      height:150px;
21      border:dashed 2px #000000;
22      margin:10px;
23      background-color:#FFF;
24    }
25    #right{
26      width:150px;
27      height:150px;
28      border:dashed 2px #000000;
```

```
29        margin:10px;
30        background-color:#FFF;
31    }
32 </style>
33 </head>
34 <body>
35 <div id="box">
36    <div id="left">
37       此处显示 id="left" 的内容
38    </div>
39    <div id="main">
40       此处显示 id="main" 的内容
41    </div>
42    <div id="right">
43       此处显示 id="right" 的内容
44    </div>
45 </div>
46 </body>
47 </html>
```

在浏览器中打开该网页，就可以看到如下图所示的显示效果。

把 left 向右浮动时，它将脱离文档流并且向右浮动，直到其边缘碰到包含框 box 的右边框为止。left 向右浮动的 CSS 代码如下。

```
01    #left{
02        width:150px;
03        height:150px;
```

```
04        border:dashed 2px #000000;
05        margin:10px;
06        background-color:#FFF;
07        float:right;        /* 设置向右浮动 */
08      }
```

刷新网页，显示效果如下图所示。

当把 left 框向左浮动时，它将脱离文档流并向左移动，直到其边缘碰到包含框 box 的左边框为止。因为 left 框不再处于文档流中，所以它不占空间，实际上覆盖住了 main 框，使 main 框从左视图中消失。left 框向左浮动的 CSS 代码如下。

```
01      #main{
02        width:150px;
03        height:150px;
04        border:dashed 4px red;      /* 设置边框粗 4px，红色 */
05        margin:10px;
06        background-color:#FFF;
07      }
08      #left{
09        width:150px;
10        height:150px;
11        border:dashed 2px #000000;
12        margin:10px;
13        background-color:#FFF;
14        float:left;    /* 设置向左浮动 */
15      }
```

再次刷新网页，显示效果如下图所示。

说 明　　为使效果更加明显直观，我们设置 main 框的边框为红色的 4 像素的虚线。

　　当把 3 个框都向右浮动时，left 框将向左浮动直到碰到包含框 box 框的左边缘为止，另两个框向左浮动直到碰到前一个浮动框为止，CSS 代码如下所示。

```
01    #box{
02        width:650;
03        border:dashed 2px #000000;
04    }
05    #left{
06        width:150px;
07        height:150px;
08        border:dashed 2px #000000;
09        margin:10px;
10        background-color:#FFF;
11        float:left;
12    }
13    #main{
14        width:150px;
15        height:150px;
16        border:dashed 2px #000000;
17        margin:10px;
18        background-color:#FFF;
19        float:left;
20    }
21    #right{
22        width:150px;
23        height:150px;
```

```
24        border:dashed 2px #000000;
25        margin:10px;
26        background-color:#FFF;
27        float:left;
28    }
```

在浏览器中刷新网页，显示效果如下图所示。

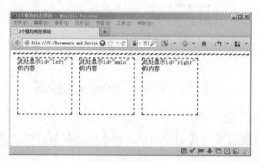

如果浮动框元素的高度不同，那么当它们向下移动时可能会被其他浮动元素卡住，例如下面定义的 CSS 规则。

```
01    #box{
02        width:400px;
03        border:dashed 2px #000000;
04    }
05    #left{
06        width:150px;
07        height:250px;
08        border:dashed 2px #000000;
09        margin:10px;
10        background-color:#FFF;
11        float:left;
12    }
13    #main{
14        width:150px;
15        height:150px;
16        border:dashed 2px #000000;
17        margin:10px;
18        background-color:#FFF;
19        float:left;
20    }
21    #right{
22        width:150px;
23        height:150px;
24        border:dashed 2px #000000;
```

```
25      margin:10px;
26      background-color:#FFF;
27      float:left;
28  }
```

刷新网页，显示效果如下图所示。

18.2.2 position 定位

position 定位属性与 float 属性一样，也是 CSS 排版中非常重要的概念。从字面意思上理解，position 就是定位的位置，即块相对于其父块的位置和相对于它自身应该在的位置。

其中，position 的可用属性值如下表所示。

属性	描述	可用值	说明
position	用于设置对象的定位方式	static	静态（默认），无特殊定位
		relative	相对，对象不可层叠，但将依据 left、right、top、bottom 等属性在正常文档流中偏移位置
		absolute	绝对，将对象从文档流中拖出，通过 width、height、left、right、top 和 bottom 等属性与 margin、padding、border 进行绝对定位，绝对定位的元素可以有边界，但这些边界不压缩。而其层叠通过 z-index 属性定义
		fixed	悬浮，使元素固定在屏幕的某个位置，其包含块是可视区域本身，因此它不随滚动条的滚动而滚动（IE 5.5 不支持此属性）
		inherit	该值从其上级元素继承得到

1. 相对定位（relative）

如果对一个元素进行相对定位，可在它所在的位置上通过设置垂直或水平位置让这个元素相对于起点进行移动。如果将 top 设置为 40 像素，那么框出现在原位置顶部下方 40 像素的位置。如果将 left 设置为 40 像素，那么会在元素左边创建 40 像素的空间，也就是将元素向右移动。例如，范例文件 18-2-2-1 设置 main 框相对定位。

【范例 18.4】 设置 main 框相对定位（范例文件：ch18\18-2-2-1.html）

```
01  <!DOCTYPE HTML PUBLIC "-//W3C//DTD HTML 4.01 Transitional//EN"
"http://www.w3.org/TR/ html4/loose.dtd">
02  <html>
03  <head>
04  <meta http-equiv="Content-Type" content="text/html; charset=utf-8">
05  <title> 相对定位 </title>
06  <style type="text/css">
07      #box{
08          width:600px;
09          border:dashed 2px #000000;
10      }
11      #left{
12          width:150px;
13          height:150px;
14          border:dashed 2px #000000;
15          margin:10px;
16          background-color:#FFF;
17          float:left;
18      }
19      #main{
20          position:relative;
21          left:40px;
22          top:40px;
23          width:150px;
24          height:150px;
25          border:dashed 2px #000000;
26          margin:10px;
27          background-color:#FFF;
28          float:left;
29      }
30      #right{
31          width:150px;
32          height:150px;
33          border:dashed 2px #000000;
34          margin:10px;
35          background-color:#FFF;
36          float:left;
```

```
37        }
38    </style>
39    </head>
40    <body>
41    <div id="box">
42        <div id="left">
43            此处显示 id="left" 的内容
44        </div>
45        <div id="main">
46            此处显示 id="main" 的内容
47        </div>
48        <div id="right">
49            此处显示 id="right" 的内容
50        </div>
51    </div>
52    </body>
53    </html>
```

在浏览器中打开该网页，显示效果如下图所示。

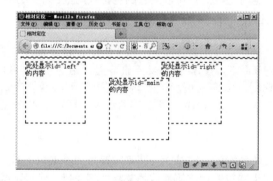

在使用相对定位时，无论是否进行移动，元素仍然占据原来的空间，因此，移动元素会导致覆盖其他框。

注 意

2. 绝对定位（absolute）

相对定位实际上被看作普通流定位模型的一部分，因为元素的位置为相对于它在普通流中的位置。与其相反，绝对定位元素的位置与文档流无关，因此不占据空间，普通文档流中其他元素的布局就像绝对定义的元素不存在一样。简单地说，使用了绝对定位之后，对象就会浮在网页上面。

例如，我们对上一个示例的 CSS 样式规则进行更改，如下所示。

```
01    #main{
02        position:absolute;
03        left:40px;
04        top:40px;
```

```
05        width:150px;
06        height:150px;
07        border:dashed 2px #000000;
08        margin:10px;
09        background-color:#FFF;
10        float:left;
11      }
```

刷新网页，显示效果如下图所示。

与相对定位的框一样，绝对定位的框可以从它的包含块向上、下、左、右移动。这提供了很大的灵活性，可以直接将元素定位在页面上的任何位置。

定位的主要问题是要记住每种定位的意义。相对定位是相对元素在文档中的初始位置，绝对定位是相对于最近的已定位的父元素或最初始的包含块的位置。绝对定位的框与文档流无关，它们可以覆盖页面上的其他元素。可以通过设置 z-index 属性来控制这些边框的堆放次序。z-index 属性的值越大，框在堆中的位置就越高。

3. 悬浮定位（fixed）

将块的 position 参数设置为 fixed，本质上与将其设置为 absolute 一样，只不过块不随着浏览器的滚动条向上或向下移动。因为浏览器对该属性值的兼容性不理想，所以不推荐使用该值，这里也不再详细介绍。

▌18.3 可视化模型

 本节视频教学录像：5 分钟

盒子模型是 CSS 控制页面的一个重要的概念。只有很好地掌握了盒子模型及其中每个元素的用法，才能真正地控制页面中各个元素的位置。

18.3.1 盒模型

所有页面中的元素都可以看成是一个盒子，占据着一定的页面空间。一般来说，这些被占据的空间往往比单纯的内容要大。换句话说，可以通过整个盒子的边框和距离等参数来调节盒子的位置。

一个盒模型是由 content（内容）、border（边框）、padding（填充）和 margin（间隔）4 个部分组成的。填充、边界和边框都分为"上右下左"4 个方向，既可以分别定义，也可以统一定义。

CSS 3 内定义的宽（width）和高（height）指的是填充内容范围，因此，一个元素的实际宽度 = 左边界 + 左边框 + 内容宽度 + 右边框 + 右边界。例如，范例文件 18-3-1-1 定义填充内容的宽和高分别为 400 像素和 250 像素，定义内、外边距分别为 15 像素，定义边框的宽度为 4 像素宽的红色实线。

【范例 18.5】 定义填充内容的宽和高（范例文件：ch18\18-3-1-1.html）

```
01  <!DOCTYPE HTML PUBLIC "-//W3C//DTD HTML 4.01 Transitional//EN"
    "http://www.w3.org/TR/ html4/loose.dtd">
02  <html>
03  <head>
04  <meta http-equiv="Content-Type" content="text/html; charset=utf-8">
05  <title> 盒模型 </title>
06  <style type="text/css">
07     #box{
08        width:400px;
09        height:250px;
10        margin:15px;
11        padding:15px;
12        border:solid 4px red;
13     }
14  </style>
15  </head>
16  <body>
17     <div id="box">
18        <img src="iphone.jpg" />
19     </div>
20  </body>
21  </html>
```

打开浏览器，显示效果如下图所示。

而元素的实际宽度为：总宽度 =15 像素 +4 像素 +15 像素 +400 像素 +15 像素 +4 像素 +15 像素 =468 像素

注意 关于盒模型有以下几点需要注意。**(1)** 边框默认的样式（border-style）可以设置为不显示（none）；**(2)** 填充值不可为负；**(3)** 内联元素，例如 a，定义上下边界不会影响到行高; **(4)** 若盒中没有内容，尽管定义了宽度和高度都为 100%，实际上也只占 0%，因此不会被显示。这些在采取 DIV+CSS 3 布局的时候需要特别注意。

18.3.2 视觉可视化模型

在 HTML 文档元素中，p、hl、div 等元素被称为块级元素，这就意味着这些元素显示为一块内容，即"块框"。与此相反, strong 和 span 等元素称为行内元素，因为它们的显示内容在行中，即"行内框"。但是我们可以通过使用块级元素与行内元素的 display 属性改变生成框的类型，将行内元素的 display 属性设置为 block，可以让内行元素表现得像块级元素一样，反之亦然。另外，还可以将 display 属性设置为none，让生成的元素根本没有框，这样，这个框及其所有内容就不显示，也不占用文档中的空间。

这些框在 CSS 中有 3 种基本的定位机制——普通流、浮动和绝对定位。除非专门指定，否则所有框都在普通流中定位。例如，块级框从上到下一个接一个排列，框之间的垂直距离由框的垂直空白边计算出来。而行内框在一行中的水平位置，可以使用水平填充、边框和空白边设置它们之间的水平间距。但是，垂直填充、边框和空白边不影响行内框的高度。由一行形成的水平框称为行框，行框的高度总是足以容纳它包含的所有行内框，设置行高可以增加这个框的高度。

另外，框可以按照 HTML 的嵌套方式包含其他的框。大多数框由显示定义的元素形成，但是在某些情况下，即使没有进行显示定义也会创建块级元素。将一些文本添加到一些块级元素（例如 DIV）的开头时，即使没有把这些文本定义为段落，它们也会被当作段落对待，此时这个框称为无名块框，因为它不与专门的元素相关联，如下面的代码所示。

```
01   <div>
02   公司简介
03   <p> 公司的详细介绍 </p>
04   </div>
```

块级元素内的文本行也会出现类似的情况。假设有一个包含 3 行文本的段落，每行文本形成一个无名行框，则无法直接对无名框或行框应用样式，因为没有可以应用样式的地方，但是这有助于我们对屏幕上看到的所有东西都形成某种框的理解。

18.3.3 空白边叠加

空白边叠加是一个比较简单的概念，当两个垂直空白边相遇时，它们将形成一个空白边。这个空白边的高度是两个发生叠加的空白边高度的较大者。例如，当一个元素出现在另一个元素上时，第一个元素的低空白边与第二个元素的顶空白边会发生叠加。

另外，当一个元素包含另一个元素时（假设没有填充或边框将空白边隔开），它们的顶空白边和低空白边也会发生叠加。

技 巧 只有普通文档流中块框的垂直空白边才会发生空白边叠加。行内框、浮动框或定位框之间的空白边是不会叠加的。

18.4 CSS 布局方式

 本节视频教学录像：13 分钟

CSS 是控制网页布局样式的基础，是真正能够做到网页表现和内容分离的一种样式设计语言。相对于传统 HTML 的简单样式控制来说，CSS 能够对网页对象的位置排版进行像素级别的精确控制，支持几乎所有的字体、字号样式，还拥有对网页对象盒模型样式的控制能力，并且能够进行初步页面交互设计，是当前基于文件展示的最优秀的表达设计语言。

18.4.1 居中的布局设计

目前，居中设计在网页布局的应用中非常广泛，因此，在 CSS 中如何让设计居中显示是大多数开发人员首先要学习的重点之一。设计居中主要有以下两种基本方法。

1. 使用自动空白边让设计居中

假设一个布局，希望其中的容器 DIV 在屏幕上水平居中，代码如下。

```
01  <body>
02    <div id="box"></div>
03  </body>
```

只需定义 DIV 的宽度，然后将水平空白边设置为 auto，代码如下。

```
01    #box{
02      width:720px;
03      margin:auto;
04    }
```

这种 CSS 样式定义方法几乎在所有的浏览器中都是有效的。但是，IE 5 系列版本和 IE 6.0 不支持自动空白边，因为 IE 将 text-align:center 理解为让所有对象居中，而不只是文本居中。可以利用这一点，让主体标签中的所有对象居中，包括容器 DIV，然后将容器的内容重新左对齐，代码如下。

```
01  body{
02    Text-align:center;
03  }
04    #box{
05      width:720px;
06      margin:auto;
07      text-align:left;
08    }
```

例如，范例文件 18-4-1-1 定义了一个 id=box 的 DIV 作为主容器，并使这个主容器在浏览器中水平居中。

【范例 18.6】 定义 DIV 水平居中（范例文件：ch18\18-4-1-1.html）

```
01  <!DOCTYPE HTML PUBLIC "-//W3C//DTD HTML 4.01 Transitional//EN"
"http://www.w3.org/TR/ html4/loose.dtd">
02  <html>
03  <head>
04  <meta http-equiv="Content-Type" content="text/html; charset=utf-8">
05  <title>使用自动空白边让设计居中 </title>
06  <style type="text/css">
07      body{
08          text-align:center;
09      }
10      #box{
11          width:720px;
12          height:600px;
13          margin:0 auto;
14          text-align:left;
15          border:solid 2px red;
16      }
17  </style>
18  </head>
19  <body>
20      <div id="box">
21          id="box" 的主容器
22      </div>
23  </body>
24  </html>
```

在浏览器中打开该网页，显示效果如下图所示。

观察上图，能够发现边框为红色的容器在浏览器中水平居中显示。

注意　　一般在实际设计页面布局时通常不会设置主容器的高度值，而让容器的高度随内容自动增加。这里设置容器高度只是为了增强演示效果。

2. 使用定位和负值空白边让设计居中

首先定义容器的宽度，然后将容器的 position 属性设置为 relative，将 left 属性设置为 50%，就可以把容器的左边缘定位在页面的中间，代码如下。

```
01    #box{
02        width:720px;
03        position:relative;
04        left:50%;
05    }
```

如果不希望容器的左边缘居中，而容器的中间居中，只要对容器的左边应用一个负值的空白边，空白边宽度等于容器宽度的一半，即可把容器向左移动其宽度的一半，从而使容器在屏幕上居中，代码如下。

```
01    #box{
02        width:720px;
03        position:relative;
04        left:50%;
05        margin-left:-360px;
06    }
```

例如，范例文件 18-4-1-2 采用上面介绍的方法，即采用定位和负值空白边使设计居中的方式，使 box 容器水平居中显示。

【范例 18.7】采用定位和负值空白边使设计居中（范例文件：ch18\18-4-1-2.html）

```
01  <!DOCTYPE HTML PUBLIC "-//W3C//DTD HTML 4.01 Transitional//EN"
"http://www.w3.org/TR/ html4/loose.dtd">
02  <html>
03  <head>
04  <meta http-equiv="Content-Type" content="text/html; charset=utf-8">
05  <title> 使用定位和负值空白边让设计居中 </title>
06  <style type="text/css">
07    #box{
08        width:720px;
09        height:600px;
10        position:relative;
11        left:50%;
12        margin-left:-360px;
```

```
13          border:solid 2px red;
14      }
15  </style>
16  </head>
17  <body>
18      <div id="box">
19          id="box" 的主容器
20      </div>
21  </body>
22  </html>
```

在浏览器中打开该网页，显示效果如下图所示。

18.4.2 浮动的布局设计

使用浮动技术设计页面布局通常包括 5 种方式，即两列固定宽度布局、两列固定宽度居中布局、两列宽度自适应布局、两列右列宽度自适应布局、三列浮动中间宽度自适应布局。下面我们分别对这 5 种布局方式进行介绍。

1. 两列固定宽度布局

两列固定宽度布局非常简单，只需要定义两个 DIV 容器，并设置相应的 CSS 样式规则即可。例如，范例文件 18-4-2-1 为 left 和 right 容器设置宽度和高度，并设置这两个容器都向左浮动。

【范例 18.8】 两列固定宽度布局（范例文件：ch18\18-4-2-1.html）

```
01  <!DOCTYPE HTML PUBLIC "-//W3C//DTD HTML 4.01 Transitional//EN"
"http://www.w3.org/TR/ html4/loose.dtd">
02  <html>
```

```
03   <head>
04   <meta http-equiv="Content-Type" content="text/html; charset=utf-8">
05   <title> 两列固定宽度布局 </title>
06   <style type="text/css">
07       #left{
08           width:200px;
09           height:200px;
10           background-color:#00C;
11           border:solid 2px #F00;
12           float:left;
13       }
14       #right{
15           width:200px;
16           height:200px;
17           background-color:#CF0;
18           border:solid 2px #F00;
19           float:left;
20       }
21   </style>
22   </head>
23   <body>
24       <div id="left">id="left" 的容器 </div>
25       <div id="right">id="right" 的容器 </div>
26   </body>
27   </html>
```

在浏览器中打开该网页，显示效果如下图所示。

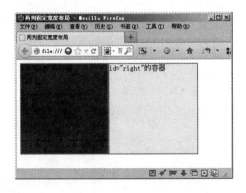

2. 两列固定宽度居中布局

两列固定宽度居中布局可以使用 DIV 的嵌套方式来完成，用一个居中的 DIV 作为容器，将两列分栏的两个 DIV 放置在容器中，从而实现两列的居中显示。例如，范例文件 18-4-2-2 定义包含容器的 id 等于 box，为 box 容器设置水平居中的 CSS 样式，并在 box 容器中定义 left 和 right 容器。

【范例 18.9】 两列固定宽度居中布局（范例文件：ch18\18-4-2-2.html）

```
01   <!DOCTYPE HTML PUBLIC "-//W3C//DTD HTML 4.01 Transitional//EN"
"http://www.w3.org/TR/ html4/loose.dtd">
02   <html>
03   <head>
04   <meta http-equiv="Content-Type" content="text/html; charset=utf-8">
05   <title> 两列固定宽度居中布局 </title>
06   <style type="text/css">
07     #box{
08         margin:0 auto;
09         width:408px;
10     }
11     #left{
12         width:200px;
13         height:200px;
14         background-color:#00C;
15         border:solid 2px #F00;
16         float:left;
17     }
18     #right{
19         width:200px;
20         height:200px;
21         background-color:#CF0;
22         border:solid 2px #F00;
23         float:left;
24     }
25   </style>
26   </head>
27   <body>
28     <div id="box">
29         <div id="left">id="left" 的容器 </div>
30         <div id="right">id="right" 的容器 </div>
31     </div>
32   </body>
33   </html>
```

在浏览器中打开该网页，显示效果如下图所示。

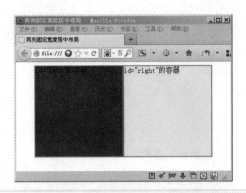

 注 意

这里再次提醒读者，一个对象的宽度不仅由 width 值来决定，它的真实宽度是由本身的宽度、左右外边距以及左右边框和内边距这些属性相加而成的。而 left 容器宽度为 200 像素，左右都有 2 像素的边框宽度，因此实际宽度为 204 像素，right 和 left 容器宽度相同，所以 box 的宽度设定为 408 像素。

3. 两列宽度自适应布局

自适应主要通过宽度的百分比值进行设置，因此，在两列宽度自适应布局中也同样对百分比宽度值进行设定，如范例文件 18-4-2-3 所示。

【范例 18.10】 两列宽度自适应布局（范例文件：ch18\18-4-2-3.html）

```
01  <!DOCTYPE HTML PUBLIC "-//W3C//DTD HTML 4.01 Transitional//EN"
"http://www.w3.org/TR/ html4/loose.dtd">
02  <html>
03  <head>
04  <meta http-equiv="Content-Type" content="text/html; charset=utf-8">
05  <title> 两列宽度自适应布局 </title>
06  <style type="text/css">
07    #left{
08       width:20%;
09       height:200px;
10       background-color:#00C;
11       border:solid 2px #F00;
12       float:left;
13    }
14    #right{
15       width:70%;
16       height:200px;
17       background-color:#CF0;
18       border:solid 2px #F00;
19       float:left;
20    }
```

```
21    </style>
22    </head>
23    <body>
24       <div id="left">id="left" 的容器 </div>
25       <div id="right">id="right" 的容器 </div>
26    </body>
27    </html>
```

在浏览器中打开该网页，显示效果如下图所示。

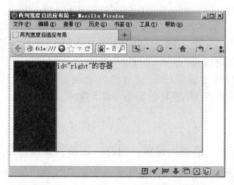

当改变浏览器窗口尺寸时，能够发现 left 和 right 容器的宽度随之改变，浏览器在水平方向上始终不会出现滚动条。

注意

在该示例中，并没有把整体宽度设置为 100%（20%+70%=90%），这是因为前面已经多次提到，左侧对象不仅仅是浏览器窗口 20% 的宽度，还应当加上左右红色的边框宽度。这样算下来，左右栏都超过了自身的百分比宽度，最终的宽度也超过了浏览器窗口的宽度，因此右栏将被挤到第二行显示，从而失去了左右分栏的效果。

4. 两列右列宽度自适应布局

在实际应用中，有时候需要左栏固定宽度，右栏根据浏览器窗口的大小自动适应。在 CSS 中只需要设置左栏宽度，右栏不设置任何宽度值，并且右栏不浮动，如范例文件 18-4-2-4。

【范例 18.11】 两列右列宽度自适应布局（范例文件: ch18\18-4-2-4.html）

```
01    <!DOCTYPE HTML PUBLIC "-//W3C//DTD HTML 4.01 Transitional//EN"
"http://www.w3.org/TR/ html4/loose.dtd">
02    <html>
03    <head>
04    <meta http-equiv="Content-Type" content="text/html; charset=utf-8">
05    <title> 两列右列宽度自适应布局 </title>
06    <style type="text/css">
07       #left{
08          width:200px;
09          height:200px;
10          background-color:#00C;
```

```
11          border:solid 2px #F00;
12          float:left;
13      }
14      #right{
15          height:200px;
16          background-color:#CF0;
17          border:solid 2px #F00;
18      }
19    </style>
20    </head>
21    <body>
22      <div id="left">id="left" 的容器 </div>
23      <div id="right">id="right" 的容器 </div>
24    </body>
25    </html>
```

在浏览器中打开该网页，显示效果如下图所示。

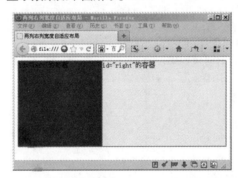

改变浏览器窗口大小，读者将会发现左栏宽度不变，而右栏宽度随着浏览器宽度的改变而改变。两列右列宽度自适应布局经常在网站中用到，不只是右列，左列宽度也可以自适应，设置方法是一样的。

5. 三列浮动中间宽度自适应布局

三列浮动中间列宽度自适应布局是指左栏固定宽度居左显示，右栏固定宽度居右显示，而中间栏要在左栏和右栏的中间显示，根据左、右栏的间距变化自动适应。单纯地使用 float 属性与百分比属性不能实现这种效果，这就需要通过绝对定位来实现了。绝对定位后的对象，不需要考虑它在页面中的浮动关系，只需要设置对象的 top、right、bottom 和 left 4 个方向即可，如范例文件 18-4-2-5 所示。

【范例18.12】三列浮动中间宽度自适应布局（范例文件: ch18\18-4-2-5.html）

```
01  <!DOCTYPE HTML PUBLIC "-//W3C//DTD HTML 4.01 Transitional//EN"
"http://www.w3.org/TR/ html4/loose.dtd">
02  <html>
03  <head>
04  <meta http-equiv="Content-Type" content="text/html; charset=utf-8">
05  <title> 三列浮动中间宽度自适应布局 </title>
```

```
06   <style type="text/css">
07      *{
08         margin:0;
09         padding:0;
10         border:0;
11      }
12      #left{
13         width:200px;
14         height:200px;
15         background-color:#00C;
16         border:solid 2px #F00;
17         position:absolute;
18         top:0px;
19         left:0px;
20      }
21      #right{
22         width:200px;
23         height:200px;
24         background-color:#CF0;
25         border:solid 2px #F00;
26         position:absolute;
27         top:0px;
28         right:0px;
29      }
30      #main{
31         height:200px;
32         background-color:#636;
33         border:solid 2px #F00;
34         margin:0px 204px 0px 204px;
35      }
36   </style>
37   </head>
38   <body>
39      <div id="left">id="left" 的容器 </div>
40      <div id="main">id="main" 的容器 </div>
41      <div id="right">id="right" 的容器 </div>
42   </body>
43   </html>
```

在浏览器中打开该网页，显示效果如下图所示。

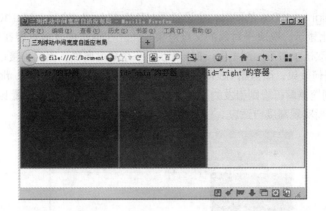

18.4.3 高度自适应设计

高度值同样可以使用百分比进行设置，不同的是直接使用 height：100% 不会显示效果，这与浏览器的解析方式有一定的关系，如范例文件 18-4-3-1 所示。

【范例 18.13】 高度自适应设计（范例文件：ch18\18-4-3-1.html）

```
01  <!DOCTYPE HTML PUBLIC "-//W3C//DTD HTML 4.01 Transitional//EN"
"http://www.w3.org/TR/ html4/loose.dtd">
02  <html>
03  <head>
04  <meta http-equiv="Content-Type" content="text/html; charset=utf-8">
05  <title> 高度自适应设计 </title>
06  <style type="text/css">
07      html,body{
08          margin:0px;
09          height:100%;
10      }
11      #left{
12          width:200px;
13          height:100%;
14          background-color:#00C;
15          float:left;
16      }
17  </style>
18  </head>
19  <body>
20      <div id="left">id="left" 的容器 </div>
21  </body>
22  </html>
```

在对 #left 设置 height：100% 的同时，也设置了 HTML 与 body 的 height：100%。一个对象的高度是否可以使用百分比显示，取决于对象的父级对象。#left 在页面中直接放置在 body 中，因此它的父级就是 body。而在默认状态下，浏览器没有给 body 一个高度属性，因此直接设置 #left 的 height：100% 时，不会产生任何效果；而当给 body 设置了 100% 之后，它的子级对象 #left 的 height：100% 便发挥作用，这便是浏览器解析规则引发的高度自适应问题。给 HTML 对象设置 height：100%，能使 IE 与 Firefox 浏览器都能实现高度自适应。打开该网页，显示效果如下图所示。

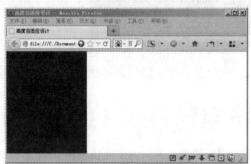

18.5 CSS 3 中盒模型的新增属性

 本节视频教学录像：4 分钟

在 CSS 3 中新增了 3 种盒模型的控制属性，分别是 overflow、overflow-x 和 overflow-y。下面分别对这 3 种新增的盒模型控制属性进行简单介绍。

18.5.1 overflow

overflow 属性用于设置当对象的内容超过其指定的高度及宽度时应该如何进行处理，其语法定义如下。

---

overflow:visible|auto|hidden|scroll

相关属性：

overflow-x, overflow-y

(1) visible：不剪切内容也不添加滚动条。如果显示声明该默认值，对象将被剪切为包含对象的 window 或 frame 的大小，并且 clip 属性设置将失效。

(2) auto：该属性值为 body 对象和 textarea 的默认值，在需要时剪切内容并添加滚动条。

(3) hidden：不显示超过对象尺寸的内容。

(4) scroll：总是显示滚动条。

该属性在各种浏览器中都能得到较好的支持，可以放心使用。例如，范例文件 18-5-1-1 定义盒子显示滚动条。

【范例 18.14】 定义盒子显示滚动条（范例文件：ch18\18-5-1-1.html）

---

01 <!DOCTYPE HTML PUBLIC "-//W3C//DTD HTML 4.01 Transitional//EN" "http://www.w3.org/TR/ html4/loose.dtd">

```
02   <html>
03   <head>
04   <meta http-equiv="Content-Type" content="text/html; charset=utf-8">
05   <title>overflow 属性 </title>
06   <style type="text/css">
07      #box{
08         width:400px;
09         height:100px;
10         font-size:12px;
11         line-height:24px;
12         padding:5px;
13         background-color:#9f0;
14         overflow:scroll;
15      }
16   </style>
17   </head>
18   <body>
19   <div id="box">
20      测试文本测试文本测试文本测试文本测试文本测试文本测试文本测试文本测试文本测
     试文本
21      测试文本测试文本测试文本测试文本测试文本测试文本测试文本测试文本测
     试文本
22      测试文本测试文本测试文本测试文本测试文本测试文本测测试文本试文本测
     试文本
23      测试文本测试文本测试文本测试文本测试文本测试文测试文本本测试文本测
     试文本
24      测试文本测试文本测试文本测试文本测试文本测测试文本试文本测试文本测
     试文本
25      测试文本测试文本测试文本测试文本测试文本测试文本测试文本测试文本测
     试文本
26   </div>
27   </body>
28   </html>
```

在浏览器中打开该网页，显示效果如下图所示。

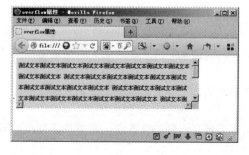

18.5.2 overflow-x

overflow-x 属性用于设置当对象的内容超过其指定的宽度时应该如何进行处理，其语法的定义如下。

overflow-x: visible|auto|hidden|scroll

overflow-x 属性的用法和兼容性与 overflow 属性的用法和兼容性完全相同。例如，范例文件 18-5-2-1 定义了 overflow-x: scroll。

【范例 18.15】 定义 overflow-x: scroll（范例文件: ch18\18-5-2-1.html）

```
01  <!DOCTYPE HTML PUBLIC "-//W3C//DTD HTML 4.01 Transitional//EN"
"http://www.w3.org/TR/ html4/loose.dtd">
02  <html>
03  <head>
04  <meta http-equiv="Content-Type" content="text/html; charset=utf-8">
05  <title>overflow-x 属性 </title>
06  <style type="text/css">
07    #box{
08      width:600px;
09      height:200px;
10      font-size:12px;
11      line-height:24px;
12      padding:5px;
13      background-color:#9f0;
14      overflow-X:scroll;
15    }
16  </style>
17  </head>
18  <body>
19  <div id="box">
20    测试文本测试文本测试文本测试文本测试文本测试文本测试文本测试文本测试文本测
试文本
21    测试文本测试文本测试文本测试文本测试文本测试文本测试文本测试文本测试文本测
试文本
22    测试文本测试文本测试文本测试文本测试文本测试文本测试文本测试文本测试文本测
试文本
23    测试文本测试文本测试文本测试文本测试文本测试文本测试文本测试文本测试文本测
试文本
24    测试文本测试文本测试文本测试文本测试文本测试文本测试文本测试文本测试文本测
试文本
25    测试文本测试文本测试文本测试文本测试文本测试文本测试文本测试文本测试文本测
试文本
```

```
26    </div>
27    </body>
28    </html>
```

在浏览器中打开该网页，显示效果如下图所示。

18.5.3 overflow-y

overflow-y 属性用于设置当对象的内容超过其指定的高度时应该如何进行处理，其定义的语法如下。

overflow-y: visible|auto|hidden|scroll

overflow-y 属性的用法和兼容性与 overflow 属性的用法和兼容性完全相同，如范例文件 18-5-3-1 所示。

【范例 18.16】 overflow-y 属性（范例文件：ch18\18-5-3-1.html）

```
01    <!DOCTYPE HTML PUBLIC "-//W3C//DTD HTML 4.01 Transitional//EN"
"http://www.w3.org/TR/ html4/loose.dtd">
02    <html>
03    <head>
04    <meta http-equiv="Content-Type" content="text/html; charset=utf-8">
05    <title>overflow-y 属性 </title>
06    <style type="text/css">
07      #box{
08        width:600px;
09        height:200px;
10        font-size:12px;
11        line-height:24px;
12        padding:5px;
13        background-color:#9f0;
14        overflow-y:scroll;
15      }
16    </style>
17    </head>
18    <body>
19    <div id="box">
```

```
20     测试文本测试文本测试文本测试文本测试文本测试文本测试文本测试文本测试文本测
试文本
21     测试文本测试文本测试文本测试文本测试文本测试文本测试文本测试文本测试文本测
试文本
22     测试文本测试文本测试文本测试文本测试文本测试文本测试文本测试文本测试文本测
试文本
23     测试文本测试文本测试文本测试文本测试文本测试文本测试文本测试文本测试文本测
试文本
24     测试文本测试文本测试文本测试文本测试文本测试文本测试文本测试文本测试文本测
试文本
25     测试文本测试文本测试文本测试文本测试文本测试文本测试文本测试文本测试文本测
试文本
26     </div>
27     </body>
28     </html>
```

在浏览器中打开该网页，显示效果如下图所示。

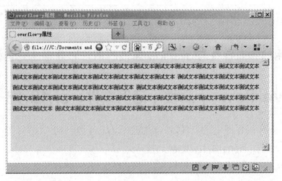

 # 高手私房菜

>>

技巧：将多个 DIV 紧靠页面的左侧或者右侧

在实际网页制作中，经常需要解决这样的问题，怎样把多个 DIV 都紧靠页面的左侧或者右侧呢？

方法很简单，只需要修改几个 DIV 的 margin 值即可，具体的步骤如下。如果要使它们紧贴浏览器窗口左侧，可以将 margin 设置为"0 auto 0 0"，即只保留右侧的一根"弹簧"，就会把内容挤到左边了。反之，如果要使它们紧贴浏览器窗口右侧，可以将 margin 设背为"0 0 0 auto"，即只保留左侧的一根"弹簧"，就会把内容挤到最右边。

第 3 篇
综合应用篇

本篇介绍 HTML 和 CSS 3 的综合应用，包括用 HTML+CSS 3 设计制作企业网站页面、用 HTML+CSS 3 设计制作休闲游戏网站页面及用 HTML+CSS 3 设计制作电子商务网站页面等。通过本章的学习，读者可以积累实战经验。

▶ 第 19 章　用 HTML+CSS 3 设计制作企业网站页面

▶ 第 20 章　用 HTML+CSS 3 设计制作休闲游戏网站页面

▶ 第 21 章　用 HTML+CSS 3 设计制作电子商务网站页面

第19章

本章教学录像：8 分钟

用 HTML+CSS 3 设计制作企业网站页面

企业网站页面非常重要，该网页体现了一个企业的文化和服务对象等。本章以一个计算机信息技术企业为例，来介绍如何设计与布局企业网站页面。

本章要点（已掌握的在方框中打勾）

☐ 设计分析

☐ 布局分析

☐ 制作步骤

☐ 实例总结

▌19.1 设计分析

 本节视频教学录像：2 分钟

本章实例设计制作企业网站首页，整个页面居中显示，网页文字配合图片展示出公司的全貌。网页的标题用红色突出，很容易吸引人的目光，也能给人非常热情的感觉，正文用灰色或黑色显示，增强文本的可读性，也不会特别刺眼。该网站主页的最终效果图如下图所示。

▌19.2 布局分析

 本节视频教学录像：1 分钟

本网站页面使用的是上中下结构，中间部分为左右结构，上面部分用于导航、展示图片，中间部分左边用于公司介绍、产品和服务，右边是新闻，下面部分是网站的一些基本信息，如下图所示。

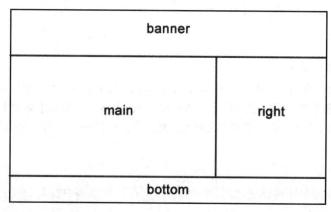

19.3 制作步骤

 本节视频教学录像：4 分钟

1. 创建页面背景效果

❶ 打开 Dreamweaver CS6，执行【文件】▶【新建】命令，新建一个空白的 HTML 页面，并保存为"桌面\chapter19\index.html"。新建两个 CSS 文件，并分别保存为"桌面\chapter19\div.css"和"桌面\chapter19\css.css"。在 index.html 中打开【CSS 样式】面板，单击【附加样式表】按钮，将刚刚创建的两个外部样式表文件 div.css 和 css.css 链接到该文档中，如下图（左）和下图（右）所示。

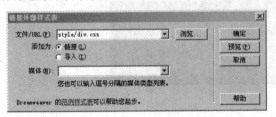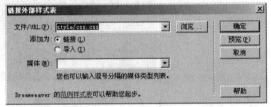

❷ 转换到 css.css 文件中，创建一个名为"body"的 CSS 规则，样式表代码如下所示。

```
01    body {
02        font-size: 12px;
03        background-color: #f4ebdc;
04        margin: 0px;
05        padding: 0px;
06        border:0px;
07    }
```

返回设计页面，可以看到页面的背景效果，如下图所示。

2. 制作 top 页面效果

❶ 转换到 index.html 文档中，在 Dreamweaver 菜单栏选择【插入】▶【布局对象】▶【DIV】标签，打开"插入 DIV 标签"对话框。在【ID】文本框中输入"box"，单击【确定】按钮，这样就在页面中插入一个名为"box"的 DIV。转换到 div.css 文件中，创建一个名为"#box"的 CSS 规则，样式表代码如下所示。

 本书剩余部分不再详述插入 DIV 的步骤，在其他步骤中插入 DIV 的方式与此类似。

注　意

```
01   #box {
02       height: 740px;
03       width: 788px;
04       margin:0 auto;
05       background:url(../images/001.gif);
06       background-repeat:repeat-y;
07   }
```

返回设计页面，删除多余文字，页面效果如下图所示。

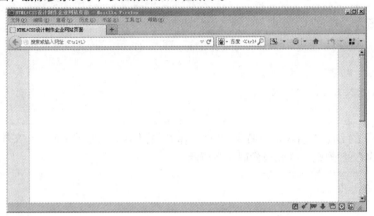

❷ 在名为"box"的 DIV 中插入一个名为"top"的 DIV，切换到 div.css 文件，创建一个名为"#top"
的 CSS 规则，样式表代码如下所示。

> **技 巧** 该步骤中，"名为'box'的 DIV 中插入一个名为'top'的 DIV"是指在"id"属性等于"box"的 <div> 标签对之间插入一个 id 属性等于 top 的 DIV，其他步骤与此类似，不再详述。

```
01   #top {
02       background-image: url(../images/002.gif);
03       background-repeat: no-repeat;
04       height: 62px;
05       width: 770px;
06       margin:0 auto;
07   }
```

返回设计页面，删除多余文字，页面效果如下图所示。

❸ 转换到 css.css 文件，创建一个名为 "ul li" 的 CSS 规则，样式表代码如下所示。

```
01  ul li{
02    margin: 0px;
03    float: left;
04    padding-right: 6px;
05    padding-left: 6px;
06    list-style: none;
07  }
```

❹ 再创建一个名为 "a" 的 CSS 规则，样式表代码如下所示。

```
01  a {
02    color: #000;
03    text-decoration: none;
04  }
```

❺ 在名为 "top" 的 DIV 中插入一个名为 "top-right" 的 DIV。切换到 div.css 文件，创建一个名为 "#top-right" 的 CSS 规则，样式表代码如下所示。

```
01  #top-right {
02    font-size: 14px;
03    float: right;
04    width: 480px;
05    padding-top: 10px;
06  }
```

返回设计页面，删除多余文字，页面效果如下图所示。

❻ 转换到代码视图，在名为 "top-right" 的 DIV 中输入代码，HTML 代码如下所示。

```
01  <div id="top-right">
02    <ul>
03      <li><a href="#"> 公司简介 </a></li>
04      <li><a href="#"> 产品介绍 </a></li>
05      <li><a href="#"> 对外服务 </a></li>
06      <li><a href="#"> 招贤纳士 </a></li>
07      <li><a href="#"> 新闻中心 </a></li>
08      <li><a href="#"> 联络我们 </a></li>
09    </ul>
10  </div>
```

❼ 在名为"top"的DIV之后插入名为"top-pic"的DIV。切换到div.css文件，创建一个名为"#top-pic"的 CSS 规则，样式表代码如下所示。

```
01  #top_pic {
02      height: 195px;
03      width: 770px;
04      margin:0 auto;
05      margin-top: 5px;
06  }
```

返回设计页面，删除多余文字，页面效果如下图所示。

❽ 将光标移到名为"top-pic"的 DIV 中，在该 DIV 中插入图像"桌面\chapter19\images\003.gif"，效果如下图所示。

❾ 在名为"top-pic"的 DIV 之后插入名为"main-xian"的 DIV。转换到 div.css 文件，创建一个名为"#mian-xian"的 CSS 规则，样式表代码如下所示。

```
01  #main-xian {
02      background-image: url(../images/004.GIF);
03      background-repeat: repeat-x;
04      height: 14px;
05      width: 770px;
06      margin-top: 5px;
07      margin-left:auto;
08      margin-right:auto;
09  }
```

返回设计页面，删除多余的文字，页面效果如下图所示。

```
01   #main-xian {
02       background-image: url(../images/004.GIF);
03       background-repeat: repeat-x;
04       height: 14px;
05       width: 770px;
06       margin-top: 5px;
07       margin-left:auto;
08       margin-right:auto;
09   }
```

3. 制作 main-top 页面效果

❶ 在名为 "main-xian" 的 DIV 之后插入名为 "main" 的 DIV，转换到 div.css 文件，创建一个名为 "#main" 的 CSS 规则，样式表代码如下所示。

```
01   #main {
02       float: left;
03       height: 400px;
04       width: 540px;
05       margin-top: 4px;
06       margin-left: 9px;
07   }
```

返回设计页面，删除多余的文字，页面效果如下图所示。

注 意 上图的实线边框是为了方便显示而添加的，实际显示时并不会出现边框。

❷ 在名为"main"的 DIV 中插入名为"main-top"的 DIV，转换到 div.css 文件，创建一个名为
"#mian-top"的 CSS 规则，样式表代码如下所示。

```
01   #main-top {
02       background-image: url(../images/005.GIF);
03       background-repeat: no-repeat;
04       height: 130px;
05       width: 540px;
06   }
```

返回设计页面，删除多余文字，页面效果如下图所示。

❸ 在名为"main-top"的 DIV 之后插入名为"main-top-text"的 DIV，转换到 div.css 文件，创建
一个名为"#main-top-text"的 CSS 规则，样式表代码如下所示。

```
01   #main-top-text {
02       color: #767475;
03       height: 80px;
04       width: 350px;
05       padding-top: 50px;
06       padding-left: 10px;
07   }
```

返回设计页面，删除多余文字，输入相应文字，页面效果如下图所示。

❹ 修改名为"#main-top-text"的 CSS 规则，控制文本段落的行高，样式表代码如下所示。

```
01   #main-top-text {
02       color: #767475;
03       height: 80px;
04       width: 350px;
05       padding-top: 50px;
06       padding-left: 10px;
07       line-height:20px;
08   }
```

页面效果如下图所示。

4. 制作 main-left 页面效果

❶ 在名为"main-top"的 DIV 之后插入名为"main-left"的 DIV，转换到 div.css 文件，创建一个名为"#mian-left"的 CSS 规则，样式表代码如下所示。

```
01   #main-left {
02      float: left;
03      height: 270px;
04      width: 260px;
05   }
```

❷ 在名为"main-left"的 DIV 之中插入名为"main-left-top"的 DIV，转换到 div.css 文件，创建一个名为"#mian-left-top"的 CSS 规则，样式表代码如下所示。

```
01   #main-left-top {
02      text-align: center;
03      height: 25px;
04      width: 260px;
05   }
```

❸ 返回设计页面，删除多余文字，页面效果如下图（左）所示。将光标移至名为"main-left-top"的 DIV 中，在该 DIV 中插入图像"桌面\chapter19\images\006.gif"，效果如下图（右）所示。

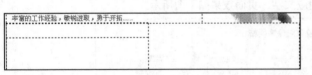

❹ 在名为"main-left-top"的 DIV 之后插入名为"main-left-1"的 DIV，转换到 div.css 文件，创建一个名为"#mian-left-1"的 CSS 规则，样式表代码如下所示。

```
01   #main-left-1 {
02      margin: auto;
03      height: 70px;
04      width: 235px;
05      border-bottom-width: 1px;
06      border-bottom-style: solid;
07      border-bottom-color: #E5E5E3;
08   }
```

返回设计页面，删除多余文字，页面效果如下图所示。

❺ 在名为"main-left-1"的 DIV 中插入名为"main-pic-1"的 DIV，转换到 div.css 文件，创建一个名为"#mian-pic-1"的 CSS 规则，样式表代码如下所示。

```
01  #main-pic-1 {
02      float: left;
03      height: 58px;
04      width: 56px;
05      margin-top: 6px;
06  }
```

返回设计页面，删除多余文字，页面效果如下图所示。

❻ 将光标移至名为"main-pic-1"的 DIV 中，在该 DIV 中插入图像"桌面 \chapter19\008.gif"，效果如下图（左）所示。将光标移至名为"main-pic-1"的 DIV 之后，输入文字，页面效果如下图（右）所示。

❼ 转换到 css.css 文件中，创建一个名为".text-2"的 CSS 规则，样式表代码如下所示。

```
01  .text-2 {
02      line-height: 24px;
03      font-weight: bold;
04      color: #CC3333;
05      text-decoration: underline;
06  }
```

返回设计页面，选择标题文本"实验室信息管理系统"，在"属性"面板上的"类"下拉列表中选择 text-2 应用，页面效果如下图所示。

❽ 用相同的方法完成相似内容的制作,页面效果如下图所示。

5. 制作 main-right 页面效果

❶ 在名为 "main-left" 的 DIV 之后插入名为 "main-right" 的 DIV,转换到 div.css 文件,创建一个名为 "#mian-right" 的 CSS 规则,样式表代码如下所示。

```
01   #main-right {
02       float: right;
03       height: 270px;
04       width: 270px;
05   }
```

❷ 在名为 "main-right" 的 DIV 中插入名为 "main-top" 的 DIV,转换到 div.css 文件,创建一个名为 "#mian-right-top" 的 CSS 规则,样式表代码如下所示。

```
01   #main-right-top {
02       text-align: center;
03       width: 270px;
04       height: 25px;
05   }
```

❸ 返回设计页面,删除多余文字,页面效果如下图(左)所示。将光标移至名为 "main-right-top" 的 DIV 中,在该 DIV 中插入图像 "桌面\chapter19\images\007.gif",效果如下图(右)所示。

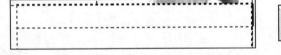 

❹ 在名为 "main-right-top" 的 DIV 之后插入名为 "main-right-1" 的 DIV,转换到 div.css 文件,创建一个名为 "#mian-right-1" 的 CSS 规则,样式表代码如下所示。

```
01   #main-right-1 {
02       color: #767475;
03       margin: auto;
04       height: 75px;
05       width: 235px;
06       padding-top: 10px;
07       border-bottom-width: 1px;
08       border-bottom-style: solid;
```

```
09      border-bottom-color: #E5E5E3;
10    }
```

返回设计页面，删除多余文字，页面效果如下图所示。

❺ 在名为"main-right-top"的 DIV 之后插入名为"main-pic-4"的 DIV，转换到 div.css 文件，创建一个名为"#mian-pic-4"的 CSS 规则，样式表代码如下所示。

```
01    #main-pic-4 {
02      float: left;
03      height: 50px;
04      width: 50px;
05      border: 1px solid #CDCDCD;
06    }
```

返回设计页面，删除多余文字，页面效果如下图所示。

❻ 选中相应的文本，在"属性"面板上的"类"下拉列表中选择 text-2 应用，页面效果如下图（左）所示。用相同的方法完成相似内容，页面效果如下图（右）所示。

6. 制作 right 页面效果

❶ 在名为"main"的 DIV 之后插入名为"right"的 DIV，转换到 div.css 文件，创建一个名为"#right"的 CSS 规则，样式表代码如下所示。

```
01    #right {
02      color: #767475;
03      background-image: url(../images/013.gif);
04.     background-repeat: no-repeat;
05      background-position: left top;
06      float: left;
07      height: 340px;
08      width: 200px;
```

```
09      margin-top: 4px;
10      padding-top: 60px;
11      padding-left: 20px;
12      border-left-width: 1px;
13      border-left-style: solid;
14      border-left-color: #E5E5E3;
15   }
```

返回设计页面，删除多余文字，页面效果如下图所示。

❷ 将光标移至名为"right"的 DIV 中，输入文本，效果如下图所示。

❸ 转换到 div.css 文件，创建一个名为"#right h1"的 CSS 规则，样式表代码如下所示。

```
01   #right h1 {
02      font-size: 12px;
03      font-weight: bold;
04      color: #CC3333;
05      margin-top: 9px;
06      margin-bottom: 1px;
07   }
```

❹ 转换到代码视图，为文本添加控制，即为新闻对应的时间文本添加 <h1> 标签，如下图（左）所示。返回页面设计视图，可以看到页面效果如下图（右）所示。

```
<div id="right">
    <h1>2013年4月20日</h1>
新闻内容新闻内容新闻内容新闻内容新闻内容新闻内容
    <h1>2013年4月21日</h1>
新闻内容新闻内容新闻内容新闻内容新闻内容新闻内容
    <h1>2013年4月22日</h1>
新闻内容新闻内容新闻内容新闻内容新闻内容新闻内容
    <h1>2013年4月23日</h1>
新闻内容新闻内容新闻内容新闻内容新闻内容新闻内容
    <h1>2013年4月24日</h1>
新闻内容新闻内容新闻内容新闻内容新闻内容新闻内容
</div>
```

新闻中心

2013年4月20日
新闻内容新闻内容新闻内容新闻内容
新闻内容新闻内容

2013年4月21日
新闻内容新闻内容新闻内容新闻内容
新闻内容新闻内容

2013年4月22日
新闻内容新闻内容新闻内容新闻内容
新闻内容新闻内容

2013年4月23日
新闻内容新闻内容新闻内容新闻内容
新闻内容新闻内容

2013年4月24日
新闻内容新闻内容新闻内容新闻内容
新闻内容新闻内容

❺ 将光标移至文本末端，插入图像"桌面 \chapter19\images\014.gif"，效果如下图所示。

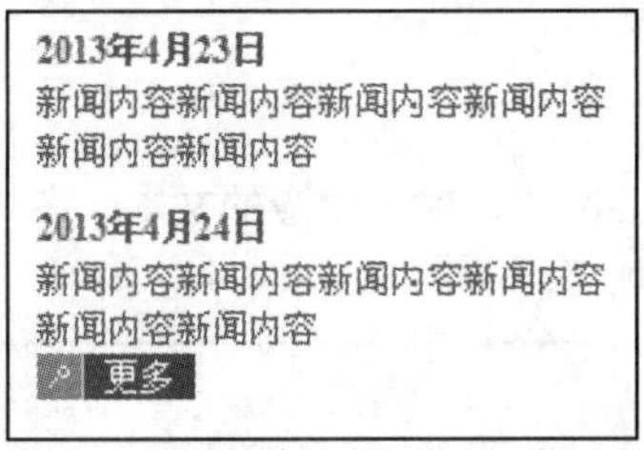

2013年4月23日
新闻内容新闻内容新闻内容新闻内容
新闻内容新闻内容

2013年4月24日
新闻内容新闻内容新闻内容新闻内容
新闻内容新闻内容

🔍 更多

❻ 转换到 css.css 文件，创建一个名为 "#right img" 的 CSS 规则，如下所示。

```
01  #right img {
02      margin-top: 20px;
03  }
```

❼ 页面效果如下图所示。

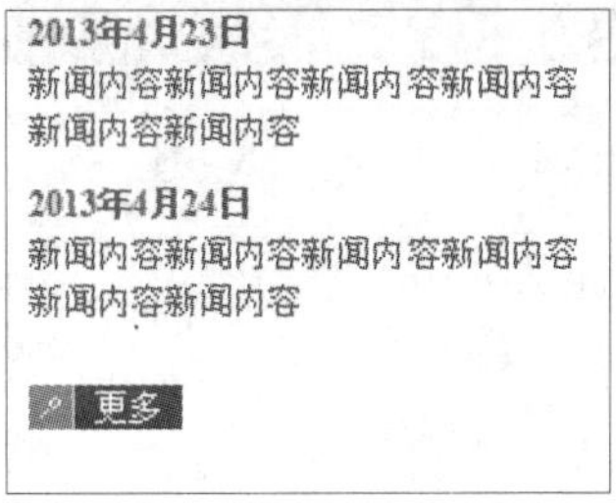

2013年4月23日
新闻内容新闻内容新闻内容新闻内容
新闻内容新闻内容

2013年4月24日
新闻内容新闻内容新闻内容新闻内容
新闻内容新闻内容

🔍 更多

7. 制作 bottom 页面效果

❶ 在名为"right"的 DIV 之后插入名为"bottom"的 DIV，转换到 div.css 文件，创建一个名为"#bottom"的 CSS 规则，样式表代码如下所示。

```
01  #bottom {
02      background-image: url(../images/015.gif);
03      background-repeat: no-repeat;
04      clear:left;
05      height: 40px;
06      width: 760px;
07      margin-left: 9px;
```

```
08      padding-top: 10px;
09      padding-left: 10px;
10   }
```

返回设计页面，删除多余文字，页面效果如下图所示。

❷ 转换到 css.css 文件，创建一个名为 ".text-3" 的 CSS 规则，样式表代码如下所示。

```
01   .text-3 {
02      margin-left: 600px;
03   }
```

❸ 将光标移至名为 "bottom" 的 DIV 中，输入相应的文本，在 "属性" 面板上的 "类" 下拉列表中选择 text-3 应用，页面效果如下图所示。

2014年龙马计算机信息 科技有限公司版权所有   ICP备案xxxxxx

完成页面制作，执行【文件】▶【保存】命令，保存页面，并保存外部样式表文件。在浏览器中预览整个页面，页面效果如下图所示。

19.4 实例总结

本节视频教学录像：1 分钟

本实例中主要讲解了文本排版的技术，在制作过程中读者要熟练定义类的 CSS 规则，并用相应的规则对不同的网页内容应用不同的文本排版，巧妙应用标题 CSS 规则重新定义，从而达到美观和排版效果，并能够通过 margin 和 padding 属性辅助文本排版。

第 **20** 章

用 HTML+CSS 3 设计制作休闲游戏网站页面

本章将通过一个休闲游戏网站页面的制作，向读者介绍使用 DIV+CSS 3 对页面进行布局的方法和技巧。对于任何一个网页而言，文字和图像都是页面中不可缺少的重要元素。页面中的图像控制也是非常重要的，通过 CSS 样式对图像进行设置，可以使图像在网页中更加美观。

本章要点（已掌握的在方框中打勾）

☐ **设计分析**

☐ **布局分析**

☐ **制作步骤**

☐ **实例总结**

▌20.1 设计分析

 本节视频教学录像：2 分钟

　　本实例设计制作一个休闲游戏网站页面，整个页面使用了一种不规则的排版布局方式，左侧内容与页面顶部的背景图片相重叠，体现出页面的个性。通过符合网站主题的背景图像与 Flash 动画相结合，使得页面更加具有娱乐性和趣味性，吸引更多的年轻用户。该游戏网站页面的最终效果如下图所示。

▌20.2 布局分析

 本节视频教学录像：1 分钟

　　本实例网站页面使用的是比较常见的左右型布局结构，首先可以将页面整体看作是上、中、下 3 个部分。上部分主要是页面的主题图像和导航菜单，中间部分为页面的主体部分，主要分为左、右两大部分，左侧主要放置网站的登录窗口、公告和活动等信息，右侧则是页面的主体内容，包括游戏的分类、排行等内容。页面的最下方是网站的底部导航和版权信息内容，如下图所示。

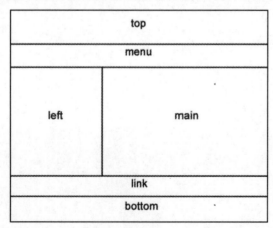

20.3 制作步骤

 本节视频教学录像：3 分钟

1. 制作页面背景效果

❶ 执行【文件】▶【新建】命令，新建一个空白的 HTML 页面，并保存为 "ch20\index.html"。执行【文件】▶【新建】命令，新建两个 CSS 文件，并分别保存为 "ch20\style\div.css" 和 "ch20\style\css.css"。

❷ 打开【CSS 样式】面板，单击【附加样式表】按钮，弹出【连接外部样式表】对话框，将新建的外部样式表文件 div.css 和 css.css 链接到文件，如下图（左）所示，完成外部样式表的链接。"CSS 样式"面板如下图（右）所示。

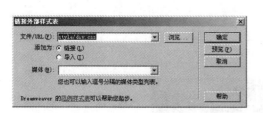

 说 明　文档中链接的外部样式表文件都会出现在"CSS 样式表"面板中，可以通过"CSS 样式"面板对外部样式表文件中的样式表进行操作。

❸ 切换到 css.css 文件，创建一个名为 "*" 的通配符 CSS 规则，样式表代码如下。

```
01  *{
02      margin: 0px;
03      padding: 0px;
04      border:0px;
05  }
```

❹ 再创建一个名为 "body" 的标签 CSS 规则，样式表代码如下。

```
01  body {
02      font-family: " 宋体 ";
03      font-size: 12px;
04      color: #666666;
05      background-image: url(../images/bg.gif);
06      background-repeat: repeat-x;
07  }
```

⑤ 返回页面设计视图中，可以看到通过 CSS 样式设置实现的页面背景效果，如下图所示。

2. 制作网站页面整体效果

① 在页面中插入一个名为"box"的 DIV，切换到 div.css 文件中，创建一个名为"#box"的 CSS 规则，样式表代码如下。返回设计页面中，页面效果如下图所示。

```
01  #box {
02      height: 100px;
03      width: 100%;
04  }
```

② 将光标移至名为"box"的 DIV 中，将多余的文本内容（即使用 Dreamweaver 插入 DIV 后，Dreamweaver 软件在 DIV 中自动生成的文本，在该步骤为"此处显示 id 'box'的内容"）删除，在该 DIV 中插入一个名为"top"的 DIV。切换到 div.css 文件中，创建一个名为"#top"的 CSS 规则，样式表代码如下。返回设计页面中，页面效果如下图所示。

```
01  #top {
02      background-image: url(../images/501.jpg);
03      background-repeat: no-repeat;
04      height: 218px;
05      width: 1003px;
06  }
```

❸ 将名为"top"的 DIV 中多余的文字内容删除，在该 DIV 之后插入一个名为"menu"的 DIV。切换到 div.css 文件中，创建一个名为"#menu"的 CSS 规则，样式表代码如下。返回设计页面中，页面效果如下图所示。

```
01  #menu {
02      color: #4B3C01;
03      background-image: url(../images/502.gif);
04      background-repeat: repeat-y;
05      text-align: center;
06      height: 37px;
07      width: 1003px;
08  }
```

❹ 在名称为"menu"的 DIV 之后插入名为"content"的 DIV。切换到 div.css 文件中，创建一个名为"#content"的 CSS 规则，样式表代码如下。返回设计页面中，页面效果如下图所示。

```
01  #content {
02      height: 600px;
03      width: 1003px;
04  }
```

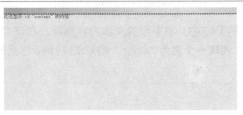

❺ 将光标移至名为"content"的 DIV 中，将多余的文本内容删除，在该 DIV 中插入一个名为"leftbg"的 DIV。切换到 div.css 文件中，创建一个名为"#leftbg"的 CSS 规则，样式表代码如下。返回设计页面中，将该 DIV 中多余的文字内容删除，页面效果如下图所示。

```
01  #leftbg {
02      background-image: url(../images/503.gif);
03      background-repeat: no-repeat;
04      float: left;
05      height: 600px;
06      width: 9px;
07  }
```

3. 制作网站页面左侧效果

❶ 在名为"leftbg"的 DIV 之后插入名为"left"的 DIV。切换到 div.css 文件中，创建名为"#left"的 CSS 规则，样式表代码如下。返回设计页面中，页面效果如下图所示。

```
01   #left {
02       background-image: url(../images/504.gif);
03       background-repeat: repeat-x;
04       text-align: center;
05       float: left;
06       height: 723px;
07       width: 219px;
08       position: relative;
09       top: -123px;
10   }
```

❷ 将光标移至名为"left"的 DIV 中，将多余的文本内容删除，在该 DIV 中插入一个名为"pop"的 DIV。切换到 div.css 文件中，创建一个名为"#pop"的 CSS 规则，样式表代码如下。返回设计页面中，页面效果如下图所示。

```
01   #pop {
02       background-image: url(../images/505.gif);
03       background-repeat: no-repeat;
04       height: 178px;
05       width: 219px;
06   }
```

说　明 名为"left"的 DIV 的 CSS 样式中设置了 text-align:center(文本对齐属性为居中对齐)，left 是 pop 的包含 DIV，text-align 属性是可继承的属性。因此，即使名为"pop"的 DIV 没有设置文本对齐属性为居中对齐，它也会继承上一级 left 的文本对齐属性。

❸ 在名为"pop"的 DIV 之后插入名为"login"的 DIV。切换到 div.css 文件中，创建一个名为"#login"的 CSS 规则，样式表代码如下。返回设计页面，页面效果如下图所示。

```
01  #login {
02      line-height: 30px;
03      color: #2A558A;
04      background-image: url(../images/506.gif);
05      background-repeat: no-repeat;
06      height: 123px;
07      width: 208px;
08      padding-top: 60px;
09  }
```

❹ 在名为"login"的 DIV 之后插入名为"notice"的 DIV。切换到 div.css 文件中，创建一个名为"#notice"的 CSS 规则，样式表代码如下。返回设计页面，页面效果如下图所示。

```
01  #notice {
02      background-color: #FFFFFF;
03      height: 143px;
04      width: 208px;
05      text-align:left;
06  }
```

说 明　background-color: #FFFFFF 设置了 notice 层的背景颜色为白色，也可以写为
background-color: #FFF 或 background-color: white。

❺ 在名为"notice"的 DIV 之后插入名为"event"的 DIV。切换到 div.css 文件中，创建一个名为"#event"
的 CSS 规则，样式表代码如下。返回设计页面，页面效果如下图所示。

```
01  #event {
02     background-color: #FFF;
03     height: 125px;
04     width: 208px;
05  }
```

❻ 在名为"left"的 DIV 之后插入名为"leftbg2"的 DIV。切换到 div.css 文件中，创建一个名为"#leftbg2"
的 CSS 规则，样式表代码如下。返回设计页面，将该 DIV 中多余的文本内容删除，页面效果如下图所示。

```
01  #leftbg2 {
02     background-image: url(../images/507.gif);
03     background-repeat: no-repeat;
04     float: left;
05     height: 600px;
06     width: 11px;
07  }
```

4. 制作网站页面主体效果

❶ 在名为"leftbg2"的 DIV 之后插入名为"main"的 DIV。切换到 div.css 文件中，创建一个名为
"#main"的 CSS 规则，样式表代码如下。返回设计页面，页面效果如下图所示。

```
01  #main {
02     float: left;
```

```
03      height: 598px;
04      width: 585px;
05      margin-top: 2px;
06   }
```

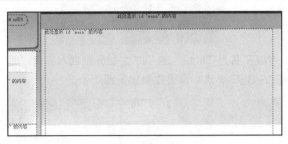

❷ 将光标移至名为"main"的 DIV 中，将多余的文本内容删除，在名为"main"的 DIV 中插入一个名为"list1"的 DIV。切换到 div.css 文件中，创建一个名为"#list1"的 CSS 规则，样式表代码如下。返回设计页面中，页面效果如下图所示。

```
01   #list1 {
02      background-image: url(../images/508.gif);
03      background-repeat: no-repeat;
04      float: left;
05      height: 238px;
06      width: 201px;
07   }
```

❸ 在名为"list1"的 DIV 之后插入名为"list2"的 DIV。切换到 div.css 文件中，创建一个名为"#list2"的 CSS 规则，样式表代码如下。返回设计页面，页面效果如下图所示。

```
01   #list2 {
02      background-image: url(../images/509.gif);
03      background-repeat: repeat-x;
04      float: left;
05      height: 238px;
06      width: 129px;
07   }
```

❹ 用相同的制作方法，可以在名为"list2"的 DIV 之后分别插入名为"list3"和"list4"的 DIV，并在 div.css 文件中创建相应的 CSS 样式，页面效果如下图所示。

 技巧 float 可以用来设置另一个元素中的图像或是一段文字出现的位置。如果在一行空间上的浮动元素过多，超出了空间容纳范围，浮动元素就会自动跳到下一行中，直到一行有足够的空间容纳。

❺ 在名为"list4"的 DIV 之后插入名为"shop"的 DIV。切换到 div.css 文件中，创建一个名为"#shop"的 CSS 规则，样式表代码如下。返回设计页面，页面效果如下图所示。

```
01   #shop {
02      text-align: center;
03      float: left;
04      height: 190px;
05      width: 298px;
06      margin-top: 17px;
07      margin-left: 10px;
08   }
```

 说明 名为"shop"的 DIV 的 CSS 样式中设置了 margin-left 和 margin-top 属性，分别设置 shop 的左边界和上边界，边界设置是相对于相邻元素的。

❻ 在名为"shop"的 DIV 之后插入名为"game"的 DIV。切换到 div.css 文件中，创建一个名为"#game"的 CSS 规则，样式表代码如下。返回设计页面，页面效果如下图所示。

```
01  #game {
02      float: left;
03      height: 190px;
04      width: 260px;
05      margin-top: 17px;
06      margin-left: 17px;
07  }
```

❼ 在名为"game"的 DIV 之后插入名为"best"的 DIV。切换到 div.css 文件中，创建一个名为"#best"的 CSS 规则，样式表代码如下。返回设计页面，页面效果如下图所示。

```
01  #best {
02      float: left;
03      height: 153px;
04      width: 298px;
05      margin-left: 10px;
06  }
```

❽ 在名为"best"的 DIV 之后插入名为"help"的 DIV。切换到 div.css 文件中，创建一个名为"#help"的 CSS 规则，样式表代码如下。返回设计页面，页面效果如下图所示。

```
01  #help {
02      float: left;
03      height: 153px;
04      width: 260px;
05      margin-left: 17px;
06  }
```

❾ 在名为 "content" 的 DIV 之后插入名为 "link" 的 DIV。切换到 div.css 文件中,创建一个名为 "#link" 的 CSS 规则,样式表代码如下。返回设计页面,页面效果如下图所示。

```
01  #link {
02    background-image: url(../images/511.gif);
03    background-repeat: repeat-x;
04    text-align: center;
05    clear: left;
06    height: 38px;
07    width: 100%;
08    position: absolute;
09    left: 0px;
10    top: 855px;
11  }
```

此处显示 id "link" 的内容

5. 制作网站页面底部效果

❶ 在名为 "link" 的 DIV 之后插入名为 "bottom" 的 DIV。切换到 div.css 文件中,创建一个名为 "#bottom" 的 CSS 规则,样式表代码如下。返回设计页面,页面效果如下图所示。

```
01  #bottom {
02    text-align: center;
03    height: 60px;
04    width: 100%;
05    position: absolute;
06    left: 0px;
07    top: 893px;
08  }
```

此处显示 id "link" 的内容

此处显示 id "bottom" 的内容

❷ 将光标移至名为 "bottom" 的 DIV 中,将多余的文本内容删除,在该 DIV 中插入一个名为 "bottom_ logo" 的 DIV。切换到 div.css 文件中,创建一个名为 "#bottom_logo" 的 CSS 规则,样式表代码如下。返回设计页面中,页面效果如下图所示。

```
01   #bottom_logo {
02      text-align: right;
03      float: left;
04      height: 50px;
05      width: 230px;
06      margin-top: 5px;
07   }
```

❸ 在名为"bottom_logo"的 DIV 之后插入名为"bottom_address"的 DIV。切换到 div.css 文件中，创建一个名为"#bottom_address"的 CSS 规则，样式表代码如下。返回设计页面，页面效果如下图所示。

```
01   #bottom_address {
02      text-align: left;
03      float: left;
04      height: 50px;
05      width: 400px;
06      margin-top: 7px;
07      padding-left: 10px;
08      border-left-width: 1px;
09      border-left-style: solid;
10      border-left-color: #CCC;
11   }
```

❹ 完成页面的布局，执行【文件】▶【保存】命令，保存页面，并保存外部样式表文件。在浏览器中预览整个页面，页面效果如下图所示。

6. 制作网站导航内容

❶ 将光标移至名为"top"的 DIV 中，将多余的文本内容删除，在该 DIV 中插入一个名为"logo"的 DIV。切换到 div.css 文件中，创建一个名为"#logo"的 CSS 规则，样式表代码如下。返回设计页面中，页面效果如下图所示。

```
01   #logo {
02       background-image: url(../images/512.gif);
03       background-repeat: no-repeat;
04       float: left;
05       height: 67px;
06       width: 119px;
07       margin-top: 10px;
08       margin-left: 50px;
09   }
```

技 巧 在名为"logo"的 DIV 中，将 logo 图像作为背景图像时，除了可以在 CSS 样式表中写入代码外，也可以通过在该 DIV 中插入图像的方法实现，效果是一样的。

❷ 在名为"logo"的 DIV 之后插入名为"top_menu"的 DIV。切换到 div.css 文件中，创建一个名为"#top_menu"的 CSS 规则，样式表代码如下。返回设计页面中，将多余的文本内容删除，并在该 DIV 中插入相应的图像，效果如下图所示。

```
01   #top_menu {
02       float: left;
03       height: 51px;
04       width: 295px;
05       margin-left: 50px;
06   }
```

❸ 将光标移至名为"menu"的 DIV 中，将多余的文本内容删除，并在该 DIV 中输入相应的文本内容，插入相应图像，如下图所示。

❹ 切换到 div.css 文件中，创建一个名为"#menu img"的 CSS 规则，样式表代码如下。返回设计页面中，页面效果如下图所示。

```
01   #menu img {
02       margin-top: 13px;
03       margin-right: 10px;
04       margin-left: 10px;
05   }
```

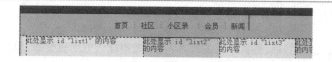

❺ 完成导航制作，执行【文件】▶【保存】命令，保存页面，并保存外部样式表文件。在浏览器中预览整个页面，页面效果如下图所示。

7. 制作网站页面左侧内容

❶ 将光标移至名为"pop"的 DIV 中，将多余的文本内容删除，在该 DIV 中插入 Flash 动画"ch20\images\pop.swf"，显示效果如下图（左）所示。选中该 Flash 动画，在"属性"面板上设置其 Wmode 属性为"透明"，如下图（右）所示。

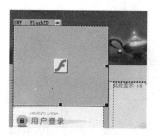

❷ 将光标移至名为"login"的 DIV 中，将多余的文本内容删除，根据表单制方法，可以完成该部分登录表单的制作，效果如下图（左）所示。将光标移至名为"notice"的 DIV 中，将多余的文本内容删除，在该 DIV 中插入图像"ch20\images\521.gif"，如下图（右）所示。

 说 明　表单是网页中非常重要的元素，大多数网页中都包含表单元素。表单的制作方法已在第9章中进行了详细的讲解，这里不做过多解释。

❸ 将光标移至刚插入的图像后，输入相应的文本内容，选中输入的所有文本，单击【属性】面板上的【项目列表】按钮，生成项目列表。切换到 div.css 文件中，创建一个名为 "#notice li" 的 CSS 规则，样式表代码如下。返回设计页面中，效果如下图所示。

```
01   #notice li {
02       line-height: 20px;
03       background-image: url(../images/522.gif);
04       background-repeat: no-repeat;
05       background-position: 16px;
06       text-indent: 24px;
07       list-style-type: none;
08   }
```

❹ 将光标移至名为 "event" 的 DIV 中，将多余的文本内容删除，在该 DIV 中插入图像 "ch20\images\523.gif"。将光标移至刚插入的图像后，插入图像 "ch20\images\524.gif"，效果如下图所示。

8. 制作网站页面列表内容

❶ 将光标移至名为 "list 1" 的 DIV 中，将多余的文本内容删除，在该 DIV 中插入图像 "ch20\images\525.gif"，如下图（左）所示。将光标移至刚插入的图像后，输入相应的文本内容，选中输入的所有文本，单击【属性】面板上的【项目列表】按钮，并将相应的文字加粗显示，如下图（右）所示。

❷ 切换到div.css文件中,创建一个名为"#list1 ul li"的CSS规则,样式表代码如下。返回设计页面中,页面效果如下图所示。

```
01   #list1 ul li {
02       line-height: 22px;
03       color: #333333;
04       background-image: url(../images/534.gif);
05       background-repeat: no-repeat;
06       background-position: 12px;
07       text-indent: 18px;
08       list-style-type: none;
09   }
```

❸ 将光标移至名为"list 2"的DIV中,将多余的文本内容删除,在该DIV中插入图像"\ch20\images\526.gif",如下图(左)所示。将光标移至刚插入的图像后,输入相应的文本,选中输入的所有文本,单击【属性】面板上的【项目列表】按钮,并将相应的文字加粗显示,如下图(右)所示。

❹ 转换到代码视图中，可以看到该 DIV 中的代码如下。

```
01   <div id="list2">
02   <img src="images/526.gif" width="129" height="49">
03       <ul>
04           <li><strong> 游来游去 </strong><img src="images/532.gif" width="25" height="9"></li>
05           <li><img src="images/529.gif" width="96" height="56"></li>
06           <li> 蚂蚁王国 </li>
07           <li> 泡泡奇遇记 </li>
08       </ul>
09   </div>
```

❺ 修改代码如下。

```
01       <div id="list2">
02           <img src="images/526.gif" width="129" height="49">
03           <ul>
04               <li><strong> 游 来 游 去 </strong><img src="images/532.gif" width="25" height="9"></li>
05           </ul>
06           <img src="images/529.gif" width="96" height="56">
07           <ul>
08           <li> 蚂蚁王国 </li>
09           <li> 泡泡奇遇记 </li>
10           </ul>
11       </div>
```

❻ 返回设计视图，单击选中的文本中的图像，在【属性】面板上设置其 ID 为 "pic 1"，如下图所示。

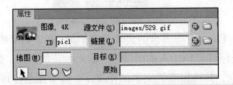

 float 在页面中插入图像时，默认情况下 <img> 标签中并不会加入 id 属性。可以选中该图像，在"属性"面板中设置 id 名称。为图像设置 id 名称，就可以应用 CSS 样式表，对该元素进行定位。

注 意

❼ 切换到 div.css 文件中，创建名称为 "#list2 li" 和 "#pic1" 的 CSS 规则，样式表代码如下。返回设计页面中，页面效果如下图所示。

```
01   #list2 li {
02       line-height: 22px;
03       color: #333333;
```

```
04      background-image: url(../images/534.gif);
05      background-repeat: no-repeat;
06      background-position: 12px;
07      text-indent: 18px;
08      list-style-type: none;
09  }
10  #pic1 {
11      margin-left: 16px;
12  }
```

❽ 用相同的制作方法，可以完成 list3 和 list4 中内容的制作，如下图所示。

9. 制作网站页面商店及底部内容

❶ 将光标移至名为 "shop" 的 DIV 中，删除多余的文本内容，在该 DIV 中插入名为 "shop_title" 的 DIV，如下图所示。

❷ 切换到 div.css 文件中，创建一个名为 "#shop_title" 的 CSS 规则，样式表代码如下。返回设计页面中，效果如下图所示。

```
01  #shop_title {
02      text-align: left;
03      height: 19px;
04      width: 298px;
```

```
05      padding-top: 4px;
06      border-bottom-width: 1px;
07      border-bottom-style: solid;
08      border-bottom-color: #D5E0E6;
09    }
```

❸ 将光标移至名为"shop_title"的 DIV 中，删除多余的文本，插入图像"ch20\images\535.gif"和"ch20\images\536.gif"，如下图所示。

❹ 单击选中的"MORE"图像，在"属性"面板上设置 ID 为"more"，切换到 div.css 文件中，创建一个名为"#more"的 CSS 规则，样式表代码如下。返回设计页面中，页面效果如下图所示。

```
01    #more {
02      margin-right: 5px;
03      margin-left: 140px;
04    }
```

❺ 在名为"shop_title"的 DIV 后插入名为"shop 1"的 DIV，切换到 div.css 文件中，创建一个名为"# shop1"的 CSS 规则，样式表代码如下。返回设计页面中，页面效果如下图所示。

```
01    #shop1 {
02      line-height: 20px;
03      float: left;
04      height: 157px;
```

```
05      width: 96px;
06      margin-top: 10px;
07    }
```

⑥ 将光标移至名为"shop"的 DIV 中，删除多余的文本内容，插入图像"ch20\images\537.gif"。将光标移至刚插入的图像后，按【Shift+Enter】组合键插入一个换行符，输入相应的文本内容，如下图所示。

⑦ 切换到 div.css 文件中，创建一个名为"#shop1 img"的 CSS 规则，样式表代码如下。返回设计页面中，页面效果如下图所示。

```
01    #shop1 img {
02        padding: 1px;
03        border: 2px solid #E7E7E7;
04    }
```

说 明 padding: 1px 设置 shop1 中图像四边的填充值为 1 像素；boder: 2px solid #E7E7E7 设置 shop1 图像四边的边框宽度为 2 像素，样式为实践，边框颜色为 #E7E7E7。

⑧ 切换到 css.css 文件中，创建一个名为".font01"的 CSS 规则，样式表代码如下。返回设计页面中，选中相应的文本，在"属性"面板的"类"下拉列表中选择 font01 样式表应用，效果如下图所示。

```
01    .font01 {
02        color: #006EBD;
03    }
```

❾ 用相同的制作方法，可以在名为"shop1"的 DIV 后插入名为"shop2"和"shop3"的 DIV，定义相应的 CSS 样式，完成这两个 DIV 中内容的制作，效果如下图（左）所示。使用相同的方法可以完成页面中相似部分内容的制作，效果如下图（右）所示。

❿ 用相同的制作方法，可以完成页面底部版面等信息部分内容的制作，效果如下图所示。

⓫ 完成页面的制作，执行【文件】▶【保存】命令，保存页面，并保存外部样式表文件。在浏览器中预览整个页面，页面效果如下图所示。

20.4 实例总结

 本节视频教学录像：1 分钟

　　通过本实例的制作，读者需要掌握使用 DIV+CSS 3 布局制作页面的方法和技巧，通过 CSS 样式可以对网页中的任何元素进行控制。读者可以通过多个页面制作的练习，加深对 DIV+CSS 3 布局的理解和应用。

第 **21** 章

 本章教学录像：7 分钟

用 HTML+CSS 3 设计制作电子商务网站页面

　　本章将带领大家设置制作一个电子商务网站的主页，在页面中有丰富的超链接形式，读者可以了解超链接的各种表现形式和制作方法，以及用 CSS 样式控制超链接样式的方法，最终制作出精美的超链接效果，方便浏览者点击查看。

本章要点（已掌握的在方框中打勾）

☐ 设计分析

☐ 布局分析

☐ 制作步骤

☐ 实例总结

21.1 设计分析

 本节视频教学录像：2 分钟

本实例设计制作一个购物网站的网页，网页以轻柔、淡雅的娟黄色为主色调，导航条以适合女性的神秘紫色为主色调，对不同内容用不同方法突出，例如用大幅白色背景的图片突出各种商品。整个网站结构清晰明了，布局简单，方便浏览点击。该购物网站网页的最终效果如下图所示。

21.2 布局分析

 本节视频教学录像：1 分钟

本实例采用上、中、下布局，top 是导航条和网站宣传图片，中间又分为 left、right 两部分，left 是网站公告和网站信息，right 是各种商品。bottom 部分是网站的基本信息，如下图所示。

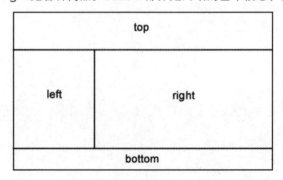

21.3 制作步骤

 本节视频教学录像：3 分钟

1. 制作网站页面顶部效果

❶ 执行【文件】▶【新建】命令，新建一个空白的 HTML 页面，并保存为 "ch21\index.html"。执行【文件】▶【新建】命令，新建两个 CSS 文件，并保存为 "ch21\style\div.css" 和 "ch21\style\css.css"。在 index.html 中打开【CSS 样式】面板，单击【附加样式表】按钮，将刚刚创建的两个外部样式表文件 div.css 和 css.css 链接到该文档中，如下图（左）和下图（右）所示。

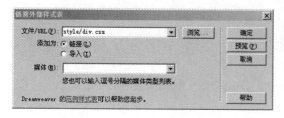 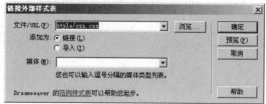

❷ 切换到 css.css 文件，创建名为 "*" 的通配符 CSS 规则，样式表代码如下所示。

```
01  *{
02      margin: 0px;
03      padding: 0px;
04      border:0px;
05  }
```

❸ 再创建名为 "body" 的标签 CSS 规则，样式表代码如下所示。

```
01  body {
02  height:100%;
03      font-family: " 宋体 ";
04      font-size: 12px;
05      color: #2F2F2F;
06      background-color: #FFFBF2;
07      background-image: url(../images/1101.gif);
08      background-repeat: repeat-x;
09  }
```

 技 巧 在 body 样式表中定义背景图像为水平平铺，并设置了背景颜色。这样，当页面的高度大于背景图像的高度时，前景图像会直接过渡到背景颜色，使页面背景看起来流畅，更加整齐美观。

❹ 将光标置于页面设计视图中，单击【插入】面板中的【插入 DIV 标签】按钮，弹出【插入 DIV 标签】对话框。在【插入】下拉列表中选择 "在插入点" 选项，在 ID 下拉列表中输入 "box"，如下图所示。

❺ 单击【确定】按钮，页面效果如下图所示。

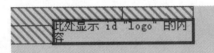

❻ 在名为 "box" 的 DIV 文件中插入一个名为 "logo" 的 DIV，转换到 div.css 文件中，创建一个名为 "#logo" 的 CSS 规则，样式表代码如下所示。

```
01   #logo {
02      float: left;
03      width: 144px;
04      margin-top: 13px;
05      margin-left: 45px;
06   }
```

返回设计页面，效果如下图所示。

此处显示 id "logo" 的内容

> **技 巧** 在页面中，ID 名称是某一个对象的唯一标识，只能出现一次。但是浏览器对 HTML 代码的解析是一种放宽的解析方式，因此，在实际应用中即使重复使用一个 ID 名称，也不会造成网页无法被解析的情况。不过应该遵守 HTML 的使用规范，每个 ID 名称在网页中只能使用一次。

❼ 在名为 "logo" 的 DIV 之后插入一个名为 "top_link" 的 DIV，转换到 div.css 文件中，创建一个名为 "#top_link" 的 CSS 规则，样式表代码如下所示。

```
01   #top_link {
02      line-height: 22px;
03      color: #6C415C;
04      background-image: url(../images/1102.gif);
05      background-repeat: no-repeat;
06      text-align: center;
07      float: left;
08      height: 28px;
09      width: 317px;
10      margin-top: 13px;
11      margin-left: 300px;
12   }
```

返回设计页面，效果如下图所示。

❽ 在名为"top_link"的 DIV 之后插入一个名为"menu"的 DIV，转换到 div.css 文件中，创建一个名为"#menu" 的 CSS 规则，样式表代码如下所示。

```
01   #menu {
02       background-image: url(../images/1103.gif);
03       background-repeat: no-repeat;
04       float: left;
05       height: 72px;
06       width: 948px;
07       margin-top: 19px;
08       padding-top:11px;
09       padding-left:55px;
10   }
```

返回设计页面，效果如下图所示。

2. 制作网站页面主体效果

❶ 在名为"menu"的 DIV 之后插入一个名为"main"的 DIV，转换到 div.css 文件中，创建一个名为"#main"的 CSS 规则，样式表代码如下所示。

```
01   #main {
02     height: 950px;
03     width: 839px;
04     margin-top: -19px;
05     margin-left: 30px;
06   }
```

返回设计页面，效果如下图所示。

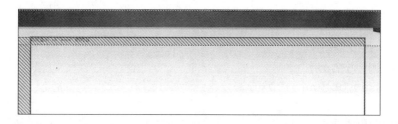

注意　边界值可以设置为负值，其显示效果可能因不同的浏览器而有所不同。填充值不能设置为负值。

❷ 在名为"main"的 DIV 之后插入一个名为"flash"的 DIV，转换到 div.css 文件中，创建一个名为"#flash"的 CSS 规则，样式表代码如下所示。

```
01   #flash {
02       float: left;
03       height: 229px;
04       width: 251px;
05   }
```

返回设计页面，效果如下图所示。

❸ 在名为 "flash" 的 DIV 之后插入一个名为 "banner" 的 DIV，转换到 div.css 文件中，创建一个名为 "#banner" 的 CSS 规则，样式表代码如下所示。

```
01   #banner {
02       float: left;
03       height: 229px;
04       width: 588px;
05   }
```

返回设计页面，效果如下图所示。

❹ 在名为 "banner" 的 DIV 之中插入一个名为 "banner1" 的 DIV，转换为 div.css 文件中，创建一个名为 "#banner1" 的 CSS 规则，样式表代码如下所示。

```
01   #banner1 {
02       background-image: url(../images/1104.gif);
03       background-repeat: no-repeat;
04       height: 110px;
05       width: 579px;
06       margin-bottom: 10px;
07       padding-top: 7px;
08       padding-left: 9px;
09   }
```

返回设计页面，效果如下图所示。

此处显示 id "banner1" 的内容

❺ 在名为"banner1"的 DIV 之中插入一个名为"banner2"的 DIV，转换为 div.css 文件中，创建一个名为"#banner2"的 CSS 规则，样式表代码如下所示。

```
01  #banner2 {
02      background-image: url(../images/1105.gif);
03      background-repeat: no-repeat;
04      height: 91px;
05      width: 565px;
06      padding-top: 11px;
07      padding-left: 23px;
08  }
```

返回设计页面，效果如下图所示。

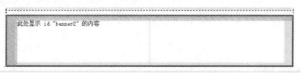

技 巧 对于块级元素，未浮动元素的垂直相邻元素的上边界和下边界会被压缩。例如，有上、下两个元素，上元素的下边界为 10 像素，下元素的上边界为 5 像素，则实际两个元素的间距为 10 像素，这是因为它们会产生空白边叠加，间距只取两个边界之中较大的值。

❻ 在名为"banner"的 DIV 之后插入一个名为"line"的 DIV，转换到 div.css 文件中，创建一个名为"#line"的 CSS 规则，样式表代码如下所示。

```
01  #line {
02      background-image: url(../images/1106.gif);
03      background-repeat: no-repeat;
04      clear: left;
05      height: 43px;
06      width: 839px;
07  }
```

返回设计页面，效果如下图所示。

3. 制作网站页面左侧效果

❶ 在名为"line"的 DIV 之后插入一个名为"left"的 DIV，转换至 div.css 文件，创建一个名为"#left"的 CSS 规则，样式表代码如下所示。

```
01  #left {
02      float: left;
03      height: 686px;
04      width: 200px;
05      margin-top: -8px;
06      margin-left: 19px;
07  }
```

返回设计页面，效果如下图所示。

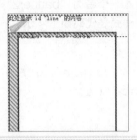

说明　浮动是实现 DIV 定位的关键，它可以使块级元素向左或向右浮动。浮动元素可以并排显示，而不是必须从新行开始显示，从而实现多列的版式布局。

❷ 删除多余的文字，在名为"left"的 DIV 中插入一个名为"notice_title"的 DIV，转换到 div.css 文件中，创建一个名为"#notice_title"的 CSS 规则，样式表代码如下所示。

```
01   #notice_title {
02       line-height: 16px;
03       font-weight: bold;
04       color: #000;
05       height: 16px;
06       width: 194px;
07       padding-left: 6px;
08       border-bottom-width: 4px;
09       border-bottom-style: solid;
10       border-bottom-color: #E7E0CE;
11   }
```

返回设计页面，效果如下图所示。

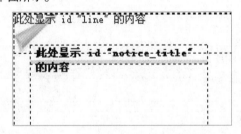

❸ 在名为"notice_title"的 DIV 之后插入一个名为"notice"的 DIV，转换到 div.css 文件中，创建一个名为"#notice"的 CSS 规则，样式表代码如下所示。

```
01   #notice {
02       line-height: 24px;
03       height: 154px;
04       width: 200px;
05       margin-bottom: 6px;
06   }
```

返回设计页面，效果如下图所示。

❹ 在名为"notice"的 DIV 之后插入一个名为"event"的 DIV，转换到 div.css 文件中，创建一个名为"#event"的 CSS 规则，样式表代码如下所示。

```
01  #event {
02     height: 198px;
03     width: 200px;
04  }
```

返回设计页面，效果如下图所示。

❺ 在名为"event"的 DIV 之后插入一个名为"time"的 DIV 和一个名为"pic"的 DIV。转换到 div.css 文件中，创建相应的 CSS 规则，样式表代码如下所示。

```
01  #time {
02     background-color: #E7E2CF;
03     height: 190px;
04     width: 200px;
05     margin-bottom: 5px;
06  }
07  #pic {
08     height: 50px;
09     width: 200px;
10  }
```

返回设计页面，效果如下图所示。

4. 制作网站页面右侧效果

❶ 在名为"left"的 DIV 之后插入一个名为"right"的 DIV，转换到 div.css 文件中，创建相应的 CSS 规则，样式表代码如下所示。

```
01   #right {
02       float: left;
03       height: 686px;
04       width: 570px;
05       margin-top: -8px;
06       margin-left: 30px;
07   }
```

返回设计页面，效果如下图所示。

❷ 在名为"right"的 DIV 之中插入一个名为"new_title"的 DIV，转换到 div.css 文件中，创建相应的 CSS 规则，样式表代码如下所示。

```
01   #new_title {
02       line-height: 16px;
03       font-weight: bold;
04       color: #000;
05       height: 16px;
06       width: 564px;
07       padding-left: 6px;
08       border-bottom-width: 4px;
09       border-bottom-style: solid;
10       border-bottom-color: #E7E0CE;
11   }
```

返回设计页面，效果如下图所示。

网页设计者应该有一个良好的命名习惯，可以根据网页功能而不是外观来命名，也可以根据网页中的栏目区块来命名，例如 #new_title，方便以后修改格式表。

❸ 在名为"new_title"的 DIV 之后插入一个名为"new1"的 DIV，转换到 div.css 文件中，创建一个名为"#new1"的 CSS 规则，样式表代码如下所示。

```
01  #new1 {
02      line-height: 18px;
03      font-weight: bold;
04      text-align: center;
05      float: left;
06      height: 160px;
07      width: 140px;
08      margin-top: 12px;
09      margin-left: 5px;
10  }
```

返回设计页面，效果如下图所示。

❹ 在名为"new1"的 DIV 之后插入一个名为"new2"的 DIV，转换到 div.css 文件中，创建一个名为"#new2"的 CSS 规则，样式表代码如下所示。

```
01  #new2 {
02      line-height: 18px;
03      font-weight: bold;
04      text-align: center;
05      float: left;
06      height: 160px;
07      width: 140px;
08      margin-top: 12px;
09  }
```

返回设计页面，效果如下图所示。

❺ 用相同的方法完成名为 "new3" 、 "new4" 的 DIV 的制作，页面效果如下图所示。

技巧 多列的页面元素布局可以把需要在一行排列的元素的浮动值都设置为左浮动，这样，多列就可以在一行中显示。但是要注意，排列在一行的多个元素的宽度总和一定要小于包含元素的宽度。

❻ 在名为 "new4" 的 DIV 之后插入一个名为 "sale_title" 的 DIV，转换到 div.css 文件中，创建一个名为 "#sale_title" 的 CSS 规则，样式表代码如下所示。

```
01   #sale_title {
02       line-height: 16px;
03       font-weight: bold;
04       clear: left;
05       height: 16px;
06       width: 570px;
07       padding-top: 18px;
08       border-bottom-width: 4px;
09       border-bottom-style: solid;
10       border-bottom-color: #E7E0CE;
11   }
```

返回设计页面，效果如下图所示。

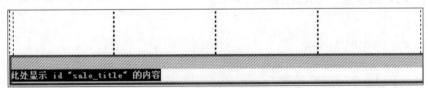

❼ 用相同的方法完成相似内容的制作，页面效果如下图所示。

5.制作网站页面顶部内容

❶ 在名为"sale4"的 DIV 之后插入一个名为"top_bg"的 DIV，转换到 div.css 文件中，创建一个名为"#top_bg"的 CSS 规则，样式表代码如下所示。

```
01   #tog_bg {
02      background-image: url(../images/1107.gif);
03      background-repeat: no-repeat;
04      background-position: left 24px;
05      clear: left;
06      height: 200px;
07      width: 458px;
08      padding-top: 24px;
09      padding-left: 112px;
10   }
```

返回设计页面，效果如下图所示。

❷ 在名为"top_bg"的 DIV 之后插入一个名为"top1"的 DIV，转换到 div.css 文件中，创建一个名为"#top1"的 CSS 规则，样式表代码如下所示。

```
01   #top1 {
02      line-height: 25px;
03      color: #000;
04      float: left;
05      height: 187px;
06      width: 150px;
07   }
```

返回设计页面，效果如下图所示。

❸ 用相同的方法完成名为"top2"、"top3"的 DIV 的制作，页面效果如下所示。

6. 制作网站页面主体内容

❶ 在名为"main"的 DIV 之后插入一个名为"link"的 DIV，转换到 div.css 文件中，创建一个名为"#link"的 CSS 规则，样式表代码如下所示。

```
01   #link {
02       line-height: 37px;
03       font-weight: bold;
04       color: #FFF;
05       background-color: #CBBDA2;
06       height: 37px;
07       padding-left: 240px;
08   }
```

返回设计页面，效果如下图所示。

❷ 在名为"link"的 DIV 之后插入一个名为"bottom"的 DIV，转换到 div.css 文件中，创建一个名为"#bottom"的 CSS 规则，样式表代码如下所示。

```
01   #bottom {
02       line-height: 20px;
03       color: #555756;
04       height: 90px;
05       width: 622px;
06       margin-top: 12px;
07       margin-left: 88px;
08   }
```

返回设计页面，效果如下图所示。

❸ 将光标移至名为"logo"的 DIV 中，删除多余的文字，在该 DIV 中插入图像"ch21\images\1108.
gif"，效果如下图（左）所示。将光标移至名为"top_link"的 DIV 中，在该 DIV 中输入相应的文本，
效果如下图（右）所示。

❹ 转换到代码视图，在名为"top_link"的 DIV 中添加相应的代码，如下所示。

<div id="top_link"> 登 录 <span>|</span> 会员中心 <span>|</span> 帮 助 中 心 <span>|</span> 购物车 <span>|</span> 收藏夹 </div>

> <span> 标签只是众多 inline 内联对象中的一种，而且是专门用于设计样式的一种内联对象。<strong> 对象也是一种内联对象，使用之后将对某段文本进行加粗显示，是一种自带属性的内联对象。<span> 对象在默认情况下不改变任何文本的属性，这是 HTML 留给设计者的一个空属性的内联对象，专门用于行内内容样式的自定义。
>
> **说 明**

❺ 转换到 div.css 文件，创建一个名为"#top_link span"的 CSS 规则，样式表代码如下所示。

```
01   #top_link span {
02       color: #3F3B2F;
03       margin-right: 10px;
04       margin-left: 10px;
05   }
```

返回设计页面，效果如下图所示。

❻ 将光标移至名为"menu"的 DIV 中，删除多余的文字，在该 DIV 中插入"ch21\images\1109.gif"
图像。转换到 div.css 文件，创建一个名为"#menu img"的 CSS 规则，样式表代码如下所示。

```
01   #menu img {
02       margin-right: 25px;
03       margin-left: 25px;
04   }
```

返回设计页面，效果如下图所示。

> 该 CSS 样式的定义使用了包含结构的方式，对名为"menu"的 DIV 中的 <img> 标签的样式进行设置，该样式也只对名为"menu"的 DIV 中的 <img> 标签起作用。
>
> **说 明**

❼ 将光标移至名为"flash"的 DIV 中,删除多余的文字,在该 DIV 中插入 Flash 动画"ch21\images\pop. swf",效果如下图(左)所示。将光标移至名为"banner1"的 DIV 中,删除多余文字,在该 DIV 中插入图像"ch21\images\ 1116.gif",效果如下图(右)所示。

❽ 将光标移至名为"banner2"的 DIV 中,删除多余的文字,在该 DIV 中插入图像"ch21\1117.gif"和"ch21\1118.gif"。转换到 div.css 文件,创建一个名为"#banner2 img"的 CSS 规则,样式表代码如下所示。

```
01  #banner2 img {
02      margin-right: 12px;
03  }
```

返回设计页面,效果如下图所示。

7. 制作网站页面左侧内容

❶ 将光标移至名为"notice_title"的 DIV 中,输入相应的文本,在该 DIV 中插入图像"ch21\images\1119.gif"。转换到 div.css 文件,创建一个名为"#notice_title img"的 CSS 规则,样式表代码如下所示。

```
01  #notice_title img {
02      margin-left: 113px;
03  }
```

返回设计页面,效果如下图所示。

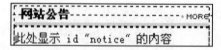

❷ 将光标移至名为"notice"的 DIV 中,输入相应的文本,在该 DIV 中插入"ch21\1120.gif"、"ch21\1121.gif"图像,输入相应的文本,效果如下图所示。

❸ 转换到 div.css 文件，创建一个名为 "#notice img" 的 CSS 规则，样式表代码如下所示。

```
01  #notice img {
02     float: left;
03     margin-top: 5px;
04     margin-right: 8px;
05     margin-left: 5px;
```

返回设计页面，效果如下图所示。

网站公告   MORE
公告 30日前在本网站购物的用户
活动 4月25-28日狂欢购物节
活动 购物满500元送精美礼物
活动 知名运动品牌低价促销
公告 网站改版通知
公告 关于网站抽奖的说明

❹ 将光标移至名为 "event" 的 DIV 中，删除多余的文字，在该 DIV 中插入图像 "ch21\1122.gif"
及 "ch21\1123.gif"。转换到 div.css 文件，创建一个名为 "#event img" 的 CSS 规则，样式表代码
如下所示。

```
01  #event img {
02     margin-bottom: 5px;
03  }
```

返回设计页面，效果如下图所示。

❺ 用相同的方法在名为 "time" 的 DIV 和名为 "pic" 的 DIV 中插入 "ch21\1124.gif" 及 "ch21\1125.
gif" 图像，效果如下图（左）所示。将光标移至名为 "new_title" 的 DIV 中，删除多余的文字，在该
DIV 中插入相应的文本，效果如下图（右）所示。

最新商品		
此处显示 id "new1" 的内容	此处显示 id "new2" 的内容	此处显示 id 的内容

8. 制作网站页面右侧内容

❶ 将光标移至名为 "new1" 的 DIV 中，在该 DIV 中插入图像 "ch21\images\1127.gif"，输入相应的
文本。转换到 div.css 文件，创建一个名为 "# new1 img" 的 CSS 规则，样式表代码如下所示。

```
01   #new1 img {
02      border: 1px solid #E8DFCE;
03   }
```

返回设计页面，效果如下图所示。

❷ 转换到 css.css 文件，创建一个名为 ".font01" 的类 CSS 规则，样式表代码如下所示。

```
01   .font01 {
02      color: #D45170;
03   }
```

返回设计页面，选中商品名称，在【属性】面板中的【类】下拉列表中选择 font01 应用，效果如
下图所示。

技 巧　　class 是 CSS 代码重要性的最直接体现，在实际应用中可将大量通用的样式定义为
一个 class 名称，在 HTML 页面中重复使用 class 标识来达到代码重用的目的。

❸ 用相同的方法完成相似内容的制作，页面效果如下图所示。

9. 完善网站页面顶部内容

❶ 在名为 "top1" 的 DIV 中插入一个名为 "top1_pic" 的 DIV，转换到 div.css 文件，创建一个名为 "#top1_pic" 的 CSS 规则，样式表代码如下所示。

```
01   #top1_pic {
02       line-height: 24px;
03       font-weight: bold;
04       color: #000;
05       height: 134px;
06       width: 145px;
07   }
```

返回设计页面，效果如下图所示。

❷ 将光标移至名为 "top1_pic" 的 DIV 中，在该 DIV 中插入文本并插入图像 "ch21\ images\1135.gif"。转换到 div.css 文件，创建一个名为 "# top1 _pic img" 的 CSS 规则，样式表代码如下所示。

```
01   #top1_pic img {
02       border: 1px solid #E6E0CD;
03   }
```

返回设计页面，效果如下图所示。

❸ 在名为"top1_pic"的 DIV 中插入一个名为"top1_list"的 DIV，转换到 div.css 文件，创建一个名为"#top1_list"的 CSS 规则，样式表代码如下所示。

```
01   #top1_list {
02      line-height: 25px;
03      font-weight: bold;
04      color: #343434;
05      background-image: url(../images/1136.gif);
06      background-repeat: repeat-x;
07      text-align: center;
08      height: 52px;
09      width: 145px;
10      border-right-width: 1px;
11      border-bottom-width: 1px;
12      border-left-width: 1px;
13      border-right-style: solid;
14      border-bottom-style: solid;
15      border-left-style: solid;
16      border-right-color: #E6E0CD;
17      border-bottom-color: #E6E0CD;
18      border-left-color: #E6E0CD;
19   }
```

返回设计页面，效果如下图所示。

❹ 将光标移至名为"top1_list"的 DIV 中，删除多余的文字，输入相应的文本。选中商品名称，在【属性】面板中的【类】下拉列表中选择 font01 应用，页面效果如下图（左）所示。用相同的方法完成相似内容的制作，页面效果如下图（右）所示。

10. 制作网站页面底部内容

❶ 将光标移至名为"link"的 DIV 中，删除多余的文字，在该 DIV 中插入相应的文本，效果如下图所示。

❷ 转换到代码视图，在名为"link"的 DIV 中添加相应的代码，如下所示。

```
<div id="link"><span> 关于我们 </span><span> 版权声明 </span><span> 联系
我们 </span><span> 网站声明 </span><span> 云购平台 </span></div>
```

❸ 转换到 div.css 文件，创建一个名为"#link span"的类 CSS 规则，样式表代码如下所示。

```
01  #link span {
02      margin-right: 30px;
03      margin-left: 30px;
04  }
```

返回设计页面，效果如下图所示。

```
关于我们        版权声明        联系我们        网站声明        云购平台
```

❹ 将光标移至名为"bottom"的 DIV 中，在该 DIV 中插入图像"ch21\images\1139.gif"，输入相应的文本，效果如下所示。

```
DUTYFREE24
LONGMA
   DUTY FREE        地址：郑州高新技术开发区创业园11号
客服电话：0371-66666666 客服邮箱： chuangyetest@yahoo.com
COPYRIGHT (C)2014-2014
```

❺ 转换到 div.css 文件，创建一个名为"#bottom img"的 CSS 规则，样式表代码如下所示。

```
01  #bottom img {
02      float: left;
03      margin-right: 35px;
04  }
```

返回设计页面，效果如下图所示。

❻ 完成页面的制作，执行【文件】▶【保存】命令，保存页面，并保存外部样式表文件。在浏览器中浏览整个页面，页面效果如下图所示。

▌21.4 实例总结

  本节视频教学录像：1分钟

完成该网站实例的设计制作，读者能够掌握使用 DIV+CSS 3 布局制作购物类网站页面的方法和技巧。通过该网站的制作练习，读者需要熟练掌握 CSS 样式的设置方法，并能够在网页设计制作过程中熟练运用。

第 4 篇

实战篇

本篇介绍HTML和CSS 3在企业门户类网站和休闲旅游类网站中的实际应用，包括对中粮网和去哪儿网的网站布局分析；并根据实例分析制作网站，加深读者对所学知识在实际运用中的理解，能够提高读者的实战操作经验。

▶ 第 22 章　企业门户类网站布局分析

▶ 第 23 章　休闲旅游类网站布局分析

第 **22** 章

本章教学录像：9 分钟

企业门户类网站布局分析

所谓企业门户网站，是一个企业在互联网上对外宣传自己和展示自己形象的一个平台。此外，企业门户网站不仅能使人们了解企业自身，还能有效辅助企业营销自己的产品。大多数的企业门户网站都会包含以下几项内容——企业简介、企业动态、产品展示、联系方式等，因此，一个企业门户网站也是一家企业的名片，它对加强与客户的联系、完善企业的服务、对潜在客户在未来建立商业联系也发挥着重大作用。本章将分析企业门户类网站——中粮网的整体布局，从而总结企业门户类网站的特点，引导读者制作自己的企业门户类网站。

本章要点（已掌握的在方框中打勾）

□ 中粮网整体布局分析

□ 制作企业门户网站

22.1 中粮网整体布局分析

 本节视频教学录像：5 分钟

中粮网是中粮集团有限公司（COFCO）旗下的门户网站。中粮集团成立于 1949 年，是全球 500 强企业，也是中国农产品和食品领域领先的多元化产品和服务供应商。中粮集团从粮油食品贸易、加工起步，产业链条不断延伸至种植养殖、物流储运、食品原料加工、生物质能源、品牌食品生产销售以及地产酒店、金融服务等领域。本节将从中粮网的整体设计、版面架构和网站模块这 3 个方面来分析。

22.1.1 整体设计分析

中粮网给人们的第一印象可以说是清新、优雅而又略显尊贵，因为它既注重形式，又不忘传达内容。在页面的设计上可以看出，企业的 LOGO 放在网页左上角的位置，既包含中文也包含英文，这是大多数企业网站的设计习惯之一。网站的头部主要包含 LOGO 以及导航条，这样的设计给用户的感觉比较友好。网站主体部分首先展示公司对产品的理念图片，使得用户对企业的感觉比较直观。接下来的模块被分成了左、中、右三大块，分别用于展示不同的信息。左边模块主要用于展示企业新闻动态、企业子公司的估价等，中间部分主要用于展示热门活动、产业链以及健康文化和企业文化等，右边模块展示的则是集团下面的"我买网"的特惠信息。网站下方首先展示了中粮旗下各个品牌的 LOGO，方便用户查看其旗下各个品牌。整个网站干净利落，简洁明了，使得用户可以一目了然。中粮网的主页如下图所示。

22.1.2 版面架构分析

　　中粮网的头部主要包含 LOGO 以及导航条主体部分，首先展示了公司对产品的理念图片。接下来的模块被分成了左、中、右三大块，分别用于展示不同的信息。左边模块主要用于展示企业新闻动态、企业子公司的估价等，中间部分主要用于展示热门活动、产业链以及健康文化和企业文化等，右边部分展示的则是集团下面的"我买网"的特惠信息。网站下方首先展示的是中粮旗下各个品牌的 LOGO，方便用户查看其旗下各个品牌。中粮网首页的网页框架如下图所示。

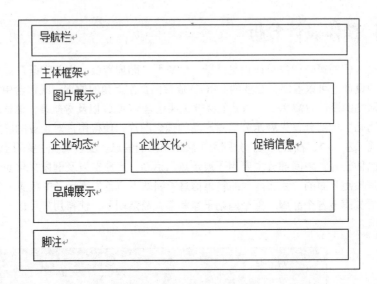

22.1.3 网站模块组成

　　中粮网内容丰富，信息量大，但是界面设计简约。首页内容主要分为图片展示、企业动态、企业文化、促销信息、品牌展示等多个模块。仔细观察中粮网首页的代码，我们会发现划分模块使用了大量 \<div> 块来标记，每个模块中的条目信息用 \<li> 来标记资讯。网站中各个模块的布局还要结合 CSS 来实现。中粮网首页的部分源代码如下。

```
01    <li><a href="/cn/about/news/23391.html" target="_blank" title="福临门助学基金 2013 年首发"> 福临门助学基金 2013 年首发 </a></li>
02      <li><a href="/cn/about/news/23390.html" target="_blank" title="中英人寿荣获"2013 年度最具价值保险品牌奖""> 中英人寿荣获"2013 年度最具 ...</a></li>
03      <li><a href="/cn/about/news/23389.html" target="_blank" title="吉林省领导赴生物化工事业部公主岭公司调研"> 吉林省领导赴生物化工事业部 ...</a></li>
04      <li><a href="/cn/about/news/23388.html" target="_blank" title="人民日报报道中粮最美一线工人"> 人民日报报道中粮最美一线工 ...</a></li>
05      <li><a href="/cn/about/news/23386.html" target="_blank" title="中粮期货与芝加哥商品交易所集团签署合作备忘录"> 中粮期货与芝加哥商品交易所 ...</a></li>
```

此部分效果如下图所示。

- 福临门助学基金2013年首发
- 中英人寿荣获"2013年度最具...
- 吉林省领导赴生物化工事业部...
- 人民日报报道中粮最美一线工...
- 中粮期货与芝加哥商品交易所...

22.2 制作自己的企业网站——龙马蜂业产品网

 本节视频教学录像：4 分钟

通过对中粮网的整体设计、版面架构和网站模块的分析，相信读者对企业门户类网站页面的布局、整体架构、网站模块等有了一定的了解。下面我们就来制作一个企业网。

22.2.1 整体分析

龙马蜂业产品网的主要目的是为网民提供实时、准确的企业信息。网页的整体布局要整齐，富有层次感，色调要简洁，模块化要清晰，模块标题要突出。

22.2.2 结构与布局

龙马蜂业产品网的结构与布局采用传统布局方式，垂直方向分为上、中、下三栏，中间一栏再从水平方向分为左、右两栏。页面的布局如下图所示。

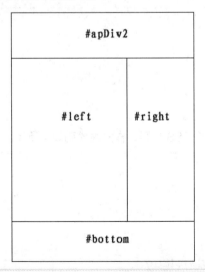

22.2.3 网站制作步骤

下面介绍制作龙马蜂业产品网的具体步骤。

❶ 单击【文件】▶【新建】命令，新建 HTML 页面，如下图所示，将其保存为 "F:\webpages\ch22\index.html"。

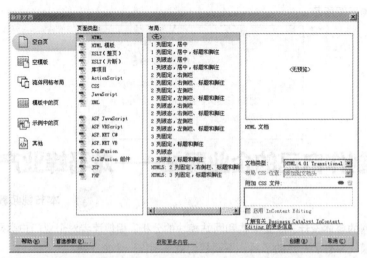

❷ 新建外部 CSS 样式表文件，将其保存为 "F:\webpages\ch22\style\style.css"。单击【CSS 样式】面板上的【附加样式表】按钮，弹出【链接外部样式表】对话框，设置如下图所示。

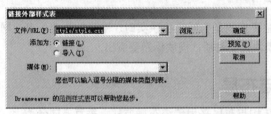

❸ 切换到 style.css 文件中，创建名为 "*" 的通配符 CSS 规则，样式表代码如下所示。

```
01  *{
02      padding:0px;
03      margin:0px;
04      border:0px;
05  }
```

❹ 再创建名为 "body" 的标签 CSS 规则，样式表代码如下所示。

```
01  body{
02  font-family: " 宋体 ";
03  font-size:12px;
04  color:#666;
05  line-height:18px;
06  background-color:#fcf8dd;
07  background-image:url(../images/19101.jpg);
08  background-repeat:repeat-x;
09  }
```

返回 index.html 页面中，可以看到页面效果，如下图所示。

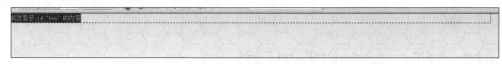

❺ 在页面中插入名为"box"的 DIV，切换到 style.css 文件中，创建名为"#box"的 CSS 规则，样式表代码如下所示。

```
01   #box{
02        width:990px;
03        height:100%;
04        overflow:hidden;
05   }
```

返回页面设计视图中，页面效果如下图所示。

❻ 将光标移至名为"box"的 DIV 中，删除多余文字。在该 DIV 中插入名为"top"的 DIV，切换到 style.css 文件中，创建名为"#top"的 CSS 规则，样式表代码如下所示。

```
01   #top{
02        width:320px;
03        height:60px;
04        padding-top:10px;
05        padding-left:670px;
06        padding-bottom:50px;
07   }
```

返回页面设计视图中，页面效果如下图所示。

❼ 将光标移至名为"top"的 DIV 中，删除多余文字。在该 DIV 中插入名为"menu"的 DIV，切换到 style.css 文件中，创建名为"#menu"的 CSS 规则，样式表代码如下所示。

```
01   #menu{
02        width:90px;
03        height:25px;
04        line-height:25px;
05        color:#815f18;
06        padding-left:230px;
07   }
```

返回页面设计视图，页面效果如下图所示。

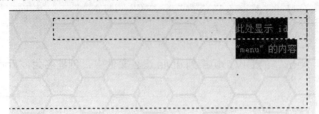

❽ 将光标移至名为"menu"的 DIV 中，删除多余文字，并输入相应文字，页面效果如下图所示。

切换到代码视图中，添加相应的代码，如下所示。

```
<div id="menu"> 首页 <span>|</span> 加入收藏 </div>
```

❾ 切换到 style.css 文件中，创建名为"#menu span"的 CSS 规则，样式表代码如下所示。

```
01  #menu span{
02      margin-left:5px;
03      margin-right:5px;
04  }
```

返回页面设计视图中，页面效果如下图所示。

❿ 在名为"menu"的 DIV 之后插入名为"notice"的 DIV，切换到 style.css 文件中，创建名为"#notice"的 CSS 规则，样式表代码如下所示。

```
01  #notice{
02      width:316px;
03      height:25px;
04      margin-top:3px;
05      border: 2px solid #f6d049;
06  }
```

返回页面设计视图，页面效果如下图所示。

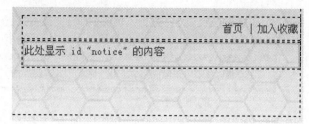

❶ 将光标移至名为"notice"的 DIV 中，删除多余文字，并输入相应的文字，如下图所示。

切换到代码视图中，添加相应的代码。

```
01   <div id="notice"><span> 公告： </span>
02       <marquee direction="left" width="240" height="15" scrollamount="1" scrolldelay="10" onmouseover="star()">
03       欢迎来到龙马蜂业，我们将竭诚为您提供优质的服务！
04     </marquee>
05   </div>
```

❷ 切换到 style.css 文件中，创建名为"#notice span"和"#notice marquee"的 CSS 规则，样式表代码如下所示。

```
01   #notice span {
02     display:block;
03     width:60px;
04     height:25px;
05     color:#815f18;
06     text-align:right;
07     line-height:25px;
08     float:left;
09   }
10   #notice marquee {
11     display: block;
12     width: 250px;
13     height:25px;
14     line-height:25px;
15     float: left;
16   }
```

返回页面设计视图，页面效果如下图所示。

❸ 在名为"top"的 DIV 之后插入名为"main"的 DIV，切换到 style.css 文件中，创建名为"#main"的 CSS 规则，样式表代码如下所示。

```
01   #main{
02       width:990px;
03       height:525px;
04   }
```

返回页面设计视图，效果如下图所示。

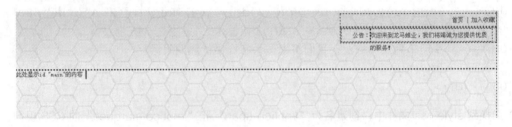

❹ 将光标移至名为"main"的 DIV 中，删除多余文字，在该 DIV 中插入名为"left"的 DIV，切换到 style.css 文件中，创建名为"#left"的 CSS 规则，样式表代码如下所示。

```
01   #left{
02       width:670px;
03       height:525px;
04       float:left;
05   }
```

返回页面设计视图，效果如下图所示。

⓯ 将光标移至名为"left"的 DIV 中，删除多余的文字，插入 Flash 动画"F:\webpages\ch22\images\main.swf"，如下图所示。

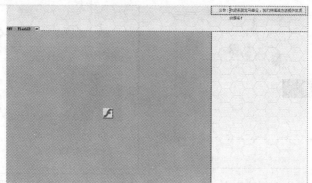

⓰ 在名为"left"的 DIV 之后插入名为"right"的 DIV，切换到 style.css 文件中，创建名为"#right"的 CSS 规则，样式表代码如下所示。

```
01   #right{
02      width:270px;
03      height:450px;
04      background-image:url(../images/19102.jpg);
05      background-repeat:no-repeat;
06      padding:60px 25px 15px 25px;
07      float:left;
```

返回页面设计视图，效果如下图所示。

⓱ 将光标移至名为"right"的 DIV 中，删除多余的文字，在该 DIV 中插入名为"pic1"的 DIV。切换到 style.css 文件中，创建名为"#pic1"的 CSS 规则，样式表代码如下所示。

```
01   #pic1{
02      width:270px;
03      height:80px;
04      padding-top:25px;
05      line-height:25px;
06   }
```

❽ 返回页面设计视图中，页面效果如下图（左）所示。将光标移至名为"pic1"的 DIV 中，删除多余的文字，插入相应的图像，并输入文字，页面效果如下图（右）所示。

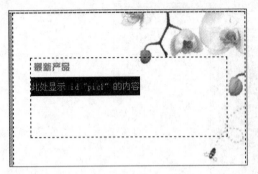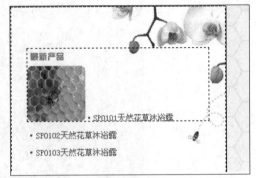

❾ 切换到 style.css 文件中，创建名为"#pic1 img"的 CSS 规则，样式表代码如下所示。

```
01  #pic1 img{
02      margin-right:13px;
03      float:left;
04  }
```

返回页面设计视图，效果如下图所示。

❿ 使用相同的方法可以完成其他部分内容的制作，页面效果如下图所示。

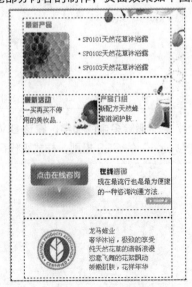

㉑ 在名为"box"的DIV之后插入名为"bottom"的DIV，切换到style.css文件中，创建名为"#bottom"的CSS规则，样式表代码如下所示。

```
01   #bottom{
02       width:100%;
03       height:60px;
04       background-image:url(../images/19113.jpg);
05       background-repeat:no-repeat;
06       background-position:bottom center;
07       padding-top:20px;
08       text-align:center;
09   }
```

㉒ 返回页面设计视图，页面效果如下图所示。

㉓ 将光标移至名为"bottom"的DIV中，删除多余文字，并输入相应的文字，如下图所示。

㉔ 单击【插入】面板上【布局】选项卡中的【绘制AP DIV】按钮，在页面中单击并拖动鼠标绘制一个AP DIV，如下图所示。

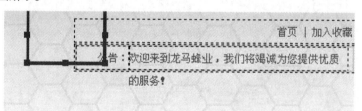

㉕ 选中刚插入的AP DIV，在"属性"面板上可以看到AP DIV的名称，并对其相关属性进行设置，如下图所示。

㉖ 将光标移至刚绘制的AP DIV中，插入Flash动画"F:\webpages\ch22\images\bee.swf"，如下图所示。

㉗ 选中刚插入的 Flash，在【属性】面板上，对其相关选项进行设置，如下图所示。

㉘ 使用相同的方法可以完成页面中其他相似部分内容的制作，如下图所示。

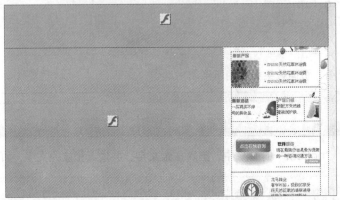

㉙ 完成企业类网站页面的制作，执行【文件】▶【保存】命令，保存页面，并保存外部样式表文件。在浏览器中预览页面，页面效果如下图所示。

22.2.4 实例总结

　　本实例中主要运用了项目列表进行制作，整个制作过程要求制作者熟练掌握项目列表的使用方法和技巧、文本与图片对齐的方式以及实现 Flash 动画背景透明的方法。只有熟练掌握这些方法和技巧，才能更加顺利地完成该页面的制作。

第23章

本章教学录像：8 分钟

休闲旅游类网站布局分析

休闲旅游类网站，致力于度假、旅游类信息咨询的传播和推广，为游客和旅游经营者搭建一个便捷桥梁。大多数的休闲旅游类网站都会包含以下几项内容——旅游景点、旅游团购、旅行游记、旅游图片、旅游攻略、旅游路线、景点介绍、旅游门票、旅行社、机票预订、联系信息等，是一个很好的旅行信息平台。本章将分析休闲旅游类网站——去哪儿网的整体布局，从而总结休闲旅游类网站的特点，引导读者制作自己的休闲旅游类网站。

本章要点（已掌握的在方框中打勾）

☐ 去哪儿网整体布局分析

☐ 制作休闲旅游网站

23.1 去哪儿网整体布局分析

 本节视频教学录像：4 分钟

去哪儿网是中国的在线旅游媒体之一，为旅游者提供国内外机票、酒店、度假和签证服务的深度搜索，帮助中国旅游者做出更好的旅行选择。凭借其便捷、人性且先进的搜索技术，"去哪儿网"对互联网上的机票、酒店、度假和签证等信息进行整合，为用户提供及时的旅游产品价格查询和信息比较服务。"去哪儿网"现有业务增加到旅游线路、旅游攻略、门票信息，成为国内一个综合类的在线旅游网站。本节从去哪儿网的整体设计、版面架构和网站模块这 3 个方面来进行分析。

23.1.1 整体设计分析

"去哪儿网"整体简洁、庄重，排列有序，富有层次感。网站整体布局在垂直方向分为上、中、下 3 栏。头部又分为左、中、右 3 部分，左边为网站 LOGO，中部偏上分布着"登录"、"注册"、"收藏"、"我的订单"等基本信息，中下部分是导航链接，而右侧是去哪儿网的广告链接。中栏分为左、右两栏，左栏在垂直方向分为"搜索"、"条幅"、"热门团购"、"图片轮播"、"度假热门"、"精彩旅行"等资讯；而右栏则分为上、下两个版面，包括联系方式和去哪儿网的链接版面。去哪儿网的整体色调简约而又充满活力，其首页如下图所示。

23.1.2 版面架构分析

去哪儿网网站的头部可以划分为左、中、右 3 部分，其中，左侧部分是去哪儿网的 LOGO，中间上面部分是"登录"、"注册"、"收藏"、"我的订单"等基本信息，中间下面部分是导航条，右侧是去哪儿网的广告链接。这一部分的重要作用是导航和要闻提点，构成了去哪儿网网站的头部。

网站的剩余部分可以划分为主体部分和底部部分。其中网站主体部分又可以划分为左栏、右栏，左栏在垂直方向分为"搜索"、"条幅"、"热门团购"、"图片轮播"、"度假热门"、"精彩旅行"等版面。而右栏则分为上、下两个版面，包括联系方式、去哪儿网的链接版面。去哪儿网的网页结构图如下图所示。

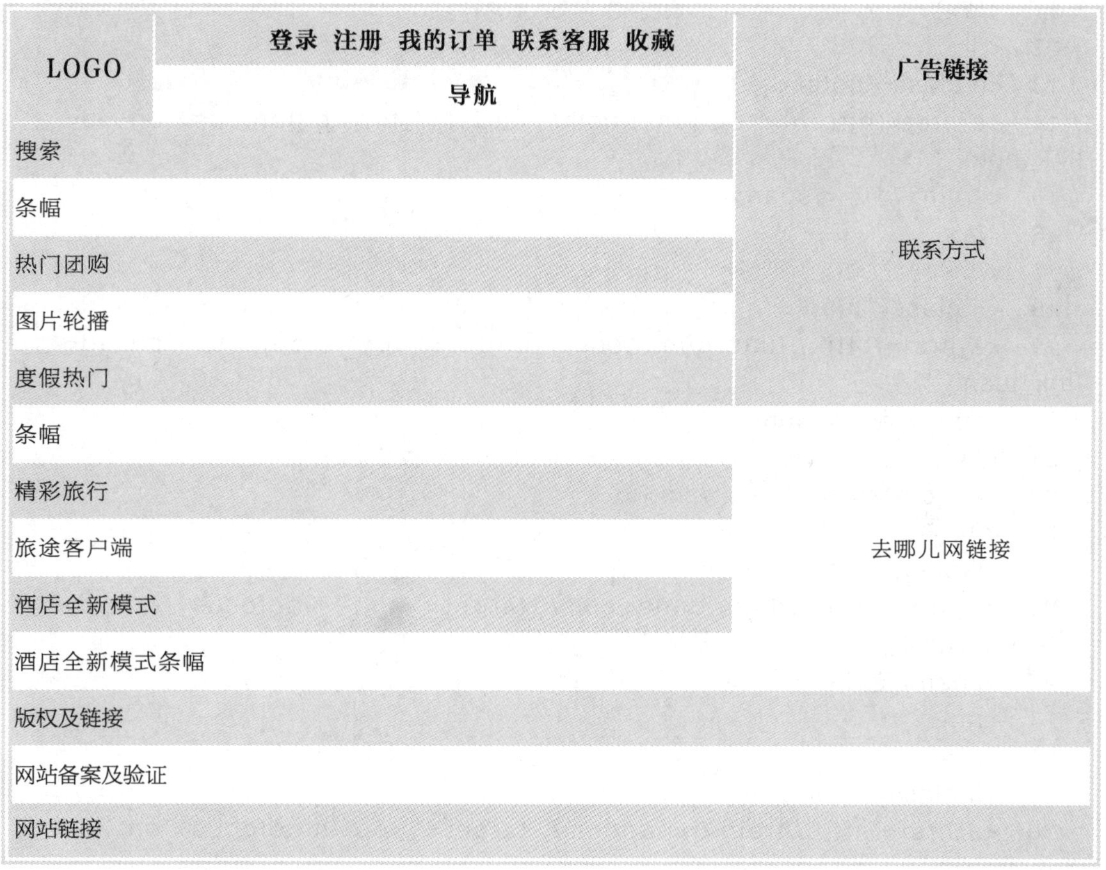

LOGO	登录　注册　我的订单　联系客服　收藏	广告链接
	导航	
搜索		联系方式
条幅		
热门团购		
图片轮播		
度假热门		
条幅		去哪儿网链接
精彩旅行		
旅途客户端		
酒店全新模式		
酒店全新模式条幅		
版权及链接		
网站备案及验证		
网站链接		

23.1.3 网站模块组成

去哪儿网网站的内容丰富，信息量大，首页内容主要分为搜索信息、热门团购、度假热门、精彩旅行、去哪儿网链接、条幅等多个模块。仔细观察去哪儿网首页顶部的导航代码，我们会发现顶部导航采用了 <div>、<ul>、<li> 标签来制作，并结合 CSS 来实现。去哪儿网首页的部分源代码如下。

```
01  <div class="q_header_mnav">
02  <ul>
03  <li class="home">
```

```
04    <a href="http://www.qunar.com/" target="_top" hidefocus="on" id="__
link_home__">
05    <span> 首页 </span>
06    </a>
07    </li>
08    <li class="flight">
09    <a href="http://flight.qunar.com/" target="_top" hidefocus="on" id="__
link_flight__">
10    <span> 机票 </span>
11    </a>
12    </li>
13    <li class="hotel">
14    <a href="http://hotel.qunar.com/" target="_top" hidefocus="on" id="__
link_hotel__">
15    <span> 酒店 </span>
16    </a>
17    </li>
18    <li class="tuan">
19    <a href="http://tuan.qunar.com/" target="_top" hidefocus="on" id="__
link_tuan__">
20    <span> 团购 </span>
21    </a>
22    <em class="hot"> 热 </em>
23    </li>
24    <li class="package">
25    <a href="http://dujia.qunar.com/" target="_top" hidefocus="on" id="__
link_package__">
26    <span> 度假 </span>
27    </a>
28    </li>
29    <li class="train">
30    <a href="http://train.qunar.com/" target="_top" hidefocus="on" id="__
link_train__">
31    <span> 火车票 </span>
32    </a>
33    </li>
34    <li class="travel">
35    <a href="http://travel.qunar.com/" target="_top" hidefocus="on" id="__
link_travel__">
36    <span> 攻略 </span>
37    </a>
38    </li>
39    <li class="lvtu">
```

```
40   <a href="http://lvtu.qunar.com/" target="_top" hidefocus="on" id="__link_
lvtu__">
41   <span> 旅图 </span>
42   </a>
43   </li>
44   <li class="piao">
45   <a href="http://piao.qunar.com/" target="_top" hidefocus="on" id="__
link_piao__">
46   <span> 门票 </span>
47   </a>
48   <em class="new"> 新 </em>
49   </li>
50   <li class="ddr">
51   <a href="http://ddr.qunar.com/" target="_top" hidefocus="on" id="__link_
ddr__">
52   <span> 当地人 </span>
53   </a>
54   <em class="hot"> 热 </em>
55   </li>
56   </ul>
57   </div>
```

此部分效果如下图所示。

| 首页 | 机票 | 酒店 | 团购热 | 度假 | 火车票 | 攻略 | 旅图 | 门票新 | 当地人热 |

23.2 制作自己的休闲旅游网站
——龙马休闲旅游网

 本节视频教学录像：4 分钟

通过对去哪儿网的整体设计、版面架构和网站模块的分析，相信读者已对休闲旅游类网站页面的布局、整体架构、网站模块等有了一定的了解。下面就来制作一个休闲旅游网——龙马休闲旅游网。

23.2.1 整体分析

龙马休闲旅游网的主要目的是为网民提供实时、准确的外出旅游信息。网页的整体布局要整齐、富有层次感，色调要简洁，模块化要清晰，模块标题要突出。

23.2.2 结构与布局

龙马休闲旅游网的结构与布局采用上、中、下 3 栏，中间一栏再从水平方向分为 #news、

#movie、#room 若干模块。页面的布局如图所示。

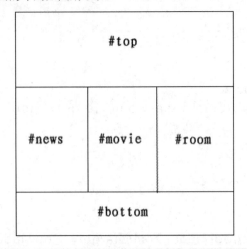

23.2.3 网站制作步骤

制作龙马休闲旅游网的具体步骤如下。

❶ 执行【文件】▶【新建】命令，新建一个 HTML 页面，将该页面保存为 "F:\webpages\ch23\index. html"。新建一个外部 CSS 样式表文件，将其保存为 "F:\webpages\ch23\style\style.css"。单击【CSS 样式】面板上的【附加样式表】按钮，弹出【链接外部样式表】对话框，设置如下图所示。

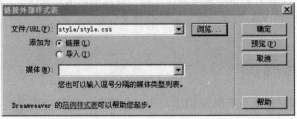

❷ 切换到 style.css 文件中，创建一个名为"*"的通配符 CSS 规则，样式表代码如下所示。

```
01  *{
02      padding:0px;
03      margin:0px;
04      border:0px;
05  }
```

再创建一个名为"body"的标签 CSS 规则，样式表代码如下所示。

```
01  body{
02      font-family:"宋体";
03      font-size:12px;
04  }
```

❸ 返回 index.html 页面中，在页面中插入名为"box"的 DIV。切换到 style.css 文件中，创建一个名为"#box"的 CSS 规则，样式表代码如下所示。

```
01  #box{
02      width:1003px;
03      height:100%;
04      overflow:hidden;
05      padding-left:138px;
06      padding-right:139px;
07      background-image:url(../images/15801.gif);
08      background-repeat:no-repeat;
09      margin:0px auto;
10  }
```

返回页面设计视图，页面效果如下图所示。

❹ 将光标移至名为"box"的 DIV 中，将多余文字删除，在该 DIV 中插入名为"top"的 DIV。切换到 style.css 文件中，创建一个名为"#top"的 CSS 规则，样式表代码如下所示。

```
01  #top{
02      width:1003px;
03      height:511px;
04  }
```

返回页面设计视图，页面效果如下图所示。

❺ 将光标移至名为"top"的 DIV 中，将多余文字删除，在该 DIV 中插入名为"menu1"的 DIV。
切换到 style.css 文件中，创建名为"#menu1"的 CSS 规则，样式表代码如下所示。

```
01   #menu1{
02      width:200px;
03      height:29px;
04      padding-left:803px;
05      padding-top:14px;
06   }
```

返回页面设计视图，页面效果如下图所示。

❻ 将光标移至名为"menu1"的 DIV 中，将多余文字删除，在该 DIV 中插入相应的图像，如下图所示。

在名为"menu1"的 DIV 之后，插入名为"menu2"的 DIV。切换到 style.css 文件中，创建一
个名为"#menu2"的 CSS 规则，样式表代码如下所示。

```
01   #menu2{
02      width:1003px;
03      height:46px;
04      padding-top:1px;
05      padding-bottom:40px;
06   }
```

❼ 返回页面设计视图，页面效果如下图所示。

将光标移至名为"menu2"的DIV中，将多余文字删除，在该DIV中插入相应的图像，如下图所示。

❽ 切换到 style.css 文件中，创建名为"#menu2 img"的 CSS 规则和一个名为".img1"的类 CSS 样式，样式表代码如下所示。

```
01  #menu2 img{
02      margin-right:15px;
03  }
04  .img1{
05      margin-bottom:7px;
06  }
```

返回页面设计视图，为相应的图像应用该类样式，页面效果如下图所示。

❾ 将光标移至名为"menu2"的 DIV 后，插入名为 slideshow 的 DIV，另外在 <head/> 标签头部引用 jquery 框架及 nivo slider 插件的 js 文件和 CSS 样式表文件，编写相关 HTML 和 javaScript 代码如下。

```
01  <div id="slideshowview" class="nivoSlider" style="width:1003px;
height:381px;">
02  <img src="images/lvy1.jpg" alt="风景 1" />
03  <img src="images/lvy2.jpg" alt="风景 2" />
04  <img src="images/lvy3.jpg" alt="风景 3" />
05  </div>
06  <script type="text/javascript">
07  $(document).ready(function() {
08  $('#slideshowview').nivoSlider();
09  });
10  </script>
```

执行【文件】▶【保存】命令，保存页面，在浏览器中预览页面，可以看到 Flash 动画效果，如下图所示。

⑩ 在名为 "top" 的 DIV 之后, 插入名为 "main" 的 DIV。切换到 style.css 文件中, 创建名为 "#main" 的 CSS 规则, 样式表代码如下所示。

```
01  #main{
02      width:1003px;
03      height:185px;
04  }
```

返回页面设计视图, 页面效果如下图所示。

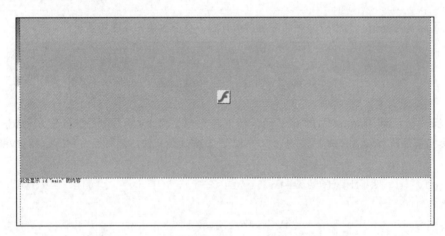

⑪ 将光标移至名为 "main" 的 DIV 中, 删除多文字, 在该 DIV 中插入名为 "news" 的 DIV。切换到 style.css 文件中, 创建名为 "#news" 的 CSS 规则, 样式表代码如下所示。

```
01  #news{
02      width:305px;
03      height:185px;
04      padding-left:22px;
05      padding-right:23px;
06      float:left;
07  }
```

返回页面设计视图，页面效果如下图所示。

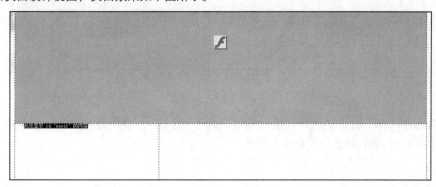

⓬ 将光标移至名为 "news" 的 DIV 中，删除多余文字，在该 DIV 中插入名为 "news-title" 的 DIV。切换到 style.css 文件中，创建名为 "#news-title" 的 CSS 规则，样式表代码如下所示。

```
01  #news-title{
02     width:294px;
03     height:21px;
04     padding-top:7px;
05     padding-right:11px;
06  }
```

返回页面设计视图，页面效果如下图所示。

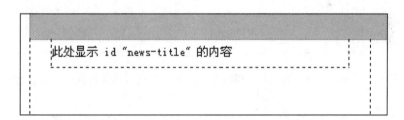

⓭ 将光标移至名为 "news-title" 的 DIV 中，删除多余的文字，并插入图像，效果如下图所示。

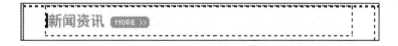

创建一个名为 ".img2" 的 CSS 类样式，样式表代码如下所示。

```
01  .img2{
02     margin-left:191px;
03  }
```

⓮ 返回页面设计视图，为相应的图像应用 img2 的类 CSS 样式，效果如下图所示。

在名为 "news-title" 的 DIV 之后，插入名为 "text1" 的 DIV。切换到 style.css 文件中，创建名为 "#text1" 的 CSS 规则，样式表代码如下所示。

```
01    #text1{
02        width:305px;
03        height:127px;
04        padding-top:15px;
05        padding-bottom:15px;
06    }
```

⑮ 返回页面设计视图，页面效果如下图所示。

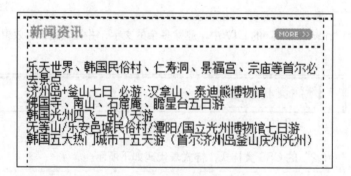

将光标移至名为 "text1" 的 DIV 中，删除多余文字，并输入相应的段落文本，如下图所示。

新闻资讯　MORE >>

乐天世界、韩国民俗村、仁寿洞、景福宫、宗庙等首尔必去景点
济州岛+釜山七日 必游:汉拿山、泰迪熊博物馆
佛国寺、南山、石窟庵、瞻星台五日游
韩国光州四飞一卧八天游
无等山/乐安邑城民俗村/潭阳/国立光州博物馆七日游
韩国五大热门城市十五天游（首尔济州岛釜山庆州光州）

⑯ 选中输入的文本内容，并为其创建项目列表。转换到代码视图中，可以看到项目列表的相关代码，样式表代码如下所示。

```
01    <div id="text1">
02        <ul>
03        <li><li> 乐天世界、韩国民俗村、仁寿洞、景福宫、宗庙等首尔必去景点 </li>
```

```
04        <li> 济州岛 + 釜山七日 必游：汉拿山、泰迪熊博物馆 </li>
05        <li> 佛国寺、南山、石窟庵、瞻星台五日游 </li>
06        <li> 韩国光州四飞一卧八天游 </li>
07        <li> 无等山 / 乐安邑城民俗村 / 潭阳 / 国立光州博物馆七日游 </li>
08        <li> 韩国五大热门城市十五天游（首尔济州岛釜山庆州光州）</li>
09         </ul>
10    </div>
```

切换到 style.css 文件中，创建名为 "#text1 li" 的 CSS 规则，样式表代码如下所示。

```
01    #text1 li{
02        list-style-type:none;
03        background-image:url(../images/15816.gif);
04        background-repeat:no-repeat;
05        background-position:3px 8px;
06        padding-left:10px;
07        line-height:23px;
08        color:#666666;
09    }
```

⓱ 返回页面设计视图，页面效果如下图所示。

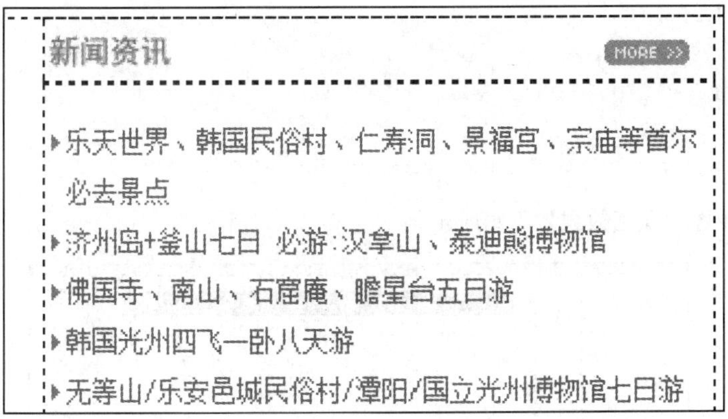

在名为 "news" 的 DIV 之后，插入名为 "movie" 的 DIV。切换到 style.css 文件中，创建名为 "#movie" 的 CSS 规则，样式表代码如下所示。

```
01    #movie{
02        width:209px;
03        height:170px;
04        padding-left:11px;
05        padding-right:12px;
```

```
06      padding-bottom:15px;
07      float:left;
08   }
```

⑱ 返回页面设计视图，页面效果如下图所示。

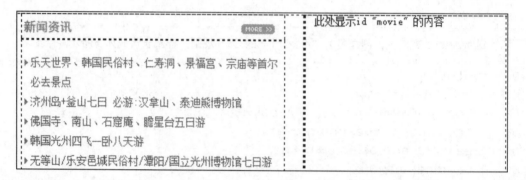

　　将光标移至名为"movie"的 DIV，删除多余的文字，并在该 DIV 中插入名为"movie-title"的 DIV。切换到 style.css 文件中，创建名为"#movie-title"的 CSS 规则，样式表代码如下所示。

```
01   #movie-title{
02      width:198px;
03      height:20px;
04      padding-top:8px;
05      padding-right:11px;
06   }
```

⑲ 返回页面设计视图，页面效果如下图所示。

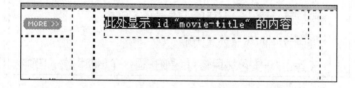

　　使用相同的方法可以完成其他相似部分内容的制作，页面效果如下图所示。

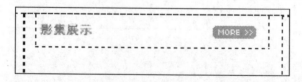

⑳ 在名为"movie-title"的 DIV 之后，插入名为"mv"的 DIV。切换到 style.css 文件中，创建名为"#mv"的 CSS 规则，样式表代码如下所示。

```
01  #mv{
02      width:201px;
03      height:134px;
04      padding:4px;
05      background-image: url(../images/15818.jpg);
06      background-repeat:no-repeat;
07  }
```

返回页面设计视图，页面效果如下图所示。

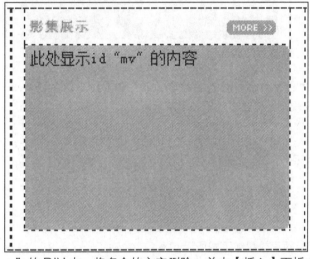

㉑ 将光标移至名为"mv"的 DIV 中，将多余的文字删除。单击【插入】面板中的【插入】按钮，选择需要插入的视频"F:\webpages\ch23\images\gyt.wmv"，显示插入图标，如下图所示。

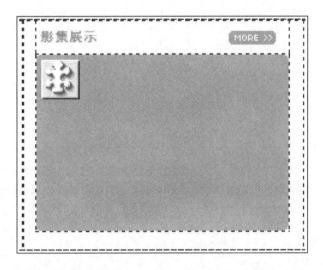

选中插入图标，在【属性】面板上设置"宽"为 201，"高"为 135，效果如下图所示。

❷❷ 在名为 "movie" 的 DIV 之后，插入名为 "room" 的 DIV。切换到 style.css 文件中，创建一个名为 "#room" 的 CSS 规则，样式表代码如下所示。

```
01   #room{
02      width:420px;
03      height:185px;
04      float:left;
05   }
```

返回页面设计视图，页面效果如下图所示。

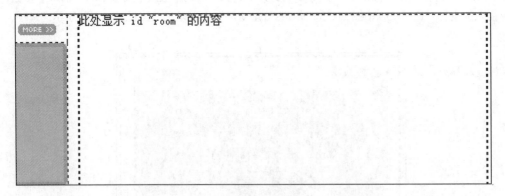

❷❸ 将光标移至名为 "room" 的 DIV 中，删除多余的文字，在 DIV 中插入名为 "room-title" 的 DIV。切换到 style.css 文件中，创建名为 "#room-title" 的 CSS 规则，样式表代码如下所示。

```
01   #room-title{
02      width:409px;
03      height:22px;
```

```
04      padding-top:6px;
05      padding-right:11px;
06   }
```

返回页面设计视图，页面效果如下图所示。

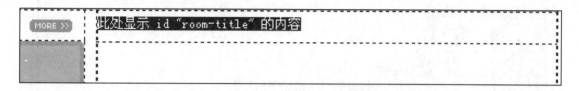

㉔ 使用相同的方法可以完成其他相似部分内容的制作，如下图所示。

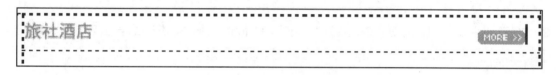

在名为"room-title"的 DIV 之后，插入名为"pic"的 DIV。切换到 style.css 文件中，创建一个名为"#pic"的 CSS 规则，样式表代码如下所示。

```
01   #pic{
02      width:270px;
03      height:76px;
04      padding-top:6px;
05      padding-bottom:6px;
06      background-image:url(../images/15820.gif);
07      background-repeat:no-repeat;
08      color:#666666;
09      float:left;
10   }
```

㉕ 返回页面设计视图，页面效果如下图所示。

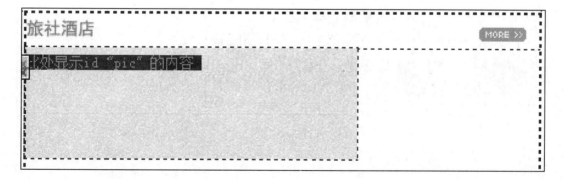

将光标移至名为"pic"的 DIV 中,将多余的文字删除,插入图像并输入相应的文字,页面效果如下图所示。

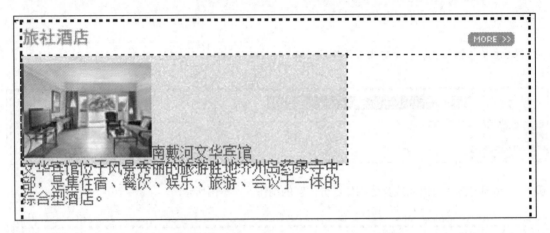

㉖ 切换到 style.css 文件中,分别创建名为 ".img5" 和 ".font1" 的 CSS 类样式,样式表代码如下所示。

```
01   .img5{
02       float:left;
03       margin-left:7px;
04       margin-right:7px;
05   }
06   .font1{
07       color:#FF3300;
08       font-weight: bold;
09       line-height:25px;
10   }
```

返回页面设计视图,为相应的图像和文字应用所定义的类 CSS 样式,页面效果如下图所示。

休闲旅游类网站布局分析 第 23 章

❷ 在名为 "pic" 的 DIV 之后插入名为 "room1" 的 DIV，切换到 style.css 文件中，创建名为 "#room1" 的 CSS 规则，样式表代码如下所示。

```
01   #room1{
02       width:134px;
03       height:88px;
04       padding-left:8px;
05       padding-right:8px;
06       color:#666666;
07       float:left;
08   }
```

　　返回页面设计视图，页面效果如下图所示。

❷ 将光标移至名为 "room1" 的 DIV 中，将多余的文字删除，输入相应的文字并插入图像，页面效果如下图所示。

　　选中所输入的文字及插入的图片，并为其创建项目列表，转换到代码视图中，可以看到项目列表的相关代码，样式表代码如下所示。

```
01   <div id="room1">
02       <ul>
03         <li> 亲海家庭公寓 </li>
04         <li><img src="images/15823.gif" width="15" height="9"></li>
05         <li> 天帝渊宾馆 </li>
06         <li><img src="images/15823.gif" width="15" height="9"></li>
07         <li> 药泉寺名人别墅 </li>
08         <li><img src="images/15823.gif" width="15" height="9"></li>
09         <li> 济州岛度假村 </li>
10         <li><img src="images/15823.gif" width="15" height="9"></li>
11       </ul>
12   </div>
```

❷❾ 在代码视图中，为相应的内容添加相关的列表标签，样式表代码如下所示。

```
01   <div id="room1">
02       <dl>
03         <dt> 亲海家庭公寓 </dt>
04         <dd><img src="images/15823.gif" width="15" height="9"></dd>
05         <dt> 天帝渊宾馆 </dt>
06         <dd><img src="images/15823.gif" width="15" height="9"></dd>
07         <dt> 药泉寺名人别墅 </dt>
08         <dd><img src="images/15823.gif" width="15" height="9"></dd>
09         <dt> 济州岛度假村 </dt>
10         <dd><img src="images/15823.gif" width="15" height="9"></dd>
11       </dl>
12   </div>
```

切换到 style.css 文件中，创建名为 "#room1 dt"、"#room1 dd" 和 "#room1 dd img" 的 CSS 规则，样式表代码如下所示。

```
01   #room1 dt{
02       width:104px;
03       list-style-type:none;
04       background-image:url(../images/15822.gif);
05       background-repeat:no-repeat;
06       background-position:2px 8px;
07       padding-left:10px;
08       line-height:21px;
```

```
09      border-bottom: 1px solid #cccccc;
10      float:left;
11  }
12  #room1 dd{
13      width:20px;
14      height:21px;
15      border-bottom: 1px solid #cccccc;
16      float:left;
17  }
18  #room1 dd img{
19      margin-top:6px;
20      margin-left:3px;
21  }
```

❸⓪ 返回页面设计视图，页面效果如下图所示。

将光标移至名为"room1"的 DIV 之后，插入相应的图片，页面效果如下图所示。

❸❶ 使用相同的方法可以完成页面底部内容的制作，页面效果如下图所示。

❸❷ 完成该休闲旅游网站页面的制作后，执行【文件】▶【保存】命令，保存页面，并保存外部样式表文件。在浏览器中预览该页面，页面效果如下图所示。

23.2.4 实例总结

本实例中主要介绍了如何在网页中插入各种多媒体元素，以及对多媒体元素的属性进行设置。希望读者能够多加练习，熟练掌握。